我们的孩子吃什么，决定了我们孩子的将来

新手妈妈
喂养必备手册

沈 文 著

U0226084

人民卫生出版社

图书在版编目（CIP）数据

新手妈妈喂养必备手册/沈文著. —北京：人民卫生出版社，2014

ISBN 978-7-117-18339-0

Ⅰ．①新… Ⅱ．①沈… Ⅲ．①婴幼儿–哺育–手册 Ⅳ．①TS976.31–62

中国版本图书馆CIP数据核字（2014）第018019号

人卫社官网	www.pmph.com	出版物查询，在线购书
人卫医学网	www.ipmph.com	医学考试辅导，医学数据库服务，医学教育资源，大众健康资讯

新手妈妈喂养必备手册

著　　者：沈　文

出版发行：人民卫生出版社（中继线 010-59780011）

地　　址：北京市朝阳区潘家园南里 19 号

邮　　编：100021

E - mail：pmph @ pmph.com

购书热线：010-59787592　010-59787584　010-65264830

印　　刷：北京汇林印务有限公司

经　　销：新华书店

开　　本：710×1000　1/16　印张：22　插页：1

字　　数：348 千字

版　　次：2014 年 4 月第 1 版　2014 年 8 月第 1 版第 2 次印刷

标准书号：ISBN 978-7-117-18339-0/R · 18340

定　　价：49.00 元

打击盗版举报电话：010-59787491　E-mail：WQ @ pmph.com

（凡属印装质量问题请与本社市场营销中心联系退换）

序　言

儿童是祖国的花朵，民族的未来。但是刚生下来的宝宝还需要妈妈们仔细地喂养，耐心地教育，健康地长大成人才行，妈妈的责任多么繁重而伟大！

对于新手妈妈来说做到这点是有一定困难的啊！但是不必紧张，当您阅读这本手册后，您就会知道怎么喂养、护理和教育小宝宝，心里有数，信心百倍。

本书作者就是一位很专业的妈妈，并将自己所学的营养方面的专业知识，以及多年育儿咨询心得和亲身育儿经验综合起来用简单，用淳朴的语言与新手妈妈们谈心，倾吐自己的感受。因而，对于本书您会看得懂，学得会，易于行。

儿童不是成人的缩影，与成人最大的不同就是不断的生长发育，包括体格发育和智力发育。儿童的器官发育不成熟，功能不健全，生长发育的基础就是得到合理的营养，使各器官系统发育成熟。要使孩子得到合理营养，妈妈就要知道相关的营养知识、科学的喂养方式，以及培养良好的喂养习惯等。比如小宝宝一生下来用什么方式喂养？母乳喂养有什么优点？若进行配方奶喂养，怎样选择配方奶粉？什么时候该添加辅食？如何添加辅食？各种辅食怎样制作？小宝宝长大后怎样调配营养？如何挑选蔬菜，搭配鸡鸭鱼肉和蛋类？如何避免营养缺乏病和肥胖，等等。这些问题再实际不过了，要解决这些问题就要知道一些基本的营养、卫生知识，在这本书中将一一给以恰当的回答。

首都儿童研究所儿童营养研究室研究员
中国优生科学协会小儿营养专业委员会副主任委员　吴光驰

2013 年 12 月

3

前　言

　　一次偶然的机会让我走进了儿童喂养的世界——同时为几家公司做儿童喂养方面的咨询及在线访谈节目，这一做就是8年，在和形形色色新手妈妈打交道的同时，我发现她们对儿童喂养的高度关注，却缺少行之有效地帮助她们来科学、合理地喂养自己孩子的方法，于是萌生了写一本关于儿童喂养方面的书籍，把我在咨询过程中新手妈妈提问最多，也是最受新手妈妈关注的问题在书中一一叙述，和新手妈妈们一起交流在养育孩子过程中常遇见或是觉得难以解决的问题。

　　国人有句俗话"民以食为天"，对于年幼的宝宝来说，吃喝是关键中之关键。如今，食品安全问题频出，总令众多新手妈妈心生担忧；围绕着辅食添加，现代的喂养观念与传统的、固有的喂养观念的碰撞，令新手妈妈们左右为难；别人家宝宝添加了什么，且别人家宝宝这样吃挺好，所以我的宝宝也应该添加了，这样吃也会一样地好，跟风似的喂养方式左右着众多新手妈妈……这种盲目的喂养，造成了很多宝宝喂养的困难，辅食添加的单调，消化功能的脆弱，致使宝宝以后良好的饮食习惯难以建立，所以我在书中着重强调宝宝一生良好饮食习惯的开始，始于吸吮第一口母乳和第一口辅食的添加。合理添加辅食就是为宝宝将来良好饮食习惯的形成奠定优质的基础。为了帮助新手妈妈更为合理地掌握科学喂养宝宝的技巧，在本书中还特别介绍了有助于宝宝手、眼、嘴等协调能力发育，且锻炼宝宝咀嚼能力和牙周肌肉的辅食及手指食物。

　　在宝宝年幼之时，妈妈们关注的是宝宝的吃，上学之时妈妈们关注的是宝宝的学，但鲜有新手妈妈从宝宝年幼之时就意识到宝宝的喂养和学习的关系，不认为自己的宝宝吃饭不好，很可能会影响宝宝将来的学习习惯。一些宝宝上学后，读书缺乏专注性，易攻击，易激惹，好斗或是淡漠，不合群，妈妈们很少认为发生这样的情况很可能和自己既往的喂养方式有关。因此，本书重点介绍了与宝宝学习密切相关的铁质、钙质、锌质、DHA等关键营养素，强调了喂养和学习是密切相关的，两者缺一不可。

宝宝的喂养总是牵动着新手妈妈每个兴奋的神经，在每个新手妈妈雀跃欲试时，很多新手妈妈容易忽视掉喂养是把双刃剑，既可以让自己的宝宝茁壮成长，也可能因不合理的喂养，给宝宝带来过敏、肥胖、腹泻、便秘、营养不良等疾病。

比如过敏，似乎是个很远的话题，很多新手妈妈总认为这是别人家宝宝的事，和自己宝宝无关，实际上我国患过敏性疾病的人逐年增多，罹患过敏性疾病的宝宝也在逐年增加，比如过敏性哮喘、过敏性鼻炎等。殊不知很多宝宝的过敏都是由于不合理的辅食添加所致。所以本书中强调了容易引起宝宝过敏的食物，强调了不同年龄阶段合理添加不同的辅食，以避免人为地引起宝宝食物过敏，诱发其他过敏性疾病。

再有，儿童肥胖在我国也呈逐年上升趋势，这和我国热衷过早给宝宝添加辅食不无关系（4个月之前给宝宝添加辅食）。儿童肥胖不仅给宝宝未来的健康带来危害（比如容易罹患糖尿病、高血压、高脂血症等慢性非感染性疾病），而且给宝宝带来心理上的伤害（自尊心容易受挫、在集体中易被忽视等）……

其他因喂养不当所致的腹泻、便秘、感冒等疾病，在我国儿童喂养上不同程度地都有，很多宝宝都曾经历过类似的病痛。病在宝宝身，痛在妈妈心，新手妈妈们往往急于救治自己的宝宝，首选现代医药，而很多西药却易伤及宝宝的脾胃功能，忽视掉中草药在治疗因喂养不当所致疾病的优势。就世界范围来说，越来越多的儿科专家更看重草药的治疗作用，全世界有越来越多的儿科专家热衷于用草药治疗儿童疾病。因此，本书利用家传的优势，介绍活用中草药治疗因喂养不当所致儿童疾病的行之有效的方法。

沈　文

2013 年 11 月

目 录

第一章 不可不说的母乳喂养

第三章 众说纷纭的辅食添加

第四章　手指食物与健康零食

第五章　如何给宝宝补充常见的关键营养素

第六章　食物不耐受和食物过敏

第七章　与喂养相关疾病的食物调养

第八章　儿童的饮食习惯和行为之间的关系

第一章　不可不说的母乳喂养

　　如果问天下所有的妈妈，什么是母爱？最梦寐以求的母爱是什么样子？我相信绝大多数的妈妈都会告诉你——母乳喂养。说起母乳喂养，有的妈妈觉得容易得很，就像骑自行车一样，一学就会，一会就能上手，而且永远不会忘记；有的妈妈却认为很难，怎么喂宝宝都不舒服，需要花很多时间来学习和实践。其实母乳喂养没有那么难，是人自然而然的一个养育过程。

一、成功实现纯母乳喂养的秘法

纯母乳喂养没那么难

　　若兰，是我的一个朋友，几年前，她怀孕了，我有幸陪伴她经历了整个孕育过程，当她成为妈妈的那一天，恰好我也在。那时的她，刚从分娩的痛苦中清醒过来，未顾上看一眼自己的宝贝，就被周围亲朋好友善意的建议弄得晕头转向了。她一个当了妈妈的同学积极地用她的经验指导着若兰，喋喋不休；其实此时的若兰需要的是安静地休息，毕竟她刚刚经历了一整天的分娩，体力消耗很大，身体极度疲倦，朋友的爱心关照可以留着慢慢陪伴若兰和她的宝宝，因为未来更多的日子里若兰还需要朋友贴心的问候和经验的分享，不在这一时。

　　若兰的婆婆急匆匆地告诉她赶紧给宝宝喂糖水，这是老经验，她养育的宝宝都是这么过来的。若兰无可奈何，不听老人的意见，老人会不高兴，听老人的意见，自己心里却不是这个想法，因为她知道刚出生的宝宝是不需要喂糖水的，她能够做的是岔开话题，既不伤老人的热心，也不要给她的宝宝喂糖水。

　　若兰妈妈则建议她立即喂哺宝宝，这的确是个极佳的主意，她马上接受了，请妈妈把宝宝递给自己，生平第一次抱起了自己的宝宝。由于分娩的伤口尚未痊愈，还因为是第一次当妈妈，没有经验，若兰非常生疏地抱着自己的宝宝，怎么抱都不觉得舒服，端着个架子，自己很累。

看到这样的情景，我都替若兰着急，连忙告诉她，首先她自己要舒服了，自己舒服了，躺在妈妈怀里的宝宝才会觉得舒服，喂宝宝奶就会轻松和愉悦了。至于采用什么样的姿势喂宝宝，完全根据妈妈自己的喜好，喜欢躺着喂奶，就找舒服的躺着的姿势喂奶，喜欢站着喂奶就找可以靠着的地方，尽可能让自己舒服了，再给宝宝喂奶，说白了就是**自己怎么舒服就怎么喂宝宝**。若兰听了我的话，她选择了坐着喂奶，尽管她努力想让自己放松下来，也在寻找自己舒服的姿势，但由于没有经验，所以尝试了各种坐姿，还是怎么坐都觉得不舒服，只能一直端着架子哺喂自己的宝宝。

选择了亲自哺喂自己宝宝的若兰，勉勉强强把宝宝送到乳头前，宝宝真是个聪明的宝宝，马上领会了妈妈的意图，急切地张开小嘴朝着妈妈的乳头吸吮，但由于若兰的乳头偏大，又比较平，宝宝并没有完全像吸盘一样，用嘴巴把妈妈的乳头、乳晕吸住，所以空吸着乳头，而吃不到妈妈的初乳。若兰看到这样的情景，比宝宝还着急，不知所措。我告诉她，宝宝的嘴巴和妈妈的乳头没有正确地衔接好，所以宝宝才会空吸着乳头，而吃不到奶。

图解母乳喂养

❶ 哺喂宝宝之前先用温热的毛巾（毛巾的热度和皮肤温度相似，36~37℃）热敷两侧的乳房、乳头，每2分钟4~5次/侧。乳头比较大和平的妈妈，还要用另一侧手的大拇指及其余四指捏住乳头根部，往外抻拉乳头，每天两次，每次10分钟，这样才容易让宝宝含住乳头（图1）。

❷ 妈妈的一侧手臂从宝宝的肩后托住宝宝，让宝宝身体自然、舒适地环绕妈妈的身体，并面向妈妈（图2）。

❸ 宝宝的上嘴唇对准妈妈的乳头（图3）。

图1

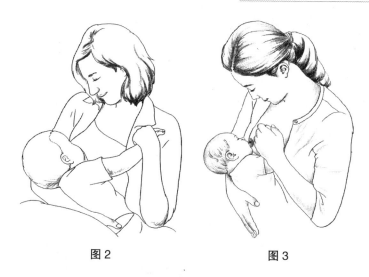

图2   图3

❹ 妈妈用乳头轻轻触碰宝宝的嘴唇，或用手指触碰宝宝的嘴唇，让宝宝尽可能张大嘴巴，如打哈欠状，同时，妈妈一边把宝宝抱近乳房，一边迅速用空着的手举起乳房帮助宝宝满口含住乳头及乳晕。要让宝宝张大嘴巴寻找乳房，不要用乳房去够宝宝的嘴巴（图4）。

（这样宝宝才能抓紧吸住妈妈的乳房，如同吸盘一样，紧紧地吸住妈妈的乳房，宝宝才可以充分吃到更多的乳汁，同时也会保护妈妈的乳头，避免乳头破损，引起疼痛，让妈妈哺喂变得困难。）

图4

3

❺ 一旦宝宝含住乳房，他的嘴巴会一直张大，他的下巴应该挤进乳房，他的嘴唇会向后翻对着妈妈的乳房，连同乳晕一起吸吮。确保宝宝连乳晕一起含住，不要上下均等，最好是乳晕下面的部分多含一些，上面的部分少含一些（图5）。

图5

❻ 宝宝含乳头的最佳效果　宝宝含住妈妈的乳头，就好像吸盘一样紧紧吸住妈妈的乳头及乳晕；妈妈不觉得痛，同时还可以感受到宝宝强烈的吸吮及吞咽时发出咕咚咕咚的声音，强烈吸吮之后，宝宝吸吮的节奏会变得慢而平稳。有时候宝宝还会在吃奶的过程中小憩一下，妈妈也不用担心，接着宝宝还会津津有味地吸吮吞咽，直至心满意足地吃饱。如果乳头被宝宝含着疼痛，那么就要轻轻用手指调下乳房或宝宝的嘴角就好，然后重新试（图6）。

若兰尝试着按我所说的去做，起初她无论怎样做，就是不得要领，经过反复练习后，若兰终于学会了如何哺喂宝宝，而且渐渐得心应手起来，笑容像花一样绽放在她的脸上。刚刚当了妈妈的人，没有任何的经验，不会哺喂宝宝或是熟练哺喂宝宝，这是很正常的，**掌握正确的喂奶方法是需要实践和锻炼的。如果哺喂姿势不正确，妈妈不要着急**，有的时候需要试好几次才会衔接正确。调整时妈妈轻轻用手指调下乳房或宝宝的嘴角就好。请记住，**衔接不好时不要灰心**，妈妈把这当作是和宝宝一起学习的第一步吧，放松自己的心情，试一次，再试一次，再试一次，就成功了。

图6

妈妈就可以和宝宝尽情享受这一段美好的时光，是属于妈妈和宝宝自己的哺喂时光（图7）。

图7

图解母乳喂养姿势

常见的母乳喂养姿势有四种，包括：经典的摇篮式哺喂、交叉摇篮式哺喂、橄榄球式哺喂、侧卧式哺喂。

❶ **摇篮式** 宝宝躺在妈妈怀里，好像躺在摇篮里一样舒服惬意。这是最经典的哺乳姿势。

1）妈妈在有扶手的椅子或床上（腰部和颈部可以靠着靠枕）坐舒服，同时准备个脚垫或矮凳，把脚放上去，让自己更舒服。

2）妈妈用一只臂弯托住宝宝的头部，如果宝宝吸吮右侧乳房，就把他的头放在右臂的臂弯里，让宝宝面朝妈妈侧躺着，腹部和膝盖也直接朝向妈妈，膝盖顶在妈妈的身上或左胸下方。妈妈的右前臂和手伸到宝宝后背，托住宝宝的颈部、脊柱和臀部。把宝宝下面的胳膊放到妈妈的胳膊下面。左侧亦然。

3）宝宝应呈平躺或小角度倾斜躺着（图8）。

图8

5

适合：顺产的足月婴儿。剖宫产的妈妈不适宜（有可能对腹部产生压力，让妈妈伤口感到疼痛不适）。

❷ 交叉摇篮式

1）宝宝的头部要靠在妈妈的前臂上，而不是臂弯处。

2）妈妈用右侧乳房喂奶，就用左手和左前臂抱住宝宝，使宝宝的胸腹部直接朝向妈妈。用左手为主，右手为辅，同时托住宝宝头部后侧及耳朵下方，引导他找到乳头（图9）。

适合：刚出生的宝宝和含乳头有困难的宝宝。

图9

❸ 橄榄球式 把宝宝夹在胳膊下，像夹着个橄榄球一样。

1）把宝宝放在哺乳乳房同一侧的胳膊下方，面朝向妈妈，宝宝鼻子的高度与妈妈乳头的高度平行，宝宝的双脚伸到妈妈的身后。

2）妈妈把哺乳那侧的胳膊放在大腿上（或身体一侧的枕头上），用手托起宝宝的肩、颈和头部，另一只手呈 C 形托住乳房（图10）。

适合：剖宫产的妈妈（避免宝宝压到手术后的腹部），或乳房较大、乳头扁平的妈妈，或双胞胎妈妈，也适合新生儿及含乳头困难的宝宝。

❹ 侧卧式 侧躺在床上喂奶的姿势。

1）侧卧式哺喂时，要保持妈妈的后部和臀部在一条直线上，这时需要爸爸帮忙，在妈妈身后放几个枕头把妈妈垫舒服了，头和

图10

肩膀下面也可以垫枕头，弯曲的双膝间还可以夹一个。总之，让妈妈舒服侧躺着，并且方便哺喂宝宝。

2）爸爸帮忙，抱过宝宝，让宝宝面朝妈妈，妈妈用身体下侧的胳膊搂住宝宝的头，靠近乳房（右侧躺就用右胳膊，左侧躺就用左胳膊）。如果宝

宝还需要再高点才能接近乳房，可以用枕头或叠好的毯子把宝宝抬高。这么做能让宝宝不费劲就够到妈妈的乳房，妈妈也不需要弓着身子将就宝宝吸到奶（图11）。

适合：剖宫产或分娩时出现过难产、坐着不舒服、白天晚上都在床上喂奶的妈妈。

图 11

被遗忘的初乳

巧云是若兰同一病房的病友，她刚生产后，很担心自己没有乳汁，因为她妈妈生她的时候就没有乳汁，所以她也认为自己跟她妈妈一样没有乳汁。护士长为了安慰巧云，轻轻捏捏巧云的乳头，马上就有淡黄色的黏稠的乳汁滴下来，但她的婆婆不允许她哺喂宝宝，认为刚生产后产生的乳汁脏，宝宝是不能喝的，还振振有词地说，这个传统在老家已经沿袭好几代人了。

有巧云这样担忧的新手妈妈不在少数，很多新手妈妈都认为刚生完宝宝，自己的乳汁还没有产生呢。其实早在怀孕之初，每个准妈妈的身体就已经为哺乳做好准备了（乳房会胀大，血流流向乳房，输乳管和泌乳细胞也在发育等）。因此，每个妈妈都能够产生足够多哺喂自己宝宝的乳汁，**没有特别的原因，每个妈妈都能够亲自哺喂自己的宝宝，因为每个妈妈都是自己宝宝能源丰富的"大奶牛"。**

所以，新手妈妈不必担心自己的乳汁会分泌得很少，宝宝不够吃。虽然每个妈妈不能确切地知道宝宝每次吃的奶量是多少，但一般来说，**妈妈完全会根据宝宝的食欲调整自己乳汁的分泌量，也就是说宝宝吃得多，妈妈自己就分泌得多，宝宝吃得少，妈妈就分泌的少，而且乳汁的营养状况也会随着宝宝的生长发育需要自动调整变化，这就是母乳神奇之处。**

一般来说在宝宝出生后的头24小时，他大约每次吃15毫升的初乳，15毫升约为喝汤的搪瓷汤匙一勺半的样子；48小时后，他每次吃20毫升母乳；72小时后，如果妈妈顺利下奶，他每次吃30毫升；到第4天，大多数母乳喂养的宝宝每次会吃大概45毫升左右；到第5天，则每次吃70毫升以上。刚出生几周内的宝宝一般每隔2~3个小时就要哺喂一次，24小时大概需要

8~12**次，妈妈虽然辛苦，但很甜蜜。**

而巧云的婆婆阻止巧云哺喂宝宝初乳的行为令我很是担忧，因为有巧云婆婆这样想法的老人不少，正因为她们这些老观念在作怪，结果很多新手妈妈都不知道这几滴不起眼的淡黄色的乳汁，对宝宝有多么重要的意义！这可是珍贵无比的初乳啊！

初乳是指产后最初连续三天所分泌的淡黄色黏稠的乳汁，别看比成熟乳的量少、脂肪含量低，但初乳富含蛋白质、维生素及矿物质等营养物质，最最重要的还是因为初乳中含有丰富的抗体，就像天然的疫苗一样，保护宝宝免受疾病的困扰或生病的痛苦。初乳又好像天然的缓泻剂，帮助宝宝排出胎粪，减轻生理性黄疸。初乳中的某些因子还能促进宝宝消化道内一些益生菌的生长，并抑制其他有害细菌的生长。初乳中富含的维生素 A 和 C，能帮助宝宝表皮黏膜细胞保持健康，甚至能在宝宝小肠黏膜上形成薄膜，防止细菌侵入。初乳中的生长因子还能促进宝宝肠道功能的成熟，因此能帮助宝宝预防食物过敏及不耐受性疾病。

所以，在宝宝出生的最初几天里，妈妈需要花更多的时间来照顾宝宝，不仅能增加妈妈和宝宝之间的感情，更重要的是让宝宝吃到宝贵的初乳，并且这样还能帮助妈妈的乳汁尽早到来。

当宝宝一出生，在半个小时之内就可以让宝宝趴到妈妈温暖的怀里，开始他的第一次吸吮了。虽然这时候妈妈的成熟乳尚未开始形成，但妈妈的乳房已经在分泌初乳了，所以宝宝可以频繁地正确吸吮乳头及乳晕，甚至每 15 分钟一次。这样**反复的吸吮不仅可使宝宝的牙床、颌面部肌肉及骨骼得到很好的发育，而且可使妈妈的大脑迅速产生反应，刺激催产素的产生，促进乳汁的分泌**，帮助妈妈缓解因奶胀带来的乳房肿痛，给妈妈成功实现母乳喂养增强信心，同时**帮助妈妈子宫尽早恢复**到最初的样子。当妈妈看到自己珍贵的初乳流入宝宝饥渴的嘴里时，初为人母的欣喜和欣慰是无以言表的，心中充满了甜蜜的爱意，会更加坚定母乳喂养的决心。

尽管很多妈妈都非常渴望自己哺喂宝宝，但在实际喂养中缺少哺喂宝宝的方法和技巧，自己没有找到舒适的哺喂姿势，宝宝衔接得不好，乳汁下不来，哺喂次数太少，乳房肿胀疼痛，亲人们七嘴八舌的建议……让母乳喂养变得更困难了，新手妈妈由此变得不够自信，不能够确信自己是否能够成功哺喂宝宝，让宝宝享受到世界上最完美的食物——妈妈的乳汁。

在此，我要大声告诉所有的妈妈：每个妈妈都是自己宝宝的"大奶牛"，完全能产生足够多的乳汁，也一定能够成功实现母乳喂养的，只是需要尽早学习一些母乳喂养的技巧和方法，并且将之付诸实践，多次哺喂，就一定能成功的，妈妈会体会到母乳喂养其实并没有那么难！还能尽情享受到亲自哺喂宝宝的快乐。

想想吧！当你抱起宝宝，哺喂宝宝时，宝宝得到了你温暖、安全、紧密的拥抱，宝宝和你肌肤相亲，在感情上和你更为融洽和谐。喝完奶之后，宝宝会安静地躺在你温暖的怀里甜美地入睡，这样的画面多么令人感到幸福和满足，又是珍藏在你和宝宝心底多么美好的记忆啊！

宝宝生命源泉的保护

月英生宝宝可谓历经千难万险，先前怀孕2次，均在两个多月时胎停育，好不容易有了宝宝，又赶上生产难，都开了十指，宝宝仍然生产不出，结果又挨了一刀，宝宝才呱呱落地。历经千辛万苦的月英还是在月嫂的帮助下，一边强忍着伤口的疼痛，一边努力哺喂自己的宝宝。小家伙很调皮，急匆匆地找妈妈的乳头，迫不及待地含住要吃，使足了劲，憋红了小脸，吸几口，却吸不到乳汁，于是，小家伙失望地松了口，一脸的疑惑。这样的哺喂反复了三天，宝宝不仅没吃到妈妈的乳汁，却让月英的一只乳头破了，只要她一喂奶乳头就钻心地痛，弄得她都怕喂宝宝了。

月英之所以出现哺喂宝宝的困难，一是她本身的**乳头**比较短，又比较平，宝宝不容易含住乳头，二是能含住乳头时，宝宝吃着吃着奶，姿势一不对，就把她的乳头弄破了，因此造成了乳头皲裂，弄得她的乳头钻心地痛，严重的时候还会出血，致使月英都怕喂奶了，因为一喂奶乳头就会破，破了就特别痛，痛得让人受不了，连断奶的心都有了。

出现月英这种情形的新手妈妈有一定的比例，如果每个新手妈妈都牢记这两点，那么在很大程度上就会远离乳头皲裂的痛苦。一是一定要让宝宝的吸吮姿势正确，二是要时时注意**乳头的护理**，这样才能避免乳头皲裂的困扰。**做法简单，贵在坚持。**

❶ 每次哺喂宝宝之前，先挤出几滴乳汁，润滑乳头，然后再哺喂宝宝，

喂好宝宝之后要自然晾干乳头或使用后乳或初乳涂抹乳头，保持乳头局部的干燥，避免乳头皲裂。

❷ 洗澡的时候要用温热的毛巾轻轻将乳房擦洗干净，并以乳头为中心呈环形擦拭，从乳晕逐渐到乳房根部，以皮肤微微发红为宜，这是为了促进血液循环，改善供氧。

❸ 如果有乳头疼痛，可使用纯绵羊油或香油涂抹，这样容易使细小的伤口很快复原，让母乳喂养变得轻松。

❹ 同时妈妈要避免使用洗发水和肥皂清洗乳头，免得破坏皮肤表面的保护膜。

图解乳房按摩方法

经常做做**乳房按摩**是保护宝宝生命源泉的良方，也是妈妈对自己的特别爱护。

在按摩之前先做热敷，用温热的水沾湿毛巾，拧为半干，长毛巾对折后环绕敷在乳房上面。为了保持温热，可以在毛巾外面套上个塑料袋。热敷15分钟后开始按摩。按摩方法有环形按摩、螺旋形按摩和指压式按摩等（图12）。

❶ **环形按摩** 双手分别放在乳房的上、下方，五指并拢，以打小圈的方式向前推进，顺着乳房的生长方向慢慢从乳根按摩到乳晕和乳头。双手顺时针移动位置后继续按摩，直到按摩过整个乳房（图13）。

❷ **螺旋形按摩** 一手托住乳房，另一手食指和中指放在乳房上方，以

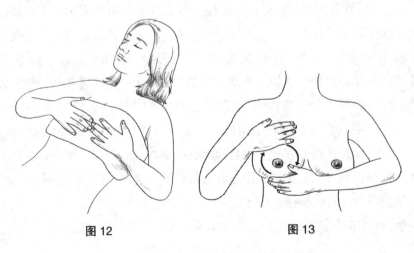

图12　　　　　　　　　　　　图13

打小圈的方式从乳根向乳头方向按摩，然后再以同样的方式按摩乳房侧面和下方（图14）。

❸ **指压式按摩** 左、右双手五指并拢，分别放在乳房两侧，按时针方向直接向下按压乳房（图15）。

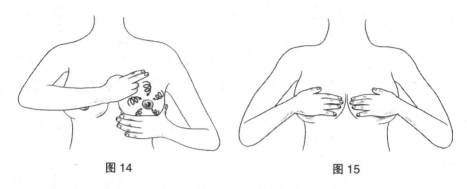

图14   图15

按摩时力道要温和，始终按着乳房的生长方向从后向前按摩，发现硬结时可以放慢速度，慢慢向前推进。如发现明显的硬结并有疼痛，最好及时就诊。按摩时间长短以皮肤感觉微微发热为宜。一开始按摩时间可以短一些，慢慢熟练了可以一次按摩10~15分钟左右，最重要的是每天坚持。

父亲的角色扮演

曼玉夫妇是很恩爱的小两口，但自曼玉生了宝宝之后，小两口反倒闹起矛盾来了。原因是有了宝宝，曼玉要经常哺喂宝宝，整天忙个不歇，晚上也休息不好；相反，曼玉的丈夫倒像没事人似的，该吃吃，该喝喝，该睡睡。这让曼玉心里很不平衡，觉得做爸爸怎么这么轻松啊！而曼玉的丈夫很茫然，不知所"错"。

新手妈妈和新手爸爸总会遇见类似曼玉夫妇这样的情况，似乎母乳喂养只是妈妈一个人的事情，和爸爸无关。实则不然，要想母乳喂养成功，爸爸的呵护对娘俩至关重要！母乳喂养并不是妈妈一个人的工作，而是一个配合紧密、团结合作的团队，尽管妈妈是团队中的主角，但爸爸的角色也不容忽视。

爸爸重要角色之一是支持妈妈母乳喂养，坚定妈妈母乳喂养的信念。这不是意味着爸爸简单地帮妈妈递茶或送靠垫，当然爸爸帮助妈妈做这些事情

11

也非常好。可爸爸还可以做得更好，当妈妈和宝宝在适应母乳喂养时，有爸爸温柔地鼓励妈妈跟宝宝和没有是不一样的。因为完美地衔接和找到一个合适的哺喂姿势并不容易，有爸爸的支持这一切都不是困难。**爸爸就像一道屏障，给实现母乳喂养的妈妈和宝宝最好的保护和支持。**

在夜里，如果宝宝没睡觉，爸爸还可以帮助宝宝入睡。他可以让爱哭的宝宝平静下来，安静入睡。很多爸爸都说宝宝觉得在爸爸怀里比在妈妈怀里还舒服，也许是因为爱哭闹的宝宝在妈妈怀里会寻找乳汁，可他又已经吃饱了，不能再吃了，因此他的愿望得不到满足，在妈妈怀里会更哭闹。相反，在爸爸怀里，宝宝显然知道爸爸没有乳汁，所以会很快安静地入睡了。

爸爸不仅在母乳喂养过程中扮演重要角色，在宝宝洗澡、换尿布、安抚宝宝等活动中，爸爸同样重要。这些爸爸都可以做，还可以用吊带背着宝宝遛弯。爸爸和宝宝更亲近，妈妈就有更多的休息时间，因为妈妈需要更多的休息，这样乳汁才会更充足。爸爸走累了，就让宝宝躺在爸爸宽阔的胸膛上熟睡吧，绝大多数的宝宝都爱躺在爸爸温暖的怀抱里。

有了爸爸像山一样高的爱，像海一样深的情，妈妈会更安心母乳喂养，宝宝也会成长得更好！

二、产生高品质母乳的技巧

母乳与母乳的差别

素莉从怀孕那天起，就决定亲自哺喂宝宝，宝宝出生后，她也一直努力地哺喂着自己的宝宝，但就是这样，她心里还是莫名地担心，担心自己的乳汁分泌不够，一家人则忙着给她煲各种汤品，诸如鲫鱼汤、猪蹄汤、母鸡汤等，虽然一家人忙得是不亦乐乎，可这些传统的下奶汤品似乎并没有让她乳汁分泌增多，相反还有些减少，这反倒加重了她的担忧。素莉的姐妹们也忙着给素莉推荐各种催奶秘方，是不是真的有什么能让乳汁分泌如泉涌的妙方啊？

事实是，新手妈妈真的并不需要什么特殊的食物，就可以保证有高品质的母乳了。这的的确确是令人欣喜的事！几千年来全世界各地的妈妈，吃着不同的食谱，却一样都成功地实现了母乳喂养，都用自己甘甜的乳汁养育了一代又一代强壮的儿孙。因此，新手妈妈学会吃的艺术，才会给自己的宝宝提供充足的营养丰富的甘甜乳汁。

产生高品质母乳——吃的艺术

什么是产生高品质母乳——吃的艺术呢？简单地说，就是**吃的健康、吃的多样、吃的均衡**。合理、多样化的饮食不仅会增加乳汁的分泌，为宝宝提供高质量的乳汁，满足宝宝生长发育的需要，还可以帮助妈妈快速愈合分娩时的伤口。

而我国传统坐月子的老方法里存在着许多饮食的误区。比如有的家庭依旧沿袭着传统的老观念，给新手妈妈鸡蛋吃，少则一天 4、5 个，多则 10 个甚至更多，认为这是滋补的好方法。实际上在过去日子很穷的时候，新手妈妈能有鸡蛋吃就已经是非常满足了，所以有多少吃多少。而今天，市场极大丰富，吃的食物多种多样，鸡蛋即使再有营养，单一的营养已经不能够满足新手妈妈高品质乳汁的需要了，何况鸡蛋中的胆固醇含量比较高，一天吃 10 个鸡蛋，要多摄取多少胆固醇啊，这对妈妈及宝宝的健康的潜在危害是不言而喻的。鸡蛋，新手妈妈是要吃的，一天吃 1~2 个足够了。

有的家庭不让新手妈妈在月子里吃蔬菜、水果，认为这些凉性的食物会影响乳汁的分泌。其实，这些蔬菜、水果还真是乳汁分泌如泉涌的好帮手，没有它们的帮助，新手妈妈可能会出现便秘、皮肤晦暗甚至乳汁分泌减少等。因此，蔬菜、水果是新手妈妈乳汁分泌增多的秘密武器。

也有的家庭，认为吃得好就是要多吃，拼命让新手妈妈多吃，结果新手妈妈自己吃得很胖，奶水也没见增加多少。其实吃得好并不等于要吃得多，而是在于合理地摄入不同的营养成分，满足自身的营养需要，同时给宝宝提供健康的富含营养的乳汁。

还有的家庭喜欢给新手妈妈大鱼大肉，认为这样的滋补有利于乳汁的排出，结果是很多新手妈妈在这样大鱼大肉的滋补中，乳汁一天天变少，甚至早早地就断了奶，是因为脂肪过于丰富的食物，阻塞了乳腺管，影响了乳汁的分泌……唉，这样的例子比比皆是，饮食的单调和不均衡让很多新手妈妈很早就乳汁减少，甚至没了乳汁！

挑选促进乳汁如泉涌食物的秘诀

新手妈妈想要吃得好，谷类食物不能少，粗细搭配莫忘记，三分粗来七分细；豆制品是好伙伴，天天换样吃 2 两；鸡鸭鱼肉是基础，每天 3 两多补益；深绿蔬菜是助手，酸碱平衡助催乳；红绿黄紫多水果，色彩提升乳汁质；天然食物是根本，母子平安又健康。

❶ **各种谷类是乳汁的能量来源** 比如全谷类的食物、糙米、全麦面包、燕麦片等要经常换着吃。

❷ **各种肉类食物是保证乳汁质量的基础** 比如说猪肉、牛肉、家禽、海味等，换着样吃，今天吃无腿的鱼，明天就吃两条腿的鸡或鸭或鹅，后天吃四条腿的猪或牛或羊等，其中鱼是比较好的选择。

❸ **各类蔬菜是提升乳汁品质的秘密武器** 特别是深绿色的蔬菜（如菠菜、绿菜花、油菜、小白菜等），天天坚持吃 6 两（生重）。各类蔬菜不仅含有丰富的维生素及矿物质，对妈妈的身体是有益的补充，同时丰富的纤维还能帮助妈妈改善便秘，排除毒素。

❹ **五颜六色的各种水果是乳汁分泌增多的优质补充剂** 还是甜美的加餐小点心，每天吃 1~2 个。

❺ **豆类及豆制品都是妈妈乳汁增多的好帮手** 经常吃些豆类和豆制品不仅帮助妈妈补充因生产而造成的钙的丢失，丰富的膳食纤维还能帮助妈妈改善便秘情况。

❻ **脂肪是妈妈乳汁的重要组成** 因为宝宝的生长发育一刻也离不开脂肪，因此新手妈妈的饮食中要有一定脂肪的摄入，这样妈妈的乳汁中才会含有丰富的脂类物质。其实我们**每天吃的植物油、蛋类、奶类、肉类食品的脂肪都是妈妈乳汁里脂肪的良好来源，并不需要特别地补充。新手妈妈既要适当摄取含脂肪的食物，又要少吃脂肪含量过高的食物**。这并不自相矛盾，因为过多摄入高脂肪、高热量的食物会影响母乳分泌，并有可能导致乳汁淤积，乳汁分泌减少。这也就是刚才提到的，为什么有的人吃传统的下奶食物（如猪蹄、排骨等脂肪含量比较高的食物），乳汁不增反减的道理，所以摄取这类经验上下奶的食物要适可而止。这不是说不让新手妈妈吃，只是吃的次数要适量，不需要天天吃，一周吃两次就很好。

水分充足与否对母乳品质的影响

乳汁中87%的成分是由水分组成的，所以新手妈妈想要产生充足的乳汁，就需要有足够的水分来保证乳汁的分泌，因此新手妈妈每天需要喝8~10杯的水。白开水就是很好的选择，如果选择果汁、牛奶、豆奶、草药茶、肉汤等也很不错。饮水少，新手妈妈的嗓子容易干，还会减少乳汁分泌。总之，妈妈要保证有充足的水分摄入，但大量喝水并不意味着奶水一定会分泌增多。

此外，还有一些其他的原因或是经济的原因，有些新手妈妈可能自己吃得并不好，营养不够均衡，妈妈也不要过于担心了，**母乳的神奇之处就在于，即使妈妈的营养不够，但妈妈的乳汁仍能满足宝宝的营养需求**。不过，这样的饮食不良虽然不会影响到喝奶的宝宝，但会影响到妈妈的身体健康。所以为了妈妈自身的健康，为了宝宝的健康，妈妈需要学习获得高品质母乳吃的艺术，让自己的乳汁源源不断地生成，让自己的宝宝尽情享受妈妈无私的爱。

高品质母乳的禁忌

我曾经遇见一个向我咨询的新手妈妈，她诉苦到，因为工作需要，她每天都有应酬，需要饮酒，有的时候还会抽烟，可她还想自己哺喂自己的宝宝，向我咨询有什么好的方法可以帮助她两者兼顾。当时的我很无语，真的不知道用何种办法可以让她鱼和熊掌兼得。现在想起来心还在隐隐地痛，因为我希望每个母乳喂养的妈妈，都拥有健康，不仅宝宝健康，自己也要健康。因此，为了母乳喂养的健康，新手妈妈的确要注意母乳喂养的禁忌。

❶ **远离香烟** 有的妈妈有抽烟的习惯。抽烟会让母乳喂养变得困难起来，因为烟草中的尼古丁乳汁中会含有，宝宝喝了含有尼古丁的乳汁，会变得易怒，或呕吐、痉挛性腹痛、腹泻等；且抽烟会降低新手妈妈催乳素的水平，减少乳汁的分泌，甚至没有乳汁分泌；还有一些敏感的宝宝尝到了乳汁中烟草的味道，从而拒绝喂养。所以，为了宝宝的健康成长，妈妈要远离香烟。

❷ **避免饮酒** 有的妈妈为了工作需要，可能会饮酒。当妈妈喝酒时，酒精就会保留在妈妈的乳汁里，停留在妈妈的血液里，也许新手妈妈想偶尔

一杯两杯对自己的宝宝没有啥太大的影响，千万不要怀有这种侥幸的心理，过量饮酒会影响宝宝发育的方方面面，比如宝宝突然脾气变坏（易激怒）、睡眠减少或不眠不休、体重迅速减轻等。这是因为小宝宝的肝脏尚未发育成熟，不能像大孩子或大人一样能迅速有效地代谢掉酒精，所以，为了宝宝生长发育的健康，新手妈妈要远离饮酒。

❸ **避免辛辣食物及产气食物**　辛辣刺激食物会影响宝宝的胃肠道，同样产气食物如草莓、绿菜花、卷心菜、白薯、洋葱、白萝卜等，会让宝宝产气并且胃胀，引起宝宝不舒服。因此，含有香料等刺激性食物以及含有大量食品添加剂的食物不要吃或少吃。

❹ **远离反式脂肪**　反式脂肪是人们为了延长食品的保质期和做出可口美味的食物，而加工合成的一种人造脂肪酸。这种反式脂肪对我们的身体百害而无一益，还为心血管等慢性疾病的发展埋下伏笔，因此为了宝宝未来的健康和妈妈自身的健康，妈妈要远离反式脂肪。含反式脂肪的食物多在饼干、面包、曲奇、蛋糕、膨化食品等食物中存在。

❺ **限制咖啡因的摄入**　少喝一点咖啡对身体是有益的，一天不超过 3 杯。如果摄入过多，那么咖啡因对宝宝的影响，跟对大人的影响是一样的，让宝宝坐卧不宁，难以入睡。

❻ **注意饮用水**　如果喝的是自来水，这些水里面也许含有灭虫剂、重金属和有害药物或污染物等，这对宝宝的健康是有害的。建议可以安装净水设备，妈妈饮用经过过滤过的水，更为安全，且远离危害。

❼ **注意鱼的选择**　鱼是对宝宝生长发育极其有益的食物，也是我们提倡经常食用的食物。但个头特别大型的鱼类，建议减少食用或避免食用。比如剑鱼、鲨鱼、马哈鱼、金枪鱼等，大型鱼类更容易蓄积更多的有毒物质（比如汞等）。

如果每个亲自哺喂自己宝宝的新手妈妈，都能够注意以上的这七点，那么在喂养宝宝上会更健康，营养更好，也会打小就让宝宝形成健康的生活方式，这对宝宝的一生更有益。

重现婀娜的身姿

灵玉是个时尚的新手妈妈，不仅年轻，且特别的时髦，怀孕时就因担心自己的体重增加太多，以后身材会走样，所以在孕期里就或多或少地通过饮食控制着自己的体重，不让自己体重增加过多。生产之后，月子都没出，就忙着要减肥，担心体型变胖，怕自己再喂宝宝奶，体型会更走样。

像灵玉这样的新手妈妈关注自己的身材很正常，实际上母乳喂养宝宝的妈妈体型是不会走样的，也不会没了以往的婀娜多姿。因为哺乳会有助于帮助妈妈消耗在孕期储备的脂肪，只要亲自哺喂一段时间宝宝，新手妈妈就会发现自己的体重在母乳喂养期间自然减轻了。

如果新手妈妈还是想在哺乳期控制体重的话，**就先订个计划，用 10 个月到 1 年的时间来帮助自己恢复到怀孕前的体重，毕竟这些重量是一天天吃出来的。**一般在哺乳期间，特别是在月子期间，**新手妈妈不要急于减肥，因为在短时间内体重急速下降，会对宝宝造成伤害，那些通常储存于脂肪中的毒素会被释放出来，进入到妈妈的血液循环里，流入乳汁，最终乳汁中污染物的含量会升高，乳汁的品质下降。**如果新手妈妈想两全其美（一边哺乳，一边控制体重），一般从宝宝出生 6 周后开始逐步实施，一边母乳喂养，一边适度的运动，一边合理饮食，就能够帮助她逐渐降低体重，每周大约减重 0.5~1 公斤最为理想。

灵玉真的非常听话，一边亲自哺喂宝宝，一边通过饮食和运动来努力控制体重，经过 1 年半的努力，她不仅成功实现了母乳喂养，而且还减肥成功，身材依旧苗条，很多见过她的人都不相信她已经有宝宝了。

这就是母乳喂养的魅力所在，这也是饮食调控的魅力所在。

三、超级催乳的食谱

补虚催乳的鸡汤

几乎每个来咨询的新手妈妈都迫切希望有种神奇的汤品，一喝下去乳汁就如泉涌。曾有个叫玉真的新手妈妈，来咨询的时候，一脸焦虑，说听人讲喝鸡汤催乳效果特好，她婆婆天天把整只鸡放在汤罐里炖，给她喝上面漂着的一层厚厚亮亮的带着黄油的鸡汤，喝得她都快吐了，奶水也没见增多，反而更少了，急得她不知所措。

像玉真这样，产后大补特补的新手妈妈不在少数，油腻厚味的汤品便源源不断地送到了新手妈妈的嘴边，弄得新手妈妈苦恼不已。实际上，产妇在生完孩子的头两个礼拜是不适宜吃太补的食物。因为产后体质虚弱，脾胃虚弱，那些肥甘厚味的食物吃了不但不能补身体，反而会因为脾胃虚弱运化不了，造成体内脂肪的堆积。另外，初产妈妈一般乳腺管未能全部畅通，一开始就过食动物性脂肪丰富的下奶食物，比如猪蹄汤之类，并不一定能有效地增加奶量，弄不好还会导致乳腺管淤堵和增加患乳腺炎的风险。

那么在产后的头两个礼拜，吃什么食物既能让新手妈妈身体尽快复原，又能保证新手妈妈奶水的质和量呢？

让浓浓母乳溢出来的金针鸡汤

唐代诗人孟郊在《游子吟》中写道："萱草生堂阶，游子行天涯；慈母倚堂门，不见萱草花。"古代的萱草就相当于现在代表母爱的康乃馨一样，微不起眼，但又饱含深情。其实萱草指的就是金针，在北方又被称作黄花菜，能养血补虚下奶，现代研究更证实其富含铁质，约为菠菜的 20 倍，是补血的好食材，特别适合新手妈妈产后血虚体弱体质的调理。而且，金针菜中所含的 β - 胡萝卜素要超过西红柿好几倍呢，这对促进新手妈妈乳汁的分泌特别有益。更重要的是，金针菜中含有的卵磷脂是大脑细胞的组成成分，对促进宝宝大脑发育极为有益，故金针菜又被称为"健脑菜"。此外，它还能有效地增强机体的生物活性，促进体内的新陈代谢，有利于各种营养素的吸收和利用。所以，金针菜可称得上是产后补虚增乳的"冠军食材"。

【材料】
金针菜 1 小把（约 10 克干重），柴鸡半只，米酒（适量），葱、老姜、清水。
【做法】
第一步：买鸡时，将鸡架及鸡肉分开装并去皮。
第二步：将干的金针菜用清水泡发 2 小时，掐头、切碎。
第三步：先洗净鸡架，以热水氽烫，去除血水，加入清水没过鸡架，放入老姜后，以小火炖煮 2~3 小时。
第四步：将鸡胸肉及鸡腿肉拍碎剁成鸡茸，并加少许清水（或米酒）调稀，放入葱及姜备用。

第五步：将煮好的鸡骨清汤滤净，并去除浮油后重新加热后，放入泡发好、切碎的金针菜，煮20分钟，然后将调好的鸡茸倒入汤内搅匀，待汤再度滚开后，捞去上浮的油末及杂质，稍煮即完成金针鸡汤。

营养点评：该菜肴汤色清亮，味道鲜香，是适合产后妈妈食用的一道清补佳品。鸡肉甘温，温中益气，补精添髓，富含优质的蛋白质，是我们习以为常滋补身体的良品；鸡汤，内含胶质蛋白、肌肽和氨基酸等，不仅味道鲜美，而且易于吸收消化，有助于增强哺乳妈妈的体力及强壮身体，增加乳汁的分泌。金针菜配合肉类食物补血通乳的效果会更佳。

金针鸡汤

母鸡汤会影响下奶吗？ 如今，在新手妈妈之间流传着这样的故事：鸡汤不能吃，里面含雌激素，会影响下奶，产后也不能马上喝母鸡汤，最好在分娩后1周左右，乳房开始胀满，乳汁已大量分泌后，才可以喝。

其实，自古以来，我们中国人坐月子中都喝母鸡汤下奶的，这个传统已有几千年。母鸡体内确实是含有雌激素，如果妈妈产后马上喝鸡汤，很可能会吸收汤里的部分雌激素。而且母鸡越老，体内雌激素越多。但是目前还没有足够的科学证据表明，母鸡汤会影响下奶，也没有足够证据表明产后不能马上喝鸡汤，产后乳汁分泌不足和喝母鸡汤之间不存在必然的、内在的联系。

当然，有些妈妈还是会比较担心喝母鸡汤会导致乳汁分泌不足这个问题，那么可以选择金针鸽子汤下奶或者其他的下奶汤品。

炖清补鸡汤的技巧：实际上，炖鸡汤也是有技巧可掌握的。由于妈妈刚生产之后，脾胃的消化能力比较弱，所以要将柴鸡去皮炖煮，这样既能让妈妈吃到鸡汤中的营养又能避免摄入过多的油脂。要知道，有些宝宝吃了母乳容易腹泻，恰恰就跟妈妈饭菜当中油脂含量过高有关呢。因为小宝宝的消化道中还没有产生能够消化脂肪的消化酶，所以母乳宝宝腹泻，妈妈首先得从自己的饮食当中找原因。因此我推荐给妈妈的鸡汤是去油脂清鸡汤。

如何挑选金针菜：金针菜的选择也是相当有讲究的。

新鲜的金针菜可千万别就这新鲜劲儿给产妇吃，因为新鲜的金针菜中含有一种叫做"秋水仙碱"的物质，它本身没有毒性，但是被消化吸收后会在体内形成一种叫做"二秋水仙碱"的毒素，过量食用，轻者出现恶心、呕吐、腹痛、腹泻、头痛等中毒症状，重者会威胁生命。如果食用新鲜的黄花菜，则需要用开水焯过，再用清水浸泡 2 小时以上可使毒性减弱或消失，常人才可以放心食用。但对于新产妇，还是避免食用新鲜的金针菜为好。但经过晒干或烘干以后的金针菜，其毒性就消失了，成了一道产后调补的良品。

金针菜的挑选也要巧识别：一要看长相，优质的金针菜色泽浅黄或金黄，条身紧长均匀粗壮；而劣质的黄花菜色泽深浅不匀，条身长短不一，甚至霉烂变质。二要凭手感，优质的金针菜，抓捏成团，手感柔软有弹性，松手后每根黄花菜迅速伸展；劣质的则较硬，易断，弹性差。三要闻气味，优质的金针菜气味清香，劣质的金针菜则有异味。

除了上面推荐的一款汤品以外，金针菜可跟多种食材搭配，比如可以用金针菜蛋花汤作浇头，给新妈妈做一碗软烂的面条作为主食；产后两周可以用金针猪蹄汤给妈妈催乳……还有一些其他的金针菜肴，也可以帮助妈妈改善乳汁的质和量。

令人难忘的家常木须肉

【材料】

猪里脊肉 100 克，金针菜、木耳各 10 克（干重），黄瓜 50 克，米酒、香油、葱、姜各适量，鸡蛋 2 个，酱油少许。

【做法】

第一步：先将金针菜、木耳温水泡发。金针菜去掉两头，木耳撕成小片，黄瓜洗净切成片，葱切段，姜切片，打鸡蛋，搅拌均匀。

第二步：将里脊肉洗净切成肉丝，放料酒、老抽酱油，搅拌均匀，呈金红色。

第三步：炒鸡蛋，油不多，火不要太大，把鸡蛋按一个方向炒成团，成金黄色盛出锅。

第四步：锅里放少量油，煸肉，把肉煸透。

第五步：锅里搁少许底油，煸葱、姜出香味，把肉倒入，放黄花、木耳、黄瓜，入料酒、少许生抽酱油，放鸡蛋，炒均匀，出锅即可。

营养点评：说道木须肉还真有个别致的小故事呢！木须是木樨的别字，木樨指的是桂花，桂花一盛开，色黄灿烂，香气扑鼻，鸡蛋炒出来黄灿灿的一团，如同盛开的桂花一样，故称木樨，久之变成了我们现在的木须肉了。在这道著名的菜肴中，是一定要放金针菜的，如果不放金针菜就称不上是地道的木须肉。放金针菜，不仅是因其提供人体必需的 18 种氨基酸，更因其形似桂花，星星点点，成就了木须肉的美名。所以很适合新手妈妈食用，享受美味的同时，还有更多的想念。

神奇的"肉中黄芪"——牛肉

牛肉素有"肉中黄芪"之称，专攻补益气血，富含铁质，且含多种人体必需的氨基酸、蛋白质、维生素 B 族等，和金针菜配合相得益彰，滋补强壮，更能刺激妈妈产生乳汁。如果再加点豆腐，那更好啦。豆腐富含钙质，动物蛋白和植物蛋白相搭配，让这道汤品更完美，不仅有利于妈妈产后恢复因怀孕丢失的钙质，还有利于宝宝补充丰富的钙质，且钙质更容易被宝宝吸收和利用。

丰腴可口的金针豆腐牛肉汤

【材料】

干金针菜 30 克，豆腐 100 克，牛腩 100 克，牛肉汤 1000 毫升。

【做法】

第一步：金针菜洗净浸泡，去掉两头，豆腐切成方块备用。

第二步：牛腩洗净后，放入冷水中加热，少许放入料酒，焯去血水，洗净。

第三步：将牛腩放入砂锅中，加入牛肉汤，炖 90 分钟后，加入金针菜一起炖煮约 30 分钟，放入豆腐，炖 15 分钟左右，加入调味品即可。

如何炖煮鲜美的牛肉汤

做法：买一根牛骨头冲洗干净，放入锅中，加适量清水加热，焯去血水，洗干净后重入锅中，加入清水，没过牛骨头，大火烧开，小火炖煮，约 3 个小时即成牛肉汤。隔天将牛肉汤表面浮着的油脂去掉，就是牛肉清汤。

温馨提示 牛肉汤炖的时候一是要注意把牛骨头洗净，二是煮过之后要晾凉，把牛肉汤表面的浮油去掉，三是想滋味鲜美，可以放点牛腩什么的碎肉一起煮炖，这样汤可以更鲜美。

玉真尝试了新的鸡汤煮法，换着花样吃了牛肉汤，经过一周的调整，乳汁分泌充足了，心里别提多高兴了，母乳喂养的她信心也满满的。

让宝宝更聪明的鱼汤

美林是个典型的南方女孩，特别爱吃鱼，因为她的妈妈告诉她，爱吃鱼的人更聪明，所以，她当了妈妈之后，一是希望鱼汤能帮助自己乳汁分泌增多，二是希望自己的宝宝爱吃鱼，更聪明。确实，爱吃鱼的人更聪明些。现代研究发现鱼含有丰富的 DHA，这种物质能够促进智力的发育，让宝宝更聪明些。爱吃鱼的妈妈乳汁中 DHA 的含量就会相对高些，宝宝喝了这种品质的乳汁，是会很聪明的。

鲫鱼有个特别喜庆的名字叫"喜头鱼"，意思就是生子有喜的时候食用，肉质细嫩、味道鲜美，营养丰富。《本草图经》中记载："鲫鱼，性温无毒，诸鱼中最可食。"其含有的水溶性蛋白质与蛋白酶，容易被人体吸收利用，是新手妈妈滋补的佳品。鲫鱼的磷、钙、铁质含量很高，有益于强化骨质、预防贫血。再者，鲫鱼或鲈鱼及豆腐都含有丰富的蛋白质及胶质，并富含不饱和脂肪酸，不仅有良好的催乳作用，而且能够促进宝宝智力的发育。传统医学也认为鲫鱼有开胃健脾、增进食欲、发乳等功效，对新手妈妈身体恢复及伤口修复大有裨益。

吃鲫鱼也有季节性？鲫鱼要吃就吃 2~4 月份或 8~12 月份盛产的鲫鱼，

这个时候的鲫鱼最为肥美。特别在秋季和豆腐搭配，取鱼肉之细腻鲜嫩，豆腐之滑嫩柔韧，无论是蛋白质的含量，还是钙的价值及膳食纤维的益处，都非常适合新手妈妈食用，不仅可以增加乳汁的品质，还可以对妈妈自身的健康大有裨益，并让妈妈和宝宝一同享受到了味极鲜、肉极嫩、堪称人间美味的鲫鱼鲜汤。

美味鲜香的鲜鱼豆腐汤

【材料】

鲜鱼1条（鲫鱼或鲈鱼250~300克），豆腐约200克，丝瓜中等大小1根，米酒、油（麻油或苦茶油）、姜、葱花适量，少许盐。

【做法】

第一步：豆腐切成薄片或块状，以滚水加少许盐，将豆腐汆烫，沥干待用，丝瓜洗净。

第二步：将鱼除鳞去腮去内脏，收拾干净，放在案板上，正反两面都用刀背轻轻拍打几下。

第三步：锅里加入些许麻油或苦茶油，爆香姜片，将鱼放入锅内煎成两面微黄，加入米酒或适量的水（依个人需求）以小火熬煮20~30分钟，放入汆烫过的豆腐片，起锅前撒上葱花。

营养点评：鱼汤中添加的米酒和麻油或苦茶油，自古都是催乳的佳品。米酒香甜醇美，不仅使鱼肉更为细嫩，且能刺激消化腺的分泌，增进食欲，有助消化，是哺乳妈妈补气养血的佳品。麻油和苦茶油含有丰富的维生素E、卵磷脂、钙、铁等，更利于妈妈的吸收和利用，并且能促进妈妈产后伤口的复原。

挑鱼也是学问！ 吃鲫鱼以小条为佳，250克以下的肉质细嫩，刺也较小。若要享受鲫鱼的鲜美，要选身体发扁，腹部银白略带黄色的鲫鱼，这样的鲫鱼烹煮后滋味较嫩。秋冬季节的鲫鱼最为肥美，品质最佳。4、5月份的鲫鱼腹中有卵，别有滋味。购买的时候还要注意看看它的生殖口，生殖口发红，说明腹内有卵。按按它的鳃盖，触感柔软，表示鱼体营养充足。

烹煮鲫鱼小窍门：回家煮的时候怕刺多影响新手妈妈的食欲，可以将清洗干净的鲫鱼放在醋里浸泡 20 分钟，这样容易让鱼骨软化。或者用刀背拍打鱼肉，松其肉，烹煮时味道滋味会更鲜美。

烧煮鲫鱼汤的技巧：一是必须等待汤水变白，汤水变白是鱼被煮透的征象，说明鲫鱼的营养已经融入汤中。二是汤色变白后，再放豆腐和葱等作料，这样汤的鲜味才会更鲜香。三是可用米酒调味。想要汤水变白，一定要大火烧开，且一直大火烧 10~15 分钟左右，直至汤水变白，转小火煮。

豆腐挑选提示：豆腐的品种也非常多，常见的有北豆腐、南豆腐、嫩豆腐、韧豆腐等。北豆腐多为卤水点的，含钙量比较高，口感稍老。南豆腐、韧豆腐多为内酯豆腐，含有丰富的大豆异黄酮，口感滑嫩。嫩豆腐一般多用于凉拌菜肴。使用豆腐之前，最好用热水焯一下，去其豆腥味。

鲫鱼的吃法也多种多样，除了煮汤，还可以红烧、葱焖、鲫鱼羹等，换着花样吃，乳汁分泌会更充足。利用既是药物又是食物的山药、枸杞、木瓜、莲子等，和鲫鱼同用，即补益，更催乳。

质细腻，色洁白的山药流行于大江南北，但很多人却怕做山药，是因为去皮的时候黏糊糊的，有时皮肤还特别痒，红一片。实际上，那黏糊糊的液体是山药的精华所在，含有丰富的胶质，能帮助妈妈促进肠道蠕动，促进消化和吸收，并且预防便秘或缓解便秘。避免山药去皮时刺痒，一是可以戴着塑料手套，二是可以把山药洗净后，放入微波炉加热一分钟，再去皮的时候就不痒痒了，皮肤也不会过敏了。

药食两用的山药枸杞蒸鲫鱼

【材料】

鲫鱼 1 条（250 克），山药 100 克，枸杞 10 克，大葱、姜、米酒各适量，少许盐。

【做法】

第一步：将鲫鱼去鳞及肠杂，洗净，用绍兴加饭酒、少许盐腌 15 分钟。

第二步：山药去皮、切片，铺于碗底，把鲫鱼置上，加葱段、姜片、盐、适量米酒，枸杞子撒在鲫鱼的表面，上屉蒸 30 分钟即可。

山药枸杞蒸鲫鱼

营养点评: 山药自古就是"补虚之要药",肺、脾、肾三脏同补,气阴双补,不仅能开胃健脾,还能补虚强身,能够帮助妈妈迅速恢复体力,促进乳汁的分泌。同时还会使宝宝耳聪目明。枸杞平补肝肾,增加机体免疫力。而且现代医学发现枸杞含有丰富的胡萝卜素、维生素B、维生素C、多种氨基酸和多种矿物质(钙、磷、铁)等营养成分,能够促进血液循环,帮助妈妈乳汁增多。搭配催乳的鲫鱼,是一道滋补强壮的良品。

美林欣欣然尝试了鲫鱼豆腐汤和山药枸杞鱼汤,鲜美的滋味,细腻的鱼肉,愉悦的心情,让美林的乳汁甘甜如泉,宝宝吃得甜甜美美的。

催乳用青木瓜还是熟木瓜

招慧是个刚生完宝宝的新手妈妈,曾经看书介绍说木瓜可以催乳,于是让她的婆婆炖木瓜汤喝,结果吃了,根本不管用,这让她很是疑惑,为什么说木瓜可以催乳,用了黄黄软软甜甜的木瓜却不能催乳呢?

招慧用的是熟木瓜,不是青木瓜,熟木瓜没有催乳的作用,下奶要用青木瓜。为什么呢?青木瓜和熟木瓜是有区别的。一般作为产妇催乳的汤品,都是采用未成熟的木瓜,也就是青木瓜,是因其含有丰富的凝乳酶,能促进乳汁的分泌。现代实用中药也有这样的记载:"未熟果液,治胃消化不良,并为营养品,又为**发奶剂**"。所以发奶要用青木瓜!

青木瓜莲子鲫鱼煲

【材料】

青木瓜半个（250克），莲子20克，眉豆20克，鲫鱼1条（250克），米酒适量。

【做法】

第一步：将鲫鱼洗净、去内脏，晾干，锅内搁适量油，用中火煎至两面微黄。

第二步：莲子去芯和眉豆一起洗净，用清水浸泡1小时。

第三步：青木瓜洗净后去皮，切成2厘米见方的块状。

第四步：将上述材料一起放入砂锅中，加入米酒或清水1000毫升（约5纸杯水量），先用大火烧开后，改用小火煲2个小时左右，根据个人口味，加入适量调味品。

营养点评：这道汤品气味清甜香润，清心润肺、健胃益脾。谚语曾说：木瓜百益一损，色香味营养俱佳，用于产后的妈妈真是再好不过了。莲子在《神农本草经》中即为上品，能"补中养神益气力，除百疾"，非常适合新手妈妈调理身体食用，帮助新手妈妈增强体力，安养心神；眉豆能调中益气，健脾益胃，唐代名医孟诜认为它能"补五脏，调中，助十二经脉"；配合鲜美的鲫鱼，既能让新手妈妈吃到滋味香甜的汤品，又能帮助新手妈妈提升乳汁的品质，给宝宝健康的哺喂。

巧吃猪蹄汤

玉莲是我的一个邻居女孩，前两年生了个大胖小子，她婆婆听说生了孙子，特地从北方老家赶过来照顾她坐月子。她婆婆最拿手的是炖花生猪蹄汤，为了让玉莲奶水充足，她婆婆可是下足了功夫，几乎天天炖花生猪蹄汤给玉莲喝，但事与愿违，玉莲不但奶水没有增多，反而减少了很多，还有她小宝宝头上的湿疹更重了。这让她婆婆急得不得了，恰好碰见我回家，问我：猪蹄自古就是下奶的好食物，花生也是，又补血，又好吃，为什么我们家玉莲吃了不管用呢，奶水反而少了呢，宝宝这身疹子，比他爸爸当年起的还要重，急死人了。

　　猪蹄下奶的确是非常好，只要有食疗书，就有有关猪蹄的记载，而且又美味，当然可以吃了。只是猪蹄脂肪含量比较高，可以适当吃，但不能天天吃，否则容易阻塞乳腺管，反而让乳汁减少了。至于花生，我们需要说说，虽然花生猪蹄汤是上千年来产妇常吃的传统下乳汤，但花生是极易引起过敏症的坚果，是最容易引起宝宝过敏的三大食物之一，因此哺喂母乳时，若宝宝有过敏体质，或家族有过敏体质，那么妈妈应避免食用花生等坚果类食物，免得引发宝宝的过敏或加重宝宝的过敏情况。

　　听了我讲的，玉莲婆婆言道：嗨，我一心盼望着这猪蹄汤能让媳妇奶水源源不断，结果事与愿违啊，看来还是要听科学的。敢情这花生还会过敏啊，怪不得玉莲吃了花生猪蹄汤之后，我家宝宝身上的湿疹反而加重了呢。起先我还以为是我家遗传就是这样的呢。听你一说，明白了。我接着说，阿姨，您可以经常换着样儿给玉莲做，今儿猪蹄汤，明儿鲫鱼汤，后儿西红柿鸡蛋汤……这样玉莲的奶水会好转的。还有像您家有过敏家族史的，玉莲最好避免吃花生类坚果，这样可以缓解宝宝的过敏。您可以试试我这道新式猪蹄下乳汤。

　　新式猪蹄下乳汤：选用黑芝麻和南瓜子配猪蹄。黑芝麻被誉为芬芳的补药，《本草纲目》记载之：能补五脏、益气力、长肌肉、增智力、润燥滑肠、通乳。现代医学证实其含有丰富的铁质、卵磷脂和维生素 E 等营养物质，能预防贫血、活化脑细胞、健脑益智，所以适合产后乳汁缺乏的妈妈，帮助妈妈养血增乳催乳，使乳汁源源不断。南瓜子高蛋白、高热量，含有丰富的矿物质和维生素，是很好的滋养强壮食品，有极佳的催乳作用。注意要生用南瓜子，生用的通乳效果更佳。猪蹄自孙思邈的《千金方》记载就有补血益气、通乳之功，《随息居饮食谱》对其评价更高，认为能"填肾精而健腰脚，滋胃液以滑皮肤，长肌肉可愈漏疡，助血脉能充乳汁，较肉尤补。"现代医学也证实，猪蹄除含有较多的蛋白质之外，还含有钙、镁、磷、铁及维生素 A 等营养素，对产后血虚乳汁不足效果极佳，值得想要增加乳汁的妈妈一试。

芝麻风味的浓香猪蹄汤

【材料】

黑芝麻 30 克，生南瓜子 30 克，猪蹄 1 只，水或米酒（视个人需求）适量。

【做法】

第一步：将黑芝麻小火炒香，磨成细粉备用，南瓜子生用磨粉。

第二步：猪蹄洗净，切块，先以热水烫去血水，冷水冲洗后使用。

第三步：放入清水或米酒没过猪蹄，煮熟猪蹄，约需 90 分钟（依个人需求）。

第四步：待猪蹄肉熟烂时，加入适当调味料（视个人情况不加亦可）。

第五步：取猪蹄汤加入黑芝麻南瓜子粉拌匀饮用。

芝麻风味的浓香猪蹄汤

此道菜肴芝麻香气浓郁，猪蹄软烂鲜香，很适合新手妈妈食用。

如何挑选黑芝麻? 玉莲的婆婆说：你这猪蹄汤听着挺新鲜的，我也想试试，可我还真不敢买黑芝麻，以前买过的，回家一洗，竟然掉色，变成白芝麻了。

有些不法商贩，会把白芝麻染色成黑芝麻，因此在购买的时候，一是看黑芝麻的断口处，断口处是黑色的，说明是染色的；断口处是白色的，说明是真的黑芝麻。二是品味道，真的黑芝麻吃起来有点轻微的甜感，有芝麻香味，不会有任何异味；而染色的黑芝麻有种奇怪的味道或发苦。那些外观色泽均匀、饱满、干燥、气味香的黑芝麻就是优质的。

回家烹调的时候要用小火将黑芝麻炒香，注意要小火，不要火大，火大容易糊，小火炒到黑芝麻噼里啪啦响时，关火即可。还有一个办法就是用手捏一个芝麻，轻轻就能捏开的，凑近能闻到香味的，说明已经炒熟了。

同样，南瓜子也要选瓜体饱满、厚实、有光泽、无斑点的。然后将生的南瓜子和熟的黑芝麻两者一起磨成细粉备用。或用研磨机研成细粉，或用擀面杖擀成粉末。

猪蹄先用刀刮去未尽的细毛，不好刮掉时，可以用打火机燎烧猪毛，然后清洗干净，切块，用热水烫去血水，血水去除后立即捞起，再用冷水快冲，这样可使外皮有弹性、不油腻。

猪蹄的做法多种多样，可红烧，可炖汤，可卤可酱，用于通乳时，一般多做成汤品。还要注意的是，作为通乳汤品应少放盐，不放味精。下面再给大家推荐两款通乳的猪蹄汤品。

通乳猪蹄汤

【材料】

猪蹄1只，丝瓜300克，豆腐250克，香菇30克，姜5片，盐少许，红枣10克，生黄芪、枸杞子各14克，当归5克。

【做法】

第一步：香菇洗净泡软去蒂，丝瓜去皮洗净切块，豆腐切块备用。

第二步：猪蹄去毛洗净剁块，入开水中煮10分钟，去浮沫，捞起用冷水冲净。将黄芪、当归放入纱布袋中备用。

第三步：锅内入猪蹄、香菇、姜片及水10杯，以大火煮开后，改小火煮至8成熟时，用筷子戳戳肉，肉尚未全部烂熟，放入装有黄芪、当归和大枣的布袋，再煮至肉熟烂，筷子已经完全能戳动肉，再入枸杞子、丝瓜、豆腐续煮5~10分钟，最后加入盐调味即可。

> **营养点评**：丝瓜盛产在5~9月份，有清凉、利尿、活血、通经、解毒之效，能通血脉解烦热、通络下乳，适用于产后体质虚弱、乳汁不足者。现代医学发现丝瓜中的维生素B族、维生素C等成分丰富，能保护皮肤，消除斑块，使皮肤洁白、细嫩，是妈妈产后身体恢复不可多得的美味佳肴。还有利于宝宝的大脑发育。丝瓜中有一种抗过敏性很强的物质——泻根醇酸，能够帮助妈妈和宝宝抵抗过敏。

黄豆猪蹄汤

【材料】

猪蹄1只，黄豆150克，姜1块，盐、黄酒适量。

【做法】

第一步：猪蹄去毛洗净剁块，入开水中煮10分钟，加姜片黄酒去腥，去浮沫，捞起用冷水冲净；黄豆洗净浸泡一夜备用。

第二步：上述材料放进煲中，大火滚开后关小火3~4个小时，期间用汤勺不断地把浮上来的油脂去掉，则汤鲜少油腻。

营养点评：黄豆源于中国的大豆，有"豆中之王"的美称。中医认为服食黄豆可令人长肌肤，益颜色，填精髓，增力气，益气养血，健脾宽中，非常适合产后妈妈补益身体。而且蛋白质含量很高，被称为"植物肉"，若能同时搭配动物性食物如猪蹄、鸡、牛、羊等食用，更容易被人体吸收和利用。大豆中还含有丰富的卵磷脂、胆碱等营养素，能促进儿童的神经发育。

玉莲婆婆听得津津有味，说道：黄豆啦，豆腐啦，我们玉莲很爱吃，可是吃多了老胀肚啊，还老放屁，不容易消化，所以我不敢做。我说，阿姨，这主要是因为生黄豆中含有抗胰蛋白酶因子，容易引起肚胀气。在烧煮时，时间长一些，就能破坏这些因子了，大豆也就容易消化和吸收利用了，不必担心腹胀了。

玉莲婆婆高高兴兴地回了家。过了一阵子，我碰见玉莲在院子里带小宝宝玩耍，小宝宝长得甚是喜人，小脸肉嘟嘟的，粉嫩粉嫩。便问问她最近怎样？她见我一脸的笑，说道：你的话我婆婆可听了，那时我们怎么说她都不管用。后来听了你的话，她经常换着给我做，原来不给我吃的蔬菜、水果也都让我吃了，现在，你看，我还一直奶着宝宝呢，奶水可好呢！我真替玉莲高兴。

植物性食材也通乳

金凤是个小巧玲珑的年轻妈妈，她是我的一个客户，反复向我抱怨，说她的婆婆总是让她喝特油腻的汤品，她根本不喜欢，但又没有办法，还得硬着头皮逼着自己往下咽，她疑惑地问我：难道只有鸡、鱼、猪蹄这样的肉类食物下奶，植物性的食物就不能下奶吗？我就没有办法了吗？非得天天鸡鸭鱼肉的吗？

其实，可通乳的食物真的很多，比如很多植物性的食物也是补益气血，通乳的佳品——芡实、薏苡仁等。芡实有"水中人参"之称，可见其补益作用之强，性平和，能健脾胃，补血生乳，现代医学证实含丰富的蛋白质、钙、磷、铁、核黄素等营养素，能促进乳汁分泌，更为难能可贵的是不论是寒性的体质还是热性的体质，抑或是其他体质，都适合。

曾有首民谣这样唱道薏苡仁：薏米胜过灵芝草，药食两用营养高，常吃可以延年寿，返老还童立功劳。它特别的好处在于滋养强壮身体的同时，补益作用缓和，性微寒而不伤胃，益脾而不滋腻，是蛋白质及脂肪含量最丰富之谷类，亦含多量的维生素 B_1、维生素 B_6 和铁、钙质。据研究显示，薏苡仁能促进母乳的分泌，最适合产后哺乳的妈妈。排骨有补中益气、滋阴润燥、养血润肤的作用，含富含铁、磷钾等矿物质，促进血液循环。对于产后气血不足的妈妈，有很好的食疗效果。

滋养强壮的芡实薏苡仁排骨汤

【材料】

芡实 50 克，薏苡仁 50 克，排骨 200 克，水或米酒（视个人需要）、姜片少许，当归 2 片。

芡实薏苡仁排骨汤

【做法】

第一步：芡实、薏苡仁米洗净后，浸泡2小时。

第二步：排骨洗净后，用热水汆烫后过冷水备用。

第三步：加入浸泡好的芡实、薏苡仁米、姜片及水或米酒约1000毫升，熬煮约2小时即可食用（根据个人所需调味）。

金凤听了我的话，说道：这芡实、薏苡仁我是知道的啊，听说女的吃了特别好，为了美，我还经常吃呢，原来它们还有通乳的作用啊！可外面卖的芡实也看不出好坏啊，怎么挑选才好啊？

如何挑选芡实和薏苡仁？ 芡实由于其补益强壮效果之好，近年来深受追捧，价格也一路飙升，因此挑选上的确需要睁大眼睛，分辨仔细。首先，芡实有南北之分，北芡实主产于山东、皖北及苏北一带，质地略次于南芡实。南芡实主要产于湖南、广东、皖南以及苏南一带地区。北芡实选择以颗粒又圆又大的好，外观为红褐色，断面呈白色，气息清淡，无发霉虫蛀。南芡实选颗粒小且饱满者，无破碎，干燥无杂质为佳。若闻起来或烹调时有酸味，表示有用硫黄熏过，不要购买。在烹调前，注意要将芡实洗净后浸泡2小时，烹调的时候容易煮熟。而且浸泡过的水不要倒掉，可以用来煮汤用。这样可以最大限度地保留营养成分。另外，要提醒妈妈的是，芡实虽好，但也不要一次进食过多，进食过多，妈妈的脾胃难以接受消化。

薏苡仁也要挑选颗粒大、完整结实、杂质比较少且带有清新气息的。清洗的时候，把薏苡仁放入盆中，加入水，顺着一个方向搅动，并且轻轻搓揉，再将污水倒掉，重复3~4次，再把不好的薏苡仁挑除即可。

排骨有腔排和肋排两种。腔排含有骨髓腔，价格也比较便宜，适合炖汤或红烧。肋排肉比较多，价格比较贵，红烧炖汤皆可。排骨除含蛋白、脂肪、维生素外，还含有大量磷酸钙、骨胶原、骨黏蛋白等，可为妈妈提供钙质，亦可益精补血，是妈妈下奶的必备汤品。

除了芡实、薏苡仁这样的植物性食材有极佳的通乳效果外，其他植物性食材如海带、莲藕等也有良好的通乳作用，可以让新手妈妈不仅享受美味，还能促进乳汁的泌出。我再给新手妈妈推荐两款排骨菜谱：一款是海带排骨汤，一款是莲藕炖排骨。

听到我要推荐海带排骨汤，金凤连忙说，我曾听我姐妹说过，海带是不能吃的，产妇吃了孩子会有什么甲状腺功能障碍的，而且网上也是这么流传的。

听到金凤说这话，我说咱们还真得说道说道了。在韩国，海带是滋补的上品，孕妇生了孩子之后，必喝的是海带汤，如果没有喝，还说明这月子没有做好呢。而且他们的食谱中产妇吃海带，宝宝吃海带也是家常便饭。

你说的"孕妇和乳母不要多吃海带，这是因为海带中的碘可随血液循环进入胎儿和婴儿体内，引起甲状腺功能障碍"，这只是个传说而已。

咱们国家大部分地区是内陆地区，碘的缺乏是我国婴幼儿、孕妇常见的一种营养素缺乏症，不仅会引起孕妇的甲状腺肿大（俗称大脖子病），而且对胎儿、婴幼儿的生长发育有影响，严重缺乏会引起智力障碍。所以适当给孕妇、乳母补充含碘的食物，是促进胎儿、婴幼儿发育重要的一环。

海带恰好就是这样一个含碘丰富的好食物。虽然它含碘丰富，但也仅有千分之几的含量，不足以致过量。何况海带滋味可口，含有丰富的碳水化合物等营养素，与菠菜、油菜相比，除含维生素 C 外，其粗蛋白、糖、钙、铁的含量均高出几倍甚至几十倍，是名副其实的"海上之蔬"，其所含的胶质能促进体内放射性物质的排出，从而减少放射性物质在人体内的积聚。所以，妈妈适当吃一吃，不仅是对自己身体有益的补充，也是对宝宝智力发育有益的补充。

金凤说，原来如此啊！可这海带也挺难做的啊，煮半天，还很硬，也不是太好吃。怎么做才好呢？

如何挑选海带：5 月中旬至 7 月上旬出产的海带最肥美，买的时候要选质地厚实、形状宽长、身干燥、色浓黑褐或深绿、边缘无碎裂或黄化现象的，这样的海带是优质的。凉拌做汤两可。食用前先洗净，再用清水浸泡两三个小时，中间换一两次水，但不要浸泡时间过长，最多不超过 6 小时，以免水溶性的营养物质损失过多。然后将浸泡的水和海带一起下锅做汤食用。煮汤的时候，要煮的时间长些，一般要 2 个小时左右，这样海带的营养成分就能析出，溶在汤里，海带也比较柔软易吃了。还有一种，是韩国周围海域出产的海带或叫裙带菜，这种海带不需要煮很长时间，大概十几分钟就够了。

海带排骨汤

【材料】

排骨 500 克，干海带 200 克，老姜 1 块，米酒适量，盐少许。

【做法】

第一步：海带先放入清水中泡发，泡软后洗净，放沸水中烧十分钟，捞出后泡清水里备用。海带可以切成条状或做成海带结，老姜用刀拍破即可。

第二步：排骨切段，洗净，冷水入锅，沸水后焯去血沫。

第三步：炖锅中加入 1000 毫升清水或米酒，下入排骨、海带、老姜，大火烧沸后改小火煮 2 个小时左右，适当放入盐即可。

莲藕炖排骨，我们很多北方人都不吃的，金凤言道。是的，北方人很少吃，相反，是南方人，特别是武汉一带的人特别擅长莲藕炖排骨，这也可以说是湖北人的一大特色。

我们祖先真的很讲究妇女产后要忌食生冷，因此流传千百年来的月子里不能吃生冷包括蔬菜和水果已经成为了一个"共识"，可唯独有个例外，就是不忌藕，是因为藕有很好的凉血散血、止血不留瘀的作用，故民间有"新采嫩藕胜太医"之说。而且，莲藕煮熟后，其性也由凉变温，有养胃滋阴，健脾益气的功效，不仅帮助妈妈补益气血，产出更多的乳汁，还能帮助妈妈"补中养神，益气力"，消除压力，舒缓精神，丰富的食物纤维，对预防便秘，促使有害物质的排出亦十分有益。现代医学亦证实其富含铁、钙等微量元素，有明显的补益气血，增强人体免疫力作用。此外，莲藕自身散发出一种独特的清香，能增进妈妈的食欲，促进妈妈的消化，健脾开胃。

莲藕排骨汤

【材料】

排骨 500 克，莲藕 500 克，老姜 1 块，米酒、盐适量。

【做法】

第一步：排骨切段，洗净，冷水入锅，沸水后焯去血沫。

第二步：莲藕洗净，切滚刀块状。用刀背拍过，可令莲藕吃起来更粉嫩。

第三步：炖锅中加入 1000 毫升清水或米酒，先下入排骨、老姜，大火烧沸后改小火煮 1 个小时左右，再加入莲藕一起炖 45 分钟左右，适当放入盐即可。

现在莲藕一年四季均可吃到，但在秋令时节，更是鲜藕应市之时，这个季节的莲藕身肥大，肉质脆嫩，水分多而甜，清香宜人。

金凤是北方人，很少用莲藕炖汤。她说：我也用过莲藕炖汤啊，结果藕还脆生着呢，没有人爱喝啊。是的，我也碰见过类似的情况，这是"藕之过"啊。因为品种不一样，所以炖汤的效果才不一样啊。

如何挑选炖汤的藕？ 炖汤的莲藕和清炒的莲藕在选择上是不一样的，这要从荷花说起。荷花有粉色荷花和白色荷花之分，粉色荷花下的莲藕叫做红花藕，白色荷花下的莲藕叫做白花藕。红花藕外皮为褐黄色，身形瘦长，粗糙，含粉多，水分少，不脆嫩，生吃味苦涩，适合炖汤。所以，炖汤的话要选择红花藕。白花藕外表细嫩光滑，呈银白色，身形肥大，肉质脆嫩多汁，生吃味甜，适合清炒。如果拿了白花藕炖汤，当然是汤是汤，藕是藕了，还脆生着呢！

金凤连忙点点头，怪不得我炖的藕汤总不好吃呢，这次试试你说的。

独领风骚的鲜虾汤

志宏刚生了宝宝没多久，跑过来问我：我想吃虾，可我们家人不让，也听周围有人说，虾也好，海产品也好，都不能吃，含有什么有毒的物质，影响宝宝，可我喜欢吃虾，难道我就不能吃了吗？

是有这个说法，我也听说过。如果说虾里含有有毒的物质，主要是虾头会聚集一些汞等有毒金属，如果把虾头去掉，那么绝大部分的有毒物质基本就去掉了。海鱼也同样，有害物质主要聚集在鱼头部分，越是大鱼，头部聚集的有毒物质可能就越多。因此吃鱼，要选择相对小一点的鱼，妈妈可以不吃鱼头，这样就可以在最大限度上避免有害物质的毒害了，也保证了自己乳汁的纯净。

虾不仅是营养价值高的美味食物啊，而且催乳效果非常好，很值得妈妈吃一吃啊！我国虾有淡水虾和海虾之分。海虾的肉质较为鲜甜爽口，如龙虾、明虾、基围虾、琵琶虾等；淡水虾滋味细致，如青虾、河虾、草虾、小龙虾等。不论什么品种的鲜虾，自古都是通乳佳品，是种低脂肪、高蛋白质的食物，富含锌、硒等矿物质，可帮助人体滋养强壮，有助于产后分泌乳汁。老姜、香油及米酒是哺乳妈妈必备的材料，可以祛寒、补身体，促进恶露排出，增加乳汁分泌。

如果妈妈有过敏体质，应减少摄取有壳类海鲜，避免过敏，也避免影响宝宝。

志宏说：我曾看过一个电影叫《饮食男女》，说虾不能同维生素 C 同服，电影里说了，服了会要人命的，是这样吗？那是电影，电影就有编造的成分在里面。

但吃虾还真有要注意的地方，就是虾含有丰富的蛋白质，不能和鞣酸含量比较高的食物如葡萄、石榴、山楂、柿子等同食，一起食用不仅会降低蛋白质的营养价值，而且鞣酸和钙离子结合还会形成不溶性结合物，容易刺激肠胃，引起人体不适，出现呕吐、头晕、恶心和腹痛、腹泻等症状。因此，吃虾或其他海鲜的时候，这类水果就要少吃，或间隔 2 小时以上食用。

健康美味的鲜虾老姜汤

【材料】
鲜虾约 250 克，老姜、香油、米酒适量。

【做法】
第一步：将鲜虾洗净，修剪虾脚及头部顶端部分，并将虾头及身体分开待用。

第二步：老姜切片，以香油爆香，放入虾头，连同香油老姜一起爆炒。

第三步：另起一锅，将所需的米酒或水，先加热滚开待用。

第四步：待虾头炒熟时，将滚开的米酒水倒入。

第五步：中大火熬煮 20~30 分钟，将虾身放入锅中后 2~3 分钟，根据个人所需调味即可。

虾头尽量不要吃，因为重金属类物质比如汞、铅等易蓄积在虾的头部。

这里选取虾头爆炒，是为了出虾油，让汤的滋味更为鲜美。如果妈妈担心虾头含有重金属的问题，可以直接购买虾油来调味，也可以不用，根据个人的喜爱酌情选择。

志宏说：虾好吃是好吃，可挺难买的，有几回我买的虾都快烂了，让我老公直数落我。有什么技巧能买到又新鲜有好吃的虾吗？

鲜虾挑选技巧：虾的美味在于鲜，因此购买鲜虾的时候，一看头和尾，头尾要完整、紧密相连；二看身体，身体有一定弯度，清爽不黏滑；三看虾壳和虾肉，虾壳透明，虾肉紧实有弹性，这样的虾是新鲜的，才能制作出鲜美的佳肴。如果虾头、虾壳、虾脚呈黑色，且头、身容易脱离，环节处出现白色带状，表示不新鲜了，不要选购。

烹调鲜虾小窍门：想要虾煮得又嫩又美味，在烹煮前去壳，用牙签挑去沙肠，洗净后加少许盐抓拌，滤去汤汁，裹上蛋清即可。

虾有"菜中甘草"之称，和众多食物都能搭配食用。我再向大家推荐两款虾的菜品。

米酒蒸虾

【材料】

草虾 10 只，枸杞 15 克，川芎 3 克，当归 3 克，生菜 100 克，米酒 200 毫升，糖、盐适量。

【做法】

第一步：将虾去头，剪去须及脚，用牙签从虾背部挑去肠泥，洗净，沥干水分。生菜洗净沥干水分先放入深盘，然后将虾放在生菜的上面，码放整齐。

第二步：加入调味料，枸杞、川芎、当归放在虾的上面，上蒸锅，大火烧开上汽后蒸 7 分钟即可。

营养点评：米酒在南方称作醪糟，是产妇必吃的食物。米酒就是经过糯米发酵而成的，能够补产妇之气血，疏通乳腺，促进乳汁分泌。能加强川芎、当归活血之功用，活血化瘀，促使产妇子宫之淤血尽快排出。

参枣鲜虾煲

【材料】

海虾 300 克，太子参 9 克，甘草 5 克，去籽红枣 5 颗，米酒 1 大匙，清水 1500 毫升，盐适量。

【做法】

第一步：海虾用冰块加清水浸泡约 10 分钟，剪去须脚、去沙肠洗净，沥干水分。所有药材洗净，沥干水分。

第二步：砂锅内放入水，加入药材煮约 45 分钟，再放进海虾，与米酒煮熟即可。

参枣鲜虾煲

实际上这些林林总总的食物，很多都有通乳的作用，只要合理搭配，经常换着花样吃，都会起到很好的通乳效果。

四、中草药催乳也疯狂

中草药是我们中国人的瑰宝和骄傲。几千年来，人们都在使用中草药来帮助妈妈们增加母乳，因此深受我们的喜爱。而且，并不只是我们中国人会使用草药催乳，全世界范围内，几个世纪以来，有相当数量的妈妈都食用当地的草药催乳，比如印度、埃及以及欧美国家。不仅仅是因为草药是纯天然地健康地增加母乳，最重要的是草药富含的维生素和矿物质都是妈妈和宝宝所需要的，特别是在宝宝头一年的喂养中，这些营养物质显得尤为关键。我母亲是一位拥有几十年妇科临床经验的老中医，经她之手，通过催乳的方法实现纯母乳喂养的妈妈不计其数，她把这一家传秘方传授给了我。

通过雪梅的故事我把这一家传秘方无私地推荐给各位妈妈。

雪梅产后两周，因为和婆婆怄了点气，结果一下子乳汁没了，这下她更急了，匆匆忙忙来看我，希望吃点下奶的中药，帮她下奶。我安慰雪梅，做了妈妈，要奶自己的宝宝，心情愉快可非常重要，什么事也没有比奶宝宝更重要的了。自己一定要放宽心，这样吃药才有用，同时把妈妈传给我的秘制生乳汤开给雪梅。雪梅听了我的话，心情轻松不少，高兴地带着方子回了家。第二天，她就给我打电话，兴奋地说：你这方子太神奇了吧？！我才喝了一付，乳汁就回来了，宝宝吃得可高兴了！我嘱咐她继续加油！

服药一周后，雪梅来看我，眉眼间轻松愉悦，她像个小喜鹊一样，喜滋滋地告诉我这一周开心的变化，现在奶水可好呢！药也不难喝，跟喝蜜水一样。

秘制生乳汤

王不留行 10 克，穿山甲 10 克，黄芪 30 克，当归 10 克，川芎 10 克，茯苓 15 克，生白术 15 克，生甘草 10 克。

王不留行是名副其实的催奶第一药，西晋时左思有诗为证："产后乳少听吾言，山甲留行不用煎。研细为末甜酒服，畅通乳道如井泉。"这首诗是因左思的亲身经历有感而发的。当时是因为他的妻子生下长女之后乳汁很少，小宝宝饿得哇哇大哭，左思夫妻两个非常着急。正在这时，左思巧遇了一个走方郎中，手摇环铃，高歌叫唱："穿山甲、王不留，妇人服了乳长流……"。左思听了自然是喜出望外，向郎中请教催奶方，于是郎中便把祖传的催奶秘方告诉了左思。左思照方抓药，如法配制，让妻子服下，果然应验入神，奶汁源源流出。而王不留行催乳的神奇功效则一直流传至今，至少有 2000 年的历史了。

穿山甲以其性喜穿山，颇具穿透力，身披鳞甲，称为"穿山甲"。古人夸张地认为其"山可使穿，堤可使漏，而又能至渗处，其性之走穿可知矣"。这话虽然夸张，但说明了穿山甲有很好通经活络的作用，能使乳腺管通畅，乳汁分泌增多。而且早在南朝陶弘景时代，就拿穿山甲用于下乳。王不留行和穿山甲相配合，催乳相得益彰啊！

黄芪堪比小人参，为补气诸药之最，善补中益气。现代医学也证实黄芪含有丰富的硒，能够提高机体对疾病的抵抗力，还有类似维生素E、维生素C的抗氧化作用，调节人体的免疫力，促进机体组织的修复。当归，是最常用的草药之一，有"十方九归"之说，可见其应用之广泛。因其"能使气血各有所归，当归之名必因此出也"，故称当归。另有民间传说认为因当归能调血，是妇科之圣药，有思夫之意，称当归。现代医学发现当归中含有大量的挥发油、维生素、有机酸等多种有机成分及微量元素，能够生血，和黄芪配合，不仅能够促进乳汁的分泌，还能促进产后妈妈恶露的排出。宋代韩琦云："靡芜嘉树列群芳，御湿前推药品良。时摘嫩苗烹赐茗，更从云脚发清香。"这首诗说的就是有香果之称的川芎，是妇科之良药，既能配合当归活血化瘀，促进产后恶露的排出，又能养新血，搭配黄芪，促进乳汁的分泌。

茯苓可是味古老的中药，无论是诗人词人，还是皇亲贵族，都喜爱它，更有大量的诗词歌赋赞美它，比如宋代黄庭坚在《鹧鸪天》中描写道："汤泛冰瓷一座春，长松树下得灵根。吉祥老人亲拈出，个个教成百岁人……"，这里的灵根指的就是茯苓，说的是茯苓安魂养神，延年益寿之功。老北京的茯苓饼也源于慈禧太后喜欢用茯苓养生，延缓衰老。我们使用茯苓不仅是它养生的功效，更是因为它能够和白术一起滋补脾胃，促进血液循环，增强妈妈的消化吸收功能，促进乳汁的产生。

我母亲在临床上使用秘制生乳汤非常灵活多变，而且每每应用，都使新手妈妈受益良多。比如说，新手妈妈恶露中血块较多，小肚子还隐隐作痛，加桃仁10克、红花10克活血通脉，化恶露于无形，缓少腹之隐痛。也有些新手妈妈心情郁闷，经常欲哭，烦恼，吃东西也不香，乳房时时觉得胀满，我母亲稍添柴胡10克、香附10克就能让心情郁闷的新手妈妈喜笑颜开，纳食添香，郁除乳通。还有些新手妈妈平素体型就比较丰满，时觉口黏，或咽部有痰，或时常吐痰，喜食油腻之物，那就需要格外添加些生山楂30克、生薏苡仁 30 克、砂仁 10 克（后下），来帮助身体祛除湿邪，健脾通乳。此外，有些新手妈妈因为宝宝吸奶次数少，乳房的按摩工作又做得不及时，容易出现乳房肿胀疼痛，甚至发热，加些清热解毒的银花 10 克、连翘 12 克、蒲公英 10 克、丝瓜络 10 克、桔梗 10 克等清热通乳。

我以家传的秘制生乳汤作为基本方，根据雪梅的具体情况做了简单的加减，让雪梅先服药一周，一周后，雪梅又来看我，一看她喜滋滋的表情，我就知道她的奶水又回来了。她对我说：吃了药的第二天奶水就下来了，现在好多了。我还想接着吃吃。服药加饮食调整两周之后，雪梅的乳汁比先前还要好呢。

煎煮中草药的窍门：我们常服用的方法是把这些中草药放入药锅里（药锅要选择砂锅，不要选择铝锅或铁锅，会影响药的效果），让清水没过药面，浸泡 15~20 分钟，然后大火烧开，转小火煮 25~30 分钟，滤出药汁，以同样的方法再煎一遍，把两次煎好的药汁混匀，分成两次的量，早晚各喝一次（量不用太多，100~150 毫升即可，所以熬药的时候水可以少点，让汤汁熬得浓一些）。平时脾胃功能比较弱的人，在饭后半小时左右服用。

还有个更好的食用方法是，将上述的中草药煎出一碗浓汤，有 100 毫升即可，放入煮好的鸡汤或排骨汤等食物中，这样就成了美味的药膳了，吃起来既有食物的鲜美味，又有淡淡的药香味，既好吃，又补益。

当然，也可以按照古人的方法，把所有的药材研磨成细粉，加入粥中喝，加入汤中也可以起到同样的效果。

金牌泌乳茶

雅馨是位高龄新手妈妈，生产之后没多久就上班了。繁忙的工作让她无暇顾及自己的健康，更别提挤奶了，时常因工作忘记了挤奶。结果，因奶胀疼痛还发了热，我推荐了一款我母亲用了许多年的金牌泌乳茶方。雅馨饮用了一天之后，发热退了，奶胀缓解了，继续服用 2 天后，乳房疼痛完全消失了，奶水也增多了，她也就欢快地上班去了，而且上班后无论多忙，她都记得按时挤奶了。炎热的夏季里，喝喝金牌泌乳茶，不仅清热祛暑，还通络催乳。

【组方】蒲公英 10 克，夏枯草 10 克，王不留行 10 克，当归 3 克，金银花 6g，红枣 7 颗，水 600 毫升。

【制法】锅里放入水 600 毫升，烧开后放入所有药材，盖上盖子煮 20 分钟，分成两碗，早、晚各一碗即可。

【方解】蒲公英性平味甘微苦，可清热解毒，消肿散结，有显著的催乳作用。夏枯草有清热散结、补养血脉之功，王不留行活血通经、下乳，诸药配合，共奏通行血脉，增乳催乳之效。

盛行国外的催乳草药

增加乳汁分泌的天然催化物——葫芦巴种子

葫芦巴种子在唐代由西域引入中国，主要有温肾助阳、散寒止痛之功用。而早在 2000 多年前，中东的阿拉伯国家认为葫芦巴有促进女性乳房发育、乳腺组织成长的作用，因此将其作为一种"发奶草"，用于奶水比较少的新手妈妈，并沿用至今。印度传统草药学家也把它作为激发母乳的处方之一，是因葫芦巴内含一种叫"薯蓣皂苷配基"的物质，有天然丰胸激素之用，能刺激乳腺组织的成长，让乳房再发育，同时还是营养源的大宝库。我国的传统中医也认为葫芦巴令新手妈妈身心清爽、舒服精神、解除疲劳、安定情志，因而刺激乳腺的分泌，促进乳汁的产出。

重新添香催乳的香料——小茴香

小茴香性温，味辛香，能温肝肾，暖胃气、散寒结，和大麦茶一起制成小茴香茶，可增加新手妈妈的奶水。现代医学认为其本身有类激素样作用，能增加乳汁的分泌及增大乳房，因此新手妈妈每日喝 2~3 次小茴香茶可催乳，如果担心小茴香辛辣独特的口感，可以加些蜂蜜或枫糖浆，会有令人意想不到的独特滋味哟！或者用适量小茴香煮水制成洗液，用洗液直接按摩乳房，也能起到刺激乳腺产生乳汁的作用。

幸运之草——苜蓿

苜蓿俗称金花菜，又称草头，是我国古老的蔬菜之一。在国外，有着许多美丽的传说，都说拥有三叶草的人就会拥有名誉、爱情、财富和健康，这三叶草就是苜蓿，其不仅含有丰富的蛋白质、矿物质（不含植酸磷）和维生素等重要的营养成分，并且含有丰富的必需氨基酸、微量元素和未知生长因子。比如苜蓿中含有大量的铁元素，蛋白质含量甚至比大豆类食品的含量都高，维生素中 β – 胡萝卜素的含量丰富等。所以，新手妈妈时常食用新鲜苜蓿草制成的茶饮或果汁，都能促进乳汁的产生。也可以选用新鲜的苜蓿草一把，胡萝卜 2 根，橙子 2 个，将所有材料洗净切碎，放入果汁机中打碎混合均匀，新手妈妈就能喝到沁人心脾的苜蓿草果汁了，一日饮一杯也有奇效！如果选用的是干燥的苜蓿茶，那么每次取 1~2 勺苜蓿叶放入杯中，倒入热水，浸泡 15~20 分钟即可饮用香喷喷的苜蓿茶了。

五、保 鲜 母 乳

素雅是个非常努力的新手妈妈，刚开始的时候没有掌握哺喂宝宝的要点，母乳喂养非常吃力，但她仍然坚持，并反复实践，结果经过一段时间的母乳喂养，素雅发现自己的乳汁越来越多了，把多余的乳汁扔掉吧，特别可惜，觉得每一滴乳汁都是自己的心血，不丢掉吧，又不知如何保存好，真让素雅左右为难啊！

如何保鲜母乳

其实母乳是可以保鲜的，如果保鲜方法得当的话，甚至还可以保鲜半年左右的时间，这对宝宝来说是莫大的好事，即使妈妈去上班或者临时外出了，还可以继续享受到妈妈对宝宝的爱，品尝到妈妈特有的滋味。

因此，每个妈妈都有必要学习如何将多出来的母乳进行合理冷藏、冷冻，**目的是保持住新鲜的母乳，全面留住母乳中的免疫成分，并且避免母乳受到细菌的侵犯，为的是让宝宝享受到更多妈妈的爱。**

在进行母乳保鲜前，先要准备好用于收集母乳的、洗净的、晾干的、经过消毒的广口瓶或容器（最好能根据宝宝每餐的奶量分别存放在不同的玻璃奶瓶或集奶袋中）。

开始挤奶前，妈妈要用一条温暖的、湿润的毛巾擦拭两边的乳房 3~5 分钟，可以边擦拭乳房及乳头，边看着宝宝的照片，这样可以促进催乳素的分泌，使挤奶变得轻松起来。

选择一台优质的全自动吸奶器，能模拟宝宝吮吸乳汁的动作，让妈妈挤奶更便捷和容易，且不会让妈妈感到疼痛，因此不要节省这点钱。因为效果不好的电动吸奶器或手动吸奶器，很难吸出充足的乳汁来。在选购吸奶器时要注意，罩杯的大小一定要合适自己，可以在自己乳房上比试一下。不合适的罩杯，会在吸奶时引起乳头肿胀或者吸出的奶量减少。

开始挤奶了，用吸奶器的罩杯罩住乳头，放正位置，不要让罩杯紧紧压进皮肤，力度适当即可。

母乳的保鲜方式随着温度的不同而不同。一般分室温、冷藏及冷冻三种。

放置位置	储存温度	储存期限
室温	25℃	4 小时（如果高于这温度，要立刻冷藏）
冰箱冷藏室	0~4℃	5~7 天
冷冻室	-15℃	12~14 天
冷冻室	-18℃	3~6 个月
冷冻室	-20℃	6~12 个月
冷冻乳汁融化后，可以在冰箱内保存 24 小时		

保鲜母乳应注意

由于细菌的侵入，配方奶特别容易变质。但母乳却不同，母乳中含有丰富的可以杀灭细菌的活性抗体，因此母乳保鲜的时间比配方奶或加工奶更长。为了更好地保持母乳的新鲜度和最大限度地保留住其营养成分，妈妈可以将收集的母乳，根据宝宝每餐的奶量分别存放在不同的奶瓶或集奶袋中，奶瓶最好用玻璃奶瓶，而且要经过清洗消毒，确保干净，密封好后放到冰箱冷藏或冷冻，这样拿出来吃的时候一次量恰恰好。刚刚挤出来的乳汁，有可能会出现油脂分离现象，也就是妈妈有时候会看到在乳汁的最上面有一层油脂；还有的时候妈妈会看到自己的乳汁是淡淡蓝色，不必惊讶。

还要告诉聪明的妈妈们一个小窍门，就是在奶瓶上或用来集奶的集奶袋上注明收集的时间，比如 2009.8.3/15 ： 10，这样在冰箱中存有多袋母乳时，首先使用最早储存的。

另外，还需注意的是计划在 3~5 天内就要给宝宝喝的奶，别冻上，毕竟冷冻或多或少会破坏母乳中的一些抗体（不过即使如此，冷冻的母乳仍然含有活性的抗体，比配方奶对宝宝有益）。而且需要提醒妈妈的是，冰箱门边不要放置奶瓶，由于门经常开关，容易影响母乳的品质。也不要在储存乳汁的冰箱里堆放过多其他食物，以避免因食物串味影响母乳的质量。如果能把挤出来的奶放在一个独立的冰箱里保鲜，保鲜的效果会更好，时间也更久一些，因为不用经常频繁地开关冰箱。

母乳解冻的技巧

母乳保鲜有技巧，同样，融化冷冻过的乳汁也是有窍门的。为了在解冻过程中最大限度地留住妈妈乳汁中有生物活性的抗体及其所涵盖的全部营养物质，可以用温水化冻，将母乳袋或奶瓶置入温水中，水温在 41~43℃，勿超过 60℃，时间 5~10 分钟，或使用温奶器。也可以将需要解冻的母乳先移到冷藏室慢慢解冻（约 8~10 小时或一夜），解冻后的乳汁可在冷藏室中放置 24 小时。妈妈需要注意的是，冷冻化开的乳汁要及时给宝宝饮用，不可以再度冷冻。如果宝宝没喝完，也要丢弃，不可再次给宝宝喝。另外还需要温馨地提醒妈妈，不要用微波炉加热乳汁，微波炉加热可能会改变乳汁的营养成分，降低乳汁的品质。不要将乳汁放在室温的台面上自然化冻。

六、新手妈妈上班后的母乳喂养

新手妈妈的一日食谱

凌云是我的一个客户，请我帮着她写一份一日的食谱，想有个参考。于是我给她列了如下的食谱，告诉她虽然妈妈是吃一个人的饭菜，但对营养的需要却是两个人，饭菜不仅要让妈妈的乳汁充足，品质优良，把自己的宝宝养得白白胖胖的，还要保证妈妈的身体健康，伤口尽早愈合，而且对妈妈未来几十年里身体的康健也意义重大。因此，妈妈需要一日五餐到六餐，而不是仅仅三餐。

早餐：小米红枣粥 1~2 碗，芝麻酱花卷 1~2 个，酱牛肉 3~5 片，虾皮小青菜一碟。

加餐：牛奶一杯，煮鸡蛋 1 个，小点心 1 个。

午餐：米饭，豆豉鲮鱼油麦菜，芡实薏米排骨汤，口蘑炒鸡片。

加餐：苹果或猕猴桃或橙子等水果 1 个，饼干 2~3 块。

晚餐：西红柿鸡蛋面条，鲫鱼豆腐汤，水晶虾仁绿菜花。

加餐：酸奶一杯或草药茶一杯，水果 1 个。

听到这样的食谱，凌云说："这不就是咱平常吃饭的，这样吃不难啊！""你做到了吗？"我问她。她笑了："可以做到的！"

如果每个妈妈都能做到：粗粮和细粮配着吃，红黄绿黑紫蔬菜水果换着吃，豆类或豆制品天天吃，鲜奶鸡蛋莫忘记吃，没腿的（指鱼虾类）、一条腿的（指蘑菇类）、两条腿的（指禽类）、四条腿的（指畜肉类）不重样，那么每个妈妈拥有充足的、高品质的乳汁并非难事了。

当然，在饮食中，妈妈也要注意观察宝宝的情况，如果吃了海鲜类的食物，宝宝的湿疹加重了，那么海鲜类的食物妈妈就要减少摄入了，容易引起宝宝过敏的坚果类的食物妈妈也要少摄取，有助于帮助宝宝减轻湿疹。如果宝宝的生理性黄疸还没有退掉，妈妈也可以用茵陈煮水喝，帮助宝宝轻松退掉生理性黄疸。如果宝宝大便稀，次数多，那么妈妈在饮食上粗粮、含纤维量高的食物就要暂且少摄入，适当吃些山药、薏苡仁、扁豆、芡实这样健脾的食物，冷水、从冰箱里刚拿出来的食物就不要吃了，这样可以帮助宝宝改善腹泻的情况。相反，如果宝宝便秘，那么妈妈就要多摄取些粗粮、含纤维量高的食物，以便促进宝宝肠道的蠕动，帮助宝宝缓解便秘的症状。

新手妈妈上班后如何哺乳

雅芝的产假休了近 4 个月，面临着马上要去上班，她又有了新的烦恼，就是不知道上班后该如何哺喂宝宝？是把母乳停掉，改配方奶粉喂养呢？还是继续坚持母乳喂养？她很犹豫，心情矛盾。

实际上，上班和母乳喂养并不矛盾，但妈妈的确是要辛苦些，因为妈妈每天需要提前起床，先哺喂好自己的宝宝后才能去上班，上班期间还要花时间挤奶保存，这样才能保证乳汁分泌的充足，回家后还要接着哺喂自己的宝宝。但这种辛苦的付出是值得的，因为给了自己宝宝全心全意地爱，对宝宝现在的健康以至于一生的健康都意义重大。

妈妈在上班前，最好提前做些准备，一是学习用吸奶器吸奶，这样便于把多余的乳汁收集储存起来，便于宝宝在妈妈上班的时候，还能喝到充足的乳汁。二是在上班前让宝宝学习使用奶瓶或杯子喝奶，这样即使妈妈上班去了，宝宝能够使用新的方式喝奶，而且方便家人带宝宝。可能有些宝宝已经习惯了从妈妈的乳房吃奶，不肯使用奶瓶或杯子，那么在妈妈上班前，就需要多花些时间来帮助宝宝习惯奶瓶。反复的练习会让宝宝习惯并且接受奶瓶的。

雅芝对我说道：我很担心宝宝不接受奶瓶，所以想每天加一顿配方奶粉，让宝宝提前适应奶瓶，适应配方奶粉，这样我上班了，心里踏实。

雅芝这样说不无道理。确实，很多宝宝习惯了妈妈的乳头，一时间换成奶瓶，不习惯也不接受。但这样做，也会带来问题，问题是同时给宝宝配方奶粉和母乳，有可能会导致母乳的不足，因为喝奶瓶比吸吮乳头更容易，我们俗话说的吃奶的劲都使上了，就说明宝宝吃奶是费力气的事情，如果用奶瓶，对宝宝来说，太轻松了，不用费劲就能轻松喝完全部的奶。加了配方奶粉之后，宝宝会更倾向于接受配方奶粉，那么慢慢对母乳需要的次数就会减少，这样反而会导致母乳不足，提早给宝宝断奶了。所以我建议雅芝使用奶瓶装白开水，让宝宝尝试、习惯。用勺子喂宝宝配方奶粉，让宝宝适应配方奶粉的味道，这样既不影响母乳的喂养，宝宝也对这样的技能进行了学习和适应。妈妈上班后能够适应奶瓶喂养的生活。

母乳和配方奶粉可以混合喂养吗

事实上，除了特殊的疾病（如病毒性肝炎、艾滋病等）原因外，每个妈妈都能产出足够自己宝宝喝的乳汁，而且最好的方法就是，除了母乳外，6个月内不给宝宝其他任何食物，这叫纯母乳喂养。但为什么很多妈妈还是做不到呢？而且似乎是母乳不够的妈妈越来越多。其实真正母乳不够的妈妈是非常少见的，绝大多数妈妈有足够的乳汁哺喂宝宝，而且更多，一个宝宝吃都吃不完。

如果妈妈担心母乳不够，就要好好休息，保持均衡、丰富的饮食，心情愉快和放松，这样就会有充足的乳汁了。

如果因担心母乳不够，同时给宝宝配方奶粉和母乳，或放弃母乳喂养，这样做才会导致母乳真正的不够呢。

宝宝同时吃配方奶和母乳，妈妈似乎就进入了一个怪圈——妈妈会发现宝宝会越来越少需要母乳，宝宝越来越依赖配方奶粉。是因为用配方奶粉喂宝宝，宝宝对配方奶粉的需要越多，妈妈的乳汁分泌就会越少。

尽管现在的奶粉配方越来越母乳化，但对4个月之前的小宝宝来说，奶粉里的蛋白质就是异蛋白，宝宝的肠道系统还不能很好地识别它，所以宝宝4个月之前给宝宝吃配方奶粉，容易增加宝宝患过敏性疾病的概率，且在宝宝的头一年里还容易患胃肠道及呼吸道感染等疾病。

如果妈妈意志坚定，要坚持母乳喂养的话，就需要频繁、正确地让宝宝吸吮自己的乳房，促进乳汁的分泌，以保证充足的乳汁。

我的母乳够宝宝吃吗

❶ 妈妈喂养宝宝很轻松，也没有乳头皲裂或疼痛。

❷ 宝宝自己吃过之后，自己离开乳房。

❸ 宝宝在吃过奶后，神情满足和愉悦。

❹ 宝宝的皮肤光亮有弹性。

❺ 宝宝的尿布一天湿5~8次。

如果以上几条都有，妈妈可以很开心地哺喂自己宝宝了，因为你的母乳是充足的。

第二章　想说爱难说爱的配方奶粉

　　玉娟是听过我课的一个典型的时尚妈妈，当她还是准妈妈的时候，就已经决定要给宝宝喂配方奶粉了。所以她更关注各种有关配方奶粉的资讯，去听孕期讲课会，因为有不同的厂商介绍各种配方奶粉；有空到商店里逛逛，看看货架上摆满的琳琅满目的配方奶粉；听听前辈姐妹的建议，了解她们的宝宝都喝哪种品牌的奶粉；网上论坛聊聊，收集最新的奶粉使用情报……但这些海量的信息，还是让玉娟吃不消，电视里配方奶粉的广告各有优势，姐妹的意见有各自的倾向……让她无所适从，拿不准买哪款奶粉更适合自己的宝宝，完全不知道自己为宝宝精挑细选的奶粉，宝宝是否会喜欢？

　　尽管玉娟坚持一定要配方奶粉喂养宝宝，但心底还是有深深的歉疚之情，因为她没有选择母乳喂养宝宝，怕别人说她不是好妈妈，也怕宝宝大了会怪她自私，不肯母乳喂养自己。

　　我对玉娟说既然你已经决定不母乳喂养宝宝啦，那么选择配方奶粉喂养宝宝也是不错的。这不能说你就不是好妈妈，不要过于自责啦！为自己的宝宝选择一款适合宝宝自己的配方奶粉，满足宝宝生长发育的全部需要显得更重要！

　　听了我的话，玉娟安心了许多，开始为配方奶粉的选择烦恼了。市面上的婴儿配方奶粉种类繁多，她已经挑花眼了，一会儿觉得第一眼看上的奶粉好，一会儿听朋友说要选择××品牌的奶粉，一会儿又觉得广告宣传的奶粉好，进口配方奶粉好还是国产配方奶粉好……到底哪个品牌的奶粉适合自己的宝宝，又在妈妈的预算范围内呢？玉娟是纠结的，如何才能为宝宝选择一款适合宝宝自己的奶粉呢？

　　就如同玉娟一样，每个妈妈对宝宝的爱都是无以言表的，甚至早早地就为宝宝精挑细选好了奶粉，宝宝还没有出生，奶粉已经买好了，准备上了。这实际上是妈妈爸爸的一厢情愿，宝宝是不是也和妈妈的想法一致呢，这可不一定。爸爸妈妈为宝宝挑选的奶粉，是爸爸妈妈的选择，那是宝宝自己的选择吗？也不一定。

一、如何挑选配方奶粉

配方奶粉的挑选要尊重宝宝的选择

我告诉妈妈们：配方奶粉的挑选，首先就是要尊重宝宝自己的选择，给宝宝自己选择奶粉的权利，让宝宝自己决定吃哪种奶粉更适合他。听了我这话，玉娟扑哧笑了：宝宝那么小，哪里会讲话，知道个啥？还不是大人给买啥吃啥！

妈妈可千万不要有这样的想法，因为每个宝宝都是一个独一无二的个体，有他自己对食物的喜爱之心。所以在选定用某一种品牌的奶粉时，一定要经过宝宝的尝试，宝宝喜欢这种口味的奶粉就会爱吃，而且吃过之后会流露出满意的笑容或是表现出心满意足的样子。一旦宝宝接受了这款奶粉，妈妈所要做的事就是帮宝宝购买该品牌的奶粉，让宝宝继续享用该品牌奶粉。

我该给宝宝经常更换奶粉吗

玉娟听了我的话，说道：难怪啊，我的很多姐妹就是为给宝宝喝配方奶粉犯愁，给这牌子他不喝，给那个牌子也不喝，恨不能把所有牌子都换个遍，原来在最初的时候听听宝宝自己的意见就好了。我的姐妹还说奶粉品牌是需要经常换的，她们有的给宝宝换了好几种配方奶粉呢，这种做法对吗？

这种做法欠妥当，因为每一种婴儿配方奶粉都有其独到之处，都有属于它自己的配方，适合这一部分宝宝，不见得适合那部分宝宝，因此一旦给宝宝选定了配方奶粉，而且宝宝已经习惯且喜欢了该配方奶粉，没有特殊的原因不要随意更换配方奶粉的品牌，尤其是较小的宝宝。经常更换奶粉的品牌，由于宝宝的胃肠功能比较弱，除了对奶粉的不适应，还容易引起宝宝的胃肠道功能紊乱。

再者妈妈既要考虑哪款配方奶粉对宝宝的健康更有益，哪款配方奶粉更能满足宝宝生长发育的需要，也要考虑自己的经济情况——每个月奶粉的花费要多少 。

看来宝宝要是喜欢上一款奶粉，就没有必要随便更换了。玉娟恍然大悟，接着又问道：现在市面上奶粉五花八门的，怎么选择啊？这个牌子说它如何好，那个牌子说它如何适合宝宝，都不知该听谁的了。

如何为孩子挑选配方奶粉

其实挑选配方奶粉是有学问的。配方奶粉种类繁多，各持己见，但目前市面上常见的婴儿配方奶粉主要就三类：**一类是以牛奶为原料制作的，一类是以大豆为原料制作的，还有一类是以牛奶为原料，经过蛋白分解后的特殊配方奶粉。**

以牛奶为原料制作的婴幼儿配方奶粉市场占有率约 3/5 甚至 4/5 还多，且绝大多数的宝宝都喜欢牛奶配方的奶粉，妈妈们多数也都是选择牛奶配方奶粉。

牛奶配方奶粉是在无菌条件下，厂家将一般牛奶稀释，依母乳成分，添加糖类和各种满足宝宝生长发育需要的营养素，最后得到类似人乳营养平衡的配方奶粉。这其中一些厂商为了配方奶粉更母乳化，会把牛奶中的蛋白质降解为酪蛋白和乳清蛋白，比例重新调配，也就有了酪蛋白和乳清蛋白的"黄金比例"，用于不同阶段的宝宝食用。

牛奶中的黄金比例

第一阶段配方奶粉中酪蛋白与**乳清蛋白的"黄金比例"**是 40：60，也就是说这种比例的奶粉更接近母乳（因为人乳中的酪蛋白与乳清蛋白的比例是 40：60，牛奶本身为 80：20，所以母乳化的配方奶粉将其比例改为40：60），更适合 1 岁以内的宝宝食用，因为它更容易消化，能减少宝宝胃肠道的不适应。妈妈在购买时可以看看配方奶粉罐上的食品标签，酪蛋白和乳清蛋白的配比都会有标注。

第二阶段的配方奶粉中**酪蛋白与乳清蛋白的"黄金比例"**是 80：20，为什么这时候比例会变化这么大呢？是因为宝宝长大了，需要食物有一定的耐饥性，恰好这种配比的奶粉中蛋白质含量比较高，需要更长的时间来消化，所以也就更抗饿，因此，比较适合 6 个月以上的宝宝，或者是比较容易饥饿的宝宝。

当宝宝需要转换不同阶段的奶粉时，妈妈要小心谨慎，如果过早地把第一阶段奶粉转化成第二阶段奶粉，很可能会引起宝宝便秘。如果宝宝一开始食用配方奶粉时有些不适应，妈妈要多些耐心，需要多让宝宝尝试几次，宝宝就能接受了。

这个黄金比例是挑选奶粉的一个关键点，但并不是仅此一点，妈妈还要考虑到很多的其他因素，比如很重要的一点就是有些宝宝虽然很喜欢牛奶配方奶粉，但他很可能会对牛奶蛋白过敏，身上起湿疹或其他皮疹，或者出现呕吐或腹泻、烦躁、哭闹等，因此需要妈妈选择其他配方奶粉。

大豆配方奶粉的喜与忧

为了解决宝宝对牛奶蛋白过敏的问题，厂家生产出了以大豆为原料的配方奶粉：它是以大豆为原料制作的，添加了维生素、矿物质及其他营养成分，类似母乳配比。其营养价值不亚于牛奶配方奶粉。厂家认为刚出生的小宝宝都适合食用，但很多营养专家不这么认为，认为6个月以上的宝宝食用更好。对牛奶蛋白过敏或是乳糖不耐受的宝宝，妈妈就可以考虑选择大豆配方奶粉。需要提醒妈妈的是，如果宝宝对牛奶蛋白过敏，很可能也会对大豆蛋白过敏。如果是全素食的家庭，那么大豆配方奶粉是全素食宝宝的首选食物。

对大豆配方奶粉人们有很多不同的认识，有一部分人认为饮用大豆配方奶粉，会让哭闹的宝宝或有腹痛的宝宝更安静或舒适，事实上并非如此。如果宝宝腹痛有可能是乳糖不耐受，那么选择去乳糖的配方奶粉可能更适合宝宝的需要。也有的人认为食用大豆配方奶粉比其他奶粉更健康，但长时间食用大豆配方奶粉，可能会对宝宝牙齿的生长有影响，因为大豆配方奶粉中含有葡萄糖浆，容易让宝宝的牙齿长蛀牙。所以，选择食用大豆配方奶粉的宝宝，需要对牙齿进行特别的保护。

我的宝宝对牛奶过敏怎么办

白云是向我咨询的一个妈妈，她的宝宝4个月了，因为她要去上班，所以给宝宝添加了配方奶粉，可令她担忧的是，她不知道该给宝宝什么奶粉喝了。曾经给过宝宝牛奶配方的配方奶粉，宝宝吃过之后，口唇四周红肿，脸上起湿疹，又给他换了大豆配方奶粉，情况也没见好转，还是口唇四周红肿，脸上起湿疹，她问我：我该怎么办啊？

不要着急，事实上很多对牛奶蛋白过敏的宝宝，也会对大豆蛋白过敏。因此厂家特别为容易过敏的宝宝生产了一款蛋白质水解配方奶粉。蛋白水解配方奶粉也叫低过敏配方奶粉，也是以牛奶为原料制作的，和牛奶配方奶粉的营养价值不相上下，但这种配方的奶粉中的蛋白质被完全分解了，分解到容易过敏的宝宝都能够接受它，极少引起过敏反应，且比起其他类型的奶粉更容易消化，因此特别适合对其他奶粉过敏的宝宝食用。同时，蛋白质水解配方奶粉乳糖含量少，因此对乳糖不耐受的宝宝也适合食用。

如果妈妈发现宝宝有牛奶过敏或乳糖不耐受的症状，建议妈妈带宝宝看看医生或营养师，并且在医生或营养师指导下食用蛋白质水解配方奶粉，或者考虑选用去乳糖的特殊配方奶粉给乳糖不耐受宝宝。

白云最终听了我的建议，给宝宝选择了蛋白水解奶粉，宝宝吃了之后，嘴唇四周没有红肿，脸上也不起湿疹了。

为什么选择婴儿配方奶粉而不是鲜牛奶

彩虹是个很谨慎的新手妈妈，自出了三鹿奶粉之事后，她就赶忙把配方奶粉停掉了，给刚5个半月的宝宝喝起了鲜奶，而且都是到进口商店购买的鲜奶，且都是低脂的。但彩虹的宝宝似乎很不配合妈妈，没有喝多久宝宝就拉肚子了，拉肚子刚好，又大便干燥了，彩虹这个烦啊，被自己宝宝的配方奶粉搞得晕头转向，都不知道该怎么办了。配方奶粉的安全问题令人担忧，鲜奶宝宝似乎很不适应，到底该怎么办啊！

为什么选择婴儿配方奶粉而不是鲜牛奶？婴儿配方奶粉包含了宝宝生长发育所需要的所有营养成分，更适合宝宝生长发育的需要。相比起来，鲜奶中所含的蛋白质和钠含量过高，是母乳或配方奶粉的3~4倍，容易引起宝宝消化不良或是加重宝宝肾脏的负担。而且，鲜奶中所含的维生素 C、铜和铁质比较少，特别是铁质，不能满足迅速生长的宝宝对铁质等其他营养成分的需要，甚至会引起宝宝缺铁性贫血而严重影响宝宝的智力发育、体格生长。再者，鲜奶中的蛋白质分子比较大，容易穿过宝宝薄弱的肠道壁，被宝宝机体误认为是异性蛋白，从而易引起过敏反应。所以，在1岁以内的宝宝要避免选择鲜奶。

当宝宝过了一岁以后，妈妈可以尝试让宝宝喝鲜奶了，虽然鲜奶中含铁及维生素C比较少，但宝宝可以在其他食物中摄取足够的铁质和维生素C。

彩虹为自己的宝宝选择食用低脂鲜奶也是不可取的，因为不管是低脂的奶粉还是低脂或脱脂的鲜奶，都是不适合宝宝的，在宝宝两岁以前不要给宝宝这类奶或奶粉吃。宝宝大脑的发育是需要一定量脂肪的。过低的脂肪，会影响宝宝大脑迅速的发育。

国产奶粉和进口奶粉真的区别大吗

鲜奶不适合宝宝，配方奶粉又出了三聚氰胺等安全问题，新手妈妈们都怕，怕给孩子喝配方奶，而且对国产奶粉的品质非常担心，纷纷都给宝宝换奶粉牌子，改进口的了。进口的和国产的差别就那么大吗？事实上所有的婴幼儿配方奶粉，不管是国产的，还是进口的，都是按中国国家婴幼儿配方奶粉的标准生产的，但各个厂商的配方还是可以不同的，主要是宝宝生长发育所需要的营养成分在标准的最低限和最高限之范围内的区别。

二、配方奶粉中的强化剂重要吗

我给宝宝选用强化铁的婴儿配方奶粉重要吗

是的，非常重要，特别是在整个婴幼儿时期，铁质对宝宝而言更为重要。因为宝宝需要足够的铁来满足他快速的生长发育，铁质不仅是宝宝的血液、肌肉、器官发育所需要，而且是宝宝大脑的生长、发育必不可缺的一种营养素。食用铁强化奶粉是满足宝宝营养需要的一种最简单易行的方法，能够有效地帮助宝宝预防缺铁性贫血，避免由于缺铁性贫血对宝宝智力造成不可补救的伤害。

所以，给宝宝选择强化铁的配方奶粉是非常有必要的，选择含铁量高的配方奶粉，最好是每100毫升的配方奶中含有1.8毫克或以上的铁的配方奶粉。有些妈妈会担心加铁的婴儿配方奶粉会让宝宝胃肠道不舒服，实际上加铁的配方奶粉很少会使宝宝的胃不舒适或便秘或腹泻的。母乳喂养的宝宝在4个月以后也需要添加铁补充剂或加铁的米粉来满足宝宝对铁的需要。但还有非常重要的一点需要提醒妈妈，补铁要适可而止，是否需要添加额外的铁补充剂，务必与小儿科医师或营养师讨论，不要自行任意添加，摄取过多的铁补充剂，会导致中毒、死亡。

DHA——我到底选不选

提及DHA（二十二碳六烯酸），我想到了曾经向我咨询的艳玲，她没有给宝宝选择含有DHA的配方奶粉，听说DHA对宝宝发育非常重要之后，连忙向我咨询，还说她们当地没有什么金枪鱼、鲑鱼之类的海鱼，只有草鱼、鲤鱼等常见的鱼类，给宝宝补充不上DHA，这会不会影响宝宝的发育啊？该怎么办啊？怎么办啊？

看来我们很有必要说一说DHA，现在国内市场上很多厂家都非常重视DHA，在婴儿配方奶粉里都强化了DHA和ARA（花生四烯酸），电视里铺天盖地的奶粉广告也都强调DHA。那DHA到底是什么呢？它们都属于ω-3脂肪酸系列，存在于母乳及一般食物中，比如鱼（包括草鱼、鲤鱼等）和鸡蛋等。为什么要给宝宝奶粉里添加该物质呢？是因为许多研究发现在婴儿配方奶粉中添加DHA和ARA，对宝宝的视力及大脑发育有益，因此厂家们争先恐后地添加DHA，可还有一些妈妈没有选择强化DHA及ARA的配方奶粉。是不是说不喝这类奶粉的宝宝就要输在起跑线上了？其实没有选择DHA的妈妈也不必过于担心，因为还有一些研究未证实DHA和ARA对宝宝在智力及视力上有明显的帮助。

听了我这话，艳玲总算松了口气，以前担心得要死，现在心情忽然轻松了许多。说，我给宝宝吃草鱼、鲫鱼、鲤鱼等鱼也是可以的，对吗？吃鸡蛋也行。是的啊。

益生菌真的能帮助宝宝建立属于他自己的免疫系统吗

现在非常热门的一个话题就是给婴儿配方奶粉里添加肠道益生菌。玉娟也非常关心这个问题，说广告里常说吃了益生菌，是帮助宝宝建立起自己的免疫力，是这样的吗？添加益生菌的目的是模仿妈妈的乳汁提供给宝宝的抗体，增强宝宝的免疫系统。从最初的研究来看，似乎认为是非常有益的选择，但对宝宝肠道长期的益处目前还无法确定。

玉娟说配方奶粉的挑选还真是门学问啊，需要学习。当然，配方奶粉的选择不仅是要注意配方奶粉本身的品质，还需要关注配方奶粉的保质期。这个也是选购配方奶粉的一个关键点。尽管每个妈妈都很细心，但在选择奶粉时需要更细心。不要购买或使用已经过期的婴儿配方奶粉，因为过期配方奶粉的质量是无法保证的。选购的时候，注意检查保质期的标签，同时看看外包装的罐子，如果罐子已经膨胀，或有凹痕，或有渗漏或有锈斑等问题，就不要选购了，因为罐子如果被损坏，奶粉的质量也是无法保证的。

三、配方奶粉的点点滴滴

我该如何为宝宝选择奶嘴

紫薇也是曾经向我咨询的一个妈妈，当时她的宝宝刚刚2个月，是配方奶粉喂养。她问我：我的宝宝为什么喝奶总是会被呛到？我可给他用的都是最好的奶瓶、奶嘴啊，喂的时候，我也注意奶的流速了，也注意不要让空气进入到奶嘴里，自己觉得该注意的都注意了，为什么还会呛到啊？

我让紫薇当着我的面给宝宝喂喂奶，看着紫薇熟练地给宝宝喂奶，确实无可挑剔。但宝宝还是被呛了下。我接过奶瓶，看看奶瓶，奶瓶真的是品牌的，奶嘴的质量也非常好，只是好像和宝宝嘴的大小不匹配，我又让宝宝试试奶嘴，然后对紫薇说，给宝宝换个奶嘴，是奶嘴大了。紫薇一脸的狐疑：不可能啊，这是在专卖店购买时随奶瓶配送的啊，怎么会不合适呢？你给宝宝换个奶嘴试试吧。紫薇无奈，只好给宝宝换个小一点的奶嘴。没有想到，换过之后宝宝就不呛了，喝奶还特别流畅了。紫薇说怎么会这样啊？

是啊，如果妈妈已经决定瓶养宝宝了，其实第一步需要做的是选一个让宝宝自己觉得舒服的奶嘴，好的奶嘴对宝宝的下颌、牙齿和口腔的发育，以及对以后清晰发音都有帮助。一旦选择好了奶嘴，那么妈妈就可以挑选奶瓶及其他配件了。

市场上**多见的奶嘴有乳胶的、硅胶的、橡胶的三种**。乳胶奶嘴非常柔软并有弹性，但使用时间比较短，需要经常更换。硅胶奶嘴是由液态硅胶制成的，相比起来就比较坚固，它无毒无味，安全卫生，看起来纯净透明，能长时间地保持奶嘴的形状。橡胶奶嘴是选用天然橡胶制成的。

奶嘴的**形状**也是各式各样的，有传统型的，有利于牙齿发育型的，还有奶嘴顶部扁平型的，利于习惯母乳喂养的宝宝接受奶粉喂养。利于牙齿发育型的，设计时考虑到宝宝的上颌及牙龈的发育问题，因为哺乳期的宝宝上颌有一圆形的凹陷处，称为"哺乳窝"，奶嘴的一面设计出一壶腹部，能让宝宝的舌头搁在那里休息一下。它能使宝宝轻松含住乳头，顺利喝奶。顶部扁平型的是模仿妈妈乳头的形状，让喝惯母乳的宝宝不容易拒绝奶嘴，而且奶嘴上还有一个凹陷的透气孔，可以使奶瓶内外气压保持一致，这样宝贝吸奶时更方便。

同时，挑选奶嘴时还要看看奶嘴**顶部有效的使用范围**及配方奶流出的流动速度。

奶嘴顶部有效的使用范围体现在奶嘴的顶部开孔，现在的奶嘴孔花样很多，有圆孔、十字孔、一字孔等，不同孔形的奶嘴有不同的作用，应根据自己宝宝的实际月龄进行购买。

圆孔奶嘴：是最常见的标准奶嘴，应用范围最广。根据奶嘴圆孔的大小尺寸，可分为小号（0M＋）、中号（3M＋）和大号（6M＋）。0M＋：适合于尚不能控制奶量的新生儿用；3M＋：适合于3个月及3个月以上6个月以下宝宝使用。6M＋：适合于用6个月及6个月以上的宝宝。

十字形孔奶嘴：它的十字孔和空气阀设计，能使奶瓶内外压力自动保持平衡，宝宝吸吮时出奶流畅，躺着喝奶也不渗漏。适合于3个月及3个月以上6个月以下宝宝使用，主要用于吸饮牛奶、配方奶或米粉等粗颗粒饮品。

一字形孔奶嘴：适合6个月及6个月以上的宝宝使用，主要用于吸饮除牛奶、配方奶之外的其他粗颗粒饮品，如果汁、米糊、麦片等。

另外，奶流出的流动速度也是妈妈要考虑的。奶流出的速度过快，太冲了，宝宝容易呛着；速度太慢了，宝宝吃不到奶，更着急。

给宝宝选择奶嘴时，妈妈是不知道宝宝会喜欢哪款奶嘴的。简单的办法就是各样的奶嘴都买一个，让宝宝自己尝试一下，看宝宝自己喜欢哪款奶嘴，让宝宝自己决定要哪种奶嘴，而不是妈妈帮着宝宝做决定。一旦选定了奶嘴，妈妈就可以多买些宝宝喜欢的奶嘴了。奶嘴的费用一般在 10~25元 / 个。

选择了奶嘴，还要考虑到奶嘴的更换问题，什么时候该更换奶嘴了呢？如果奶嘴在使用上，乳汁流出一直很流畅，那么还可以使用。如果奶嘴口流出的乳汁如细流一般，或口变大了，那么要考虑更换奶嘴了。有心的妈妈在使用奶嘴过程中，可以定期检查一下奶嘴，看看奶嘴是否变色了或口变大或变小，出现了这样的情况，就要更换一个了。

为什么要关注双酚 A

说过奶嘴的选择，让我们再来看看奶瓶的选择。如果是在 20 年前，那么可能只有一种奶瓶可供挑选，而现在奶瓶种类极其丰富，妈妈可选择的范围太大了。奶瓶一般来说有玻璃的和塑料的两大类。

塑料奶瓶不容易碎，但容易变质，需要定期更换。玻璃奶瓶只要不碎、不裂，就可以一直很好地发挥作用，不需要更换，而且还能在最大限度上保留住奶中的营养成分。

谈到塑料奶瓶，要说的话就太多了。以前看到小宝宝手里拿着透明的塑料奶瓶，各种样式的，流线形的、手握型的……带着漂亮的卡通图案的，特别招人喜欢。但如今，这些漂亮的塑料奶瓶还能用吗？安全吗？

就让我们先来看看塑料奶瓶是由什么材料组成的吧。塑料奶瓶一般由一种或两种不同的成分组成：聚丙烯和聚碳酸酯。最新的研究发现，当装有配方奶的奶瓶在 100℃加热 20~30 分钟时，有一种叫双酚 A 的化学物会从聚碳酸酯中析出，融入宝宝的配方奶中，如果宝宝喝了这种瓶装的奶或者使用了含有这种成分的罐装配方奶（因为罐装配方奶粉在密封前要进行高温灭菌，那么双酚 A 就会析出），很可能宝宝会摄入一定数量的双酚 A（BPA），对宝宝的神经系统及智力行为发育有影响。

制造奶瓶的厂商认为这个试验是把配方奶加热了，如果正常使用奶瓶，不把奶瓶加热就不必担心这个问题了。因为没有人给宝宝喝加热后的配方奶。厂商还说，这种奶瓶已经使用 30 余年了，也没有任何孩子因此受到伤害。甚至美国 FDA 也认为塑料奶瓶在室温下对宝宝是安全的。可更多的医学专家、科学家、环境专家等不支持这一观点，认为妈妈应该采取行动，尽可能让宝宝远离双酚A。

为什么我们要关注双酚A呢？尽管有关双酚A的实验在人体身上的数据比较少，但在动物实验上的结果显示：少量双酚A会影响大脑的发育，影响生殖系统的功能——降低精子计数并降低生育能力，影响免疫系统，增加患某些癌症的概率；而且双酚A的毒性还和肥胖、糖尿病、青春期早熟及过度兴奋等相关。也就是说，回顾700多项的研究，双酚A在人体中所含的浓度会比动物体中的要高，可能会对人体的健康影响更深远。

双酚A除了宝宝奶瓶及罐装奶粉包装外，还广泛存在于我们的生活中，比如各种塑料玩具、牙封闭剂、塑料食品包装盒、聚碳酸酯塑料杯等。不仅是罐装奶粉包装，许多罐装食品包装都含有双酚A，如罐装豌豆、罐装意面酱、罐装鱼等。同时，双酚A也存在于电子产品（如CD、DVD等）、眼镜片、医学器械等中。但我们更关注的是入口食品中双酚A对宝宝的危害。

尽管在实际生活中，我们和我们的宝宝是经常暴露在化学物质中的，当然也包括双酚A，但我们还是有很多切实可行的方法，能够帮助我们的宝宝最大限度地远离双酚A，避免从食物和水中摄取不必要的化学物质。

那么我给妈妈的建议是：

母乳喂养，避免使用塑料奶瓶及罐装配方奶粉，也就远离了双酚A。

如果必须使用奶瓶，选择玻璃奶瓶或不含双酚A的塑料奶瓶。请注意奶瓶标签上会标注"不含双酚A"。还有一种"绿色"塑料奶瓶叫PLA（多抗甲素），是由玉米及可生物降解的材料制作的，方便食用及储存食物，也是安全的。

及时丢弃破损奶瓶：当使用的聚碳酸酯的奶瓶变得模糊，或出现裂纹或裂缝时，请丢掉磨损的奶瓶，因为这种奶瓶可能更容易释放双酚A。

不要加热塑料奶瓶：不要把聚碳酸酯的杯子或奶瓶放进微波炉中加热。如果需要加热，可以采用隔水加热的方式，因为高温会让更多的双酚A析出。

塑料奶瓶不能作为存奶使用：如果选择塑料奶瓶，给宝宝配制配方奶时，配好的奶不要长时间存放在塑料奶瓶中。只有宝宝喝的时候才把奶倒入奶瓶中，喝不完的倒掉。不加热塑料奶瓶。

选择高品质的奶瓶：不管使用哪种奶瓶，选择信誉好、专业的厂家。

在给宝宝准备奶瓶时，建议 120 毫升的奶瓶需要准备 4 个，240~300 毫升的奶瓶在 4 个月以后使用。一般奶瓶的价格在 25~100 元左右一个。相对比较便宜的奶瓶一般不配奶嘴，大多数价格昂贵的奶瓶，比如奶瓶的角度及真空管阀等设置会让宝宝更少吸入空气。如果有条件，可以选择让空气进入少的奶嘴，流线形的奶瓶，宝宝大些时候还能手里拿着。

我该如何为宝宝选择配方奶粉的配水

文心是个很用心的妈妈，对宝宝特别在意，事无巨细都一把抓，宝宝的吃喝拉撒睡无不劳心劳力，就连宝宝配奶粉要用什么样的水，她也特别关注。瞧，这不，她就问我来了吗——什么水适合给宝宝配制奶粉呢？矿泉水好吗？蒸馏水可以吗？纯净水行吗？还是直接选用自来水、井水？

如果妈妈是选择自来水，建议先放 3~5 分钟水，然后再用。特别是早晨起床后第一次打开水龙头的水，一定要放掉，以避免宝宝摄入过多的铅和其他矿物质。如果家里有条件的话，建议装置净水设备，这样可以滤过自来水中非常多的杂质及有害物质，给宝宝更安全和健康的选择。滤过的水煮沸后，晾到适合配奶粉的温度即可。

还有一些妈妈可能会选择井水，井水中硝酸盐的含量一般比较高，煮过的井水会使硝酸盐含量更高。因此煮过的井水不能确保是否适合宝宝的健康。此外，自取井水，由于未经检验，是否符合生活饮用水标准未知，因此，不提倡给宝宝饮用。

有一种水是容易被忽视的，就是高氟水，水中含氟量过多，再拿这种水配制配方奶粉，那么容易引起宝宝牙釉质氟中毒，会随着宝宝牙齿的生长，他的牙齿上会出现白线或白斑，而且伴随宝宝一生，这就是常说的"氟斑牙"。

也不建议妈妈选择矿泉水。矿泉水多取自泉水或者井水，一般矿物质含量达到（250~500）/100 万，因此有一些特别的味道，对成年人来说是非常好的水质，但对宝宝来说就不是这样的了。因为含有丰富的矿物质，会影响奶粉中矿物质的配比，使宝宝摄入的矿物质过多，会导致宝宝口渴，且会加重宝宝肾脏的负担。

那么纯净水和蒸馏水可以选择吗？答案是肯定的，可以选择。纯净水是经过蒸馏或者其他物理或化学过程处理的水，已除去不溶性杂质。纯净水中不含矿物质和污染物。蒸馏水是将水蒸发后再冷却回收，不含任何矿物质。因此是给宝宝配制奶粉很好的水源。

如何帮助宝宝建立属于他自己的时间表

小雅是个受过高等教育的白领妈妈，对自己的宝宝特别疼爱，同时为了让自己的宝宝养成良好的生活习惯，打宝宝出生起就对宝宝特别严格，几点该喝奶了，就得几点喝奶，即使宝宝提前饿了，她也不允许保姆给宝宝奶喝，一定要等到喝奶的时间，目的就是帮着宝宝形成规律的喂养。几点该洗澡了，宝宝就几点洗澡；几点该出去晒太阳了，宝宝就几点出去晒太阳……她认为她这样做，一切都是为了宝宝好。

真的需要这样做吗？每个初为人母的妈妈对自己宝宝的未来都充满了幻想和渴望，但又都有着同样的担忧，不知道自己的宝宝什么时候想吃，什么时候想睡，不知道他喜欢什么不喜欢什么，可以说对他一无所知。所以，充满爱心的妈妈都想帮助宝宝建立起一个合理的作息时间，安排好宝宝的一日多餐。那么，宝宝是不是需要一个喂养时间表呢？妈妈又如何按时间表来喂养宝宝呢？

首先我想告诉妈妈的是，即使宝宝黑白颠倒，妈妈也不要试图去打乱宝宝自己的规律。想要带好自己的宝宝，了解自己的宝宝，**最重要的是尊重自己的宝宝，尊重宝宝自己的习惯**。在和宝宝相处的过程中，观察学习到自己的宝宝什么时候饿了，什么时候是饱的，什么时候要睡了，什么时候要玩耍……，跟着宝宝的习惯和节奏，妈妈可以慢慢哄着宝宝进入到自己安排的喂养时间表里。

在建立起良好的喂养时间表之前，先帮宝宝养成一些良好的生活习惯，比如说在每天的同一时间给宝宝洗澡，在每天的另一个时间带宝宝散步，这些都是告诉宝宝他每天要干什么，什么时间在干什么。实际上，宝宝会很享受妈妈这样的安排，也会很舒服地接受妈妈贴心的关爱。有了这样一个良好的生活习惯的基础，再帮宝宝建立起良好的喂养习惯就变得容易得多了。

帮助宝宝舒适地安睡。很多妈妈都有过这样的经历，喂着喂着宝宝，宝宝就睡着了。出现了这个信号，其实是宝宝在告诉妈妈：我已经吃好了，要睡觉了。也许宝宝会在吃奶中间打个小盹，那么妈妈要及时叫醒宝宝，因为他还饿着呢，要让宝宝吃好。但不要让宝宝吃得过度，非要宝宝把瓶中的奶粉喝个底朝天，如果只剩一口，宝宝吃不下了，不要强迫宝宝吃了这一口，把这一口倒掉就好，比起弄坏宝宝的肠胃，去医院看病的花费来说，倒掉的这一口奶不费钱。母乳喂养一样，吃不完的，妈妈可以把奶挤出来，或储存，或丢掉，但别硬塞给宝宝他不想吃的那一口。

宝宝知道自己要吃多少，即使是这一顿他没有吃饱，他自己有调节的本事，在下一顿的时候他自己会补上。

在宝宝临睡前的那一顿奶，妈妈要让宝宝吃饱了，如果他还在吃奶中打盹的话，给宝宝放点轻松愉快的音乐，和他说说话，吃奶中间换个尿布，这样宝宝就可以清醒着吃饱了。睡觉也会踏实的。宝宝睡得安稳，那么喂养的习惯才能形成得好。

妈妈要掌握自己宝宝吃奶的节奏。当宝宝比较小的时候，妈妈要及时注意到宝宝饥饿的信号。也许在最初的几周里，宝宝一天需要喂奶 12 次，一旦宝宝已经形成了自己的吃奶习惯，一天吃 8 次甚至 6 次就够了。每个宝宝都是不同的，有属于他自己的吃奶习惯，比如有的宝宝 4、5 分钟之内就可以吃光奶了，有的宝宝，特别是一些瘦弱的宝宝需要 15~20 分钟才能吃完。妈妈只有根据自己宝宝的吃奶节奏和习惯，帮着宝宝养成一个良好的喂养时间表，那么妈妈带起宝宝来就变得轻松愉快了。

在喂养宝宝上，妈妈需要掌握有效地喂养宝宝的技巧，掌握的窍门就在仔细观察自己的宝宝，他什么时候会哭，他睡多长时间，他什么时候排便，他睡觉和吃奶的关系是怎样的，他成长的时候有了哪些变化……妈妈观察得越仔细，那么对宝宝的掌握就越准确，妈妈帮宝宝安排的这个喂养时间表就能轻松地实现了，带孩子也就不是难事了。有一点要提醒妈妈，这个喂养时间表是宽松的，不是绝对一成不变的，大人还有这一顿想吃，下一顿不想吃的时候呢，宝宝也是一样的，宝宝也有自己的要求和愿望，所以不要强迫自己的宝宝严格按照时间表来喂养。

我怎么知道宝宝吃饱了没有

晓丽刚刚当了妈妈，和很多新手妈妈一样，不知道自己的宝宝要吃多少配方奶粉才合适，所以经常担心自己的宝宝吃够了没有。配多了吧，宝宝吃不下，奶粉就浪费了；配少了吧，宝宝不够吃，还要睡眼惺忪地接着再配奶。总之，老要为这个事情烦恼。

其实，这也是有方法的。简单、有效的方法是观察宝宝吃奶后的精神状态。如果宝宝还饿，喂他吃时他会渴望喝奶。如果他已经失去了兴趣，就把他抱起来打饱嗝，然后再试一下，看看反应。

不能确定宝宝是否还饿，就要观察宝宝。如果饿，宝宝本身就有找奶吃的本能，他会转动他的小脑袋，张开嘴朝着妈妈的乳房，或者做着吸吮的动作，或者把他的手指放在嘴里。如果宝宝的确饿了，他就会哭。既然宝宝给了这些信号，他就是想吃了，别管什么时间表不时间表了，喂宝宝吧！

也有的妈妈喜欢按测量的方式让宝宝得到足够的配方奶。一般而言，宝宝每公斤体重需要 30 毫升左右的配方奶。举个例子来说，如果宝宝体重是 3 公斤，他一次喂奶的量大概是 $3 \times 30ml=90ml$ 左右。他 24 小时大概需要喂 6~8 次，那么他 24 小时的奶量大概是 560~720 毫升。在最初的第一周里，宝宝还没有养成自己的吃奶习惯，那时他对奶的需要量会少些。还有一种计算方法是：24 小时的奶量 = 每公斤体重 $\times 4 \times 30ml$ 奶量。比如一个 6 公斤的宝宝，24 小时的奶量 $=6 \times 4 \times 30=720ml$ 左右。

宝宝喂奶的量

年龄	次数	每次的量（ml）
0~1 周	6~10	30~90
1 周 ~1 个月	7~8	60~120
1~3 个月	5~7	120~180
3~6 个月	4~6	180~210
6~9 个月	4~5	210~240
10~12 个月	3~4	210~240

到宝宝需要添加辅食的时候，妈妈也可以给宝宝估算奶量。由于辅食的增加，宝宝的奶量会有所下降。当然，这些都是凭经验做的，就像妈妈每天的食欲不同一样，宝宝也不是每顿的奶量都是那么精确。不要强迫宝宝喝完瓶中的奶，也许某一天他只是想少吃一点。

还有一个观察宝宝是否吃够奶的好方法，就是看看宝宝的尿布。虽然宝宝的尿量有可能会比较少，但一天至少有6次会浸湿尿布，尿色呈淡黄色。如果宝宝一天尿量少于6次，说明需要增加奶量，否则会引起宝宝脱水。

配方奶粉喂养的宝宝每天会有一次大便，这也是看喂养是否好的一个标志。宝宝头三天的大便叫胎粪，又黑又黏，但在出生的头一周里会逐步变成淡黄色或淡黄棕色。一般来说，宝宝刚出生的第一周里每天大便很可能有1~8次，接下来的2个月，每天有1~4次黄色或花生酱色大便。2个月以后，逐步转变为每天1~2次，有的还会隔天一次。

当然还有客观的数值，就是看看宝宝的体重、身高、头围等数据，宝宝体重、身高、头围等逐渐增长，说明喂养得健康、合理。

安抚奶嘴的是与非

晶晶的宝宝已经1个多月了，她已经有了初步的喂养经验，但她也有她的烦恼，在给不给宝宝安抚奶嘴问题上，她犯了难。听各种介绍说，安抚奶嘴对宝宝有这样好处和那样好处，如同妈妈的乳头一样，给刚来到世上的宝宝心灵的安慰，真的是这样吗？也有些姐妹不建议给宝宝安抚奶嘴，说那会影响宝宝牙齿的发育，她问我，到底给不给宝宝安抚奶嘴呢？

给不给宝宝安抚奶嘴完全取决于妈妈爸爸。安抚奶嘴是由英国人Joaquin Martinez 发明的，起初的目的是为了帮助刚出生的小宝宝安睡。后来的人们对安抚奶嘴的使用五花八门的，用亚麻布包砂糖当安抚奶嘴用的、用布包肉使的……可以说人的想象力有多丰富，安抚奶嘴的花样就有多少种，直到美国人使用橡胶制作成安抚奶嘴，才有了我们今天看见的安抚奶嘴的雏形。

如今安抚奶嘴的种类繁多，一般橡胶的、塑胶的、硅胶的比较常见。妈妈们给宝宝安抚奶嘴，是因为宝宝天生就有很强的吸吮能力，一些宝宝甚至在娘胎里就会吸吮手指。所以，吸吮能给宝宝带来宁静和抚慰，因此，很多的妈妈都喜欢给宝宝使用它。就连美国儿科协会也是同意使用安抚奶嘴的，但至今仍对它有很多的争议，一派赞成使用，另一派反对使用。

赞成使用的呢，认为一些爱哭闹的宝宝，吸吮能让他开心，因此给他安抚奶嘴，也确实是这样，一部分爱哭闹的宝宝用了安抚奶嘴安静多了。

当宝宝饿的时候，安抚奶嘴有很好的暂时分散宝宝注意力的作用，让饥肠辘辘的宝宝能够安静几分钟，方便妈妈准备奶瓶配奶。还有去医院打针、验血啊什么的，有了安抚奶嘴，宝宝会更平静些。

如果宝宝睡得不够安稳，那么给他安抚奶嘴，这时候宝宝会睡得更香甜些。

一些研究发现给宝宝使用安抚奶嘴，能够降低婴儿猝死症的发病率。

安抚奶嘴还有个好处就是不想用了，丢掉就好。如果不使用安抚奶嘴，一旦宝宝喜欢上吸吮手指，那么他很难改掉这个毛病。

反对使用安抚奶嘴的呢，也给出了充足的理由。

过早使用安抚奶嘴，会干扰母乳喂养。因为吸吮妈妈的乳头和吸吮安抚奶嘴或使用奶瓶的感觉是完全不一样的。在宝宝还没有完全适应母乳喂养之前，过早使用了安抚奶嘴，容易让一些宝宝学习吸吮母乳困难。

习惯使用安抚奶嘴的宝宝，会对安抚奶嘴产生依赖，特别是睡觉时给安抚奶嘴的宝宝，如果妈妈拿走了宝宝的安抚奶嘴，那么很可能一整晚宝宝都会哭闹不休。

有些数据显示使用安抚奶嘴，很可能增加患中耳炎的风险。

在宝宝小的时候，最初的 2~3 年使用安抚奶嘴，不会引起牙齿的问题。但过长时间使用安抚奶嘴就有可能导致宝宝牙齿的问题了，比如会引起宝宝上前牙向外倾斜，或者让宝宝感到牙齿不适。

针对以上的各执己见，如果妈妈还想给宝宝使用安抚奶嘴，那么我建议：

在母乳喂养建立之前不要给宝宝使用安抚奶嘴，妈妈要有耐心，等宝宝适应了母乳喂养之后，再考虑使用安抚奶嘴，一般需要 1 个月左右的时间。

不要动不动就拿安抚奶嘴说事，宝宝饿了给，宝宝闹了给……也许宝宝饿了，是想喝奶了，也许宝宝闹了，是不舒服了。总之，先调整宝宝看看。

给宝宝选择个一体的、容易清洗的安抚奶嘴。一般安抚奶嘴是由两块材质组成的，若是其中的一块碎裂了，有可能会噎到宝宝，那风险就太大了。至于选择什么样式妈妈自己决定就好，一旦选择好喜欢的安抚奶嘴了，最好同样的多准备几个，因为许多宝宝习惯了自己的安抚奶嘴后，拒绝其他式样的安抚奶嘴。

允许宝宝尝试使用安抚奶嘴，如果宝宝不接受，可以多试几次，一般都会接受。如果宝宝睡觉了，就要把安抚奶嘴拿掉，不要让宝宝含着安抚奶嘴睡觉。

经常清洗安抚奶嘴，保持安抚奶嘴的洁净。妈妈或爸爸不要自己用嘴尝试宝宝的安抚奶嘴，这样会把更多的细菌传播给宝宝。

经常检查下安抚奶嘴，看看有没有老化的痕迹，乳头是否有破损，如果有，就要丢弃不用，否则会增加宝宝被噎着的风险。如果安抚奶嘴带绳子，最好不要选择。万一缠住了宝宝的脖子，那就不得了了。

在宝宝 6 个月的时候，可以考虑不给宝宝使用安抚奶嘴了，这样妈妈也就减少担心宝宝中耳感染的问题了。但多数宝宝会在 2~4 岁的时候停止使用安抚奶嘴。

四、母乳喂养与配方奶粉喂养的比较

提及母乳喂养，势必会想到配方奶粉，它们好像一对孪生姊妹一样总是出现在一起，但又好像是一对仇家一样，彼此指责着对方的不是。它们到底是什么关系呢？没人能说得清，但在我看来至少不应该是敌人，可人们往往热衷于将母乳喂养和配方奶粉进行比较，总想争论出个高低，其实它们各有优势。

尽管母乳喂养有着无可比拟的优点，世界上能有的赞美母乳的词汇都可以拿出来尽情地使用，一点也不为过，真的，世上没有比母乳更完美的食物了，更适合宝宝的食物了，它是为宝宝量身打造的营养均衡的完美食物，而且对宝宝来说，是唯一具有生命活性的食物，因为母亲可以通过母乳把自己的免疫能力传递给宝宝，帮助宝宝建立起属于他自己的免疫系统。

但世事并非总如人意，总有些妈妈不能实现母乳喂养，比如妈妈患有严重的传染性疾病（急性病毒性肝炎或结核或艾滋病等），或者妈妈正在服用某些药物会对宝宝产生毒害；还有一些例外的原因，比如妈妈母乳不足，或者是要去上班……那么这个时候，给宝宝配方奶粉，就是适合宝宝的选择，毕竟配方奶粉成功地模拟了母乳中的大部分的营养成分，能够给宝宝提供全面、均衡的营养。

就让我们来看看母乳喂养和配方奶粉各自的特点吧！

母乳喂养

珍贵体验：母乳喂养给妈妈和宝宝之间提供了特有的珍贵的完美体验，这种珍贵的记忆永远珍藏在妈妈和宝宝心里，直至永远。那种母子间肌肤相亲，彼此享受亲密的肌肤接触，无疑是增进了母子之间的浓浓情意。

免费的食物：如果说世上真有免费的食物，那么母乳就是最完美的免费食物，当配方奶粉一天天涨价时，母乳可以说是不花一分钱的食物了。而且妈妈还毫不吝啬地把最珍贵的免疫成分和抗体无私地传递给了宝宝，帮助宝宝建立属于他自己的免疫系统，抵御细菌和病毒的侵袭。

给宝宝最好的营养选择：大自然赋予了母乳天然含有宝宝生长发育所需要的所有维生素和矿物质，而且拥有宝宝所需的理想成分，无论是乳糖、还是蛋白质（乳清、酪蛋白）、脂肪……都是那么贴心地适合宝宝的需要，因此，称母乳是完美的食物一点也不为过。不仅如此，母乳对宝宝稚嫩的胃肠道系统而言，还特别容易消化和吸收，因此母乳喂养的宝宝较配方奶粉喂养的宝宝更少腹泻或便秘问题。更难得可贵的是一个健康的母亲不需要添加任何额外的营养补充剂就能生产完美的乳汁。

帮助宝宝预防感染，防止过敏：天下的妈妈为自己的宝宝考虑总是那么无微不至，对宝宝的呵护总是那么深入细致，因此妈妈就把这种关爱通过母乳传递给了宝宝——人体抵御外邪侵袭的最宝贵的抗体，帮助宝宝建立起属于他自己的免疫系统，树立起一道天然屏障，降低宝宝在生长过程中遭受的细菌和病毒的侵害。比如降低了得中耳炎、腹泻、呼吸道感染、脑膜炎等疾病的风险，降低了宝宝过敏、哮喘、患 2 型糖尿病、肥胖、突发性婴儿猝死症的概率等。

宝宝可以通过母乳尝试到不同食物的不同味道，因为妈妈要种类丰富营养均衡的食物，这些不同的食物有不同的风味，宝宝就能品尝到不同的味道。而且宝宝很清楚，无论何时何地，只要他饿了，随时就有新鲜的、美味的母乳可吃。

母乳喂养对妈妈也意义重大，通过坚持不懈的努力，能够帮助妈妈增强信心，非常胜任喂养宝宝这一工作。母乳喂养有助于减轻体重，帮助妈妈保持体形，因为它会消耗更多的能量，帮助子宫收缩，恢复到怀孕前的状态。母乳喂养还帮助降低患乳腺癌的风险。同时降低子宫癌、卵巢癌的风险。一项长期的针对女性的研究发现，母乳喂养 7~12 个月的妈妈，可以降低患心血管疾病的风险。

配方奶粉喂养

方便：母乳必须依靠妈妈来哺喂宝宝，但配方奶粉不一样，即使妈妈不在，任何人都可以使用配方奶粉哺喂宝宝。所以，可以给妈妈腾出外出时间，也可以让爸爸有更多的时间哺喂宝宝。

母乳喂养与配方奶粉喂养花费的比较

玉芬和玉芳是一对孪生姐妹，玉芬先生了个男孩，玉芳紧接着也生了个男孩。只是玉芬是母乳喂养宝宝，玉芳是配方奶粉喂养宝宝的。如今她们的宝宝都一岁了，我们比较一下喂养宝宝一年来她们的花费（**这是 2009 年喂养宝宝的花费数据**）。

玉芬母乳喂养一年花费

母乳喂养	单价（元）	总价（元）
全自动吸奶器	522	522
防溢乳垫	6	30
集奶袋	2	100
乳头保护霜	50	50
奶嘴	25	75
总价		777

玉芳配方奶粉喂养一年花费

配方奶粉	单价	总价
0~6 个月奶粉（进口）	239	7170
6~12 个月奶粉（进口）	198	4752
奶瓶（240ml 玻璃）	84	84
奶嘴 1 段（3 个月换 1 个）	21	42
奶嘴 2 段（3 个月换 1 个）	21	42
奶瓶清洗剂（3 个月 1 瓶）	24	96
奶瓶刷（3 个月 1 个）	35	140
消毒锅	299	299
总价		12625

第三章　众说纷纭的辅食添加

一、辅食添加的压力与动力

秀丽有个可爱的男宝宝，刚刚 4 个月。从宝宝一出生的那刻起，全家人都围着宝宝打转转。不出满月，秀丽的婆婆就急着要给宝宝添加米汤，说老辈都是这样加的，还跟秀丽说，你看你老公不就是我这样养的吗，长得多壮实啊！秀丽很无语。秀丽的妈妈要给宝宝添加果汁，说要给孩子多喝水，还争着帮助秀丽给宝宝喂水。秀丽的同事，也给了秀丽很多建议，有的说要及早给宝宝添加奶粉，否则等你上班的时候宝宝不适应，没法喝奶了；有的说可以给宝宝吃些米粉，让宝宝早点适应辅食……众说纷纭，让秀丽一头雾水，不知道什么时候该开始给孩子添加辅食，好像妈妈们特别热衷于给宝宝添加各种辅食，大家都一个心愿，无论是爸爸、妈妈还是姥姥、姥爷、爷爷、奶奶都盼着宝宝长得又快又好。可这样给宝宝添加辅食合理吗？是宝宝自己想要的吗？宝宝这么小，能接受这些种类繁多的辅食吗？

那到底什么时候该给宝宝添加辅食了呢？如何给宝宝选择第一个辅食呢？老辈们给宝宝添加辅食的经验，亲朋好友的热心建议，是最适合宝宝的吗？而且这些建议及经验有很多时候是相互矛盾的，甚至是完全相反的，这不仅让秀丽苦恼，更让众多的妈妈面临着困扰、疑惑，不知该如何是好。

辅食添加的奇闻趣事

说来辅食的添加有很多有意思的事情。就拿美国最新的研究来说，他们发现给宝宝添加第一个辅食不是源于科学及孩子的需要，而是源于神话故事。原来辅食的添加源于人们天真的想象。不仅如此，不同的国家什么时候给宝宝添加辅食也存在着不小的差异，就连给添加什么样的辅食也存在着不小的差异。

比如非洲国家，一出生先吃肉再喝奶，印度在宝宝很小的时候就给吃辛辣的食物，甚至宝宝在会吃奶之前就先喜欢辛辣食物了。我们国家很多地方一出生就给宝宝糖水喝……这些信息似乎是告诉我们，在我们老辈以及上上辈那些年代，关于给宝宝添加辅食是没有任何指南的，也没有什么喂养原则的，喂养宝宝是非常灵活的事情，就是说，你怎么喂养宝宝的，你的喂养就是宝宝喂养的指南和原则。正是源于此，在我们的老辈，以及上上辈几代人中，早早地就给宝宝添加第一个辅食了，而且成为一种老生常谈的经验。当然，这样的辅食添加只是一种经验，而不是来自于人们对合理给宝宝添加辅食的研究，自然也没有什么研究的进展可言，所以对很多食物造成宝宝的过敏无从解释，甚至还认为是不可避免的，或是认为不吃这种食物就可以避免过敏了。

为什么要在 6 个月之后给宝宝添加辅食

近年来最新的研究、美国 FDA、英国健康委员会、WHO 告诉我们的是：在 6 个月之前不要给宝宝添加任何辅食，包括水。为什么这么多权威的机构能达成共识，一致建议在宝宝 6 个月之前不考虑添加任何辅食呢？原因如下：

❶ 很小的宝宝还不能很好地运用它们的咽、舌头及肌肉，会造成吞咽困难，引起作呕或被噎。

❷ 宝宝的吐舌反射（当给宝宝喂食液体以外的食物时，宝宝会本能地把食物用舌头吐出去）还很明显，造成喂食固体食物困难。

❸ 过早地给宝宝添加辅食，让宝宝过敏的风险增高。

❹ 过早地给宝宝添加辅食，还容易引起宝宝的肥胖。

❺ 大部分婴儿在 4~6 个月以前，其消化系统及吞咽能力还没有成熟到有能力接受母乳或婴儿配方奶粉以外的食物。

以上这些理由足够引起我们对宝宝添加辅食的重视。也就是说，**给宝宝添加辅食，要根据宝宝自身的发育情况来定**。宝宝生长发育迅速，且有能力接受新的食物，需要添加母乳或配方奶粉以外的食物来满足他自身的生长发育需要了，就要及时给宝宝添加辅助食物。

不管怎么说，**辅食的添加并不像很多妈妈想象的那样简单**。事实上，什么时候给宝宝添加辅食没有一个一成不变的模式可遵循。由于**每个宝宝的个**

体差异很大，所以到了该添加辅食的时候，就需要妈妈特别细心地观察自己的宝宝，生理发育是否已成熟到可以添加辅食了，是否可以接受辅食了。

过早给宝宝添加辅食是来自周围的压力

舒雅的宝宝4个半月了，为了给宝宝添加辅食，一家人常闹小别扭，爷爷、奶奶、姥姥、姥爷总是埋怨她还不给孩子加辅食，要输在起跑线上了。亲朋好友只要碰见她带着宝宝，总是会善意地提醒她，该早点给宝宝添加辅食了，还会拿一些报纸杂志给她看，说1、2个月就可以加辅食了，而且周围很多父母早就在6个月前就开始给宝宝添加辅食了……她很是苦恼地对我说："现在WHO说要等到6个月以后添加辅食，这个道理我明白，可我的宝宝要是真的6个月以后添加的话，生长发育会不会比别的宝宝慢一拍啊？别的宝宝都添加辅食了，我的宝宝还没有添加，就我周围这些亲朋好友善意的建议都能把我压垮，你说我能不着急吗？"

很多妈妈看到别人的宝宝辅食吃得很早，辅食吃得很好，自己就很着急，生怕宝宝输在了辅食添加的起跑线上，因此非常着急地给宝宝添加辅助食品。过早给宝宝添加辅食，很多时候是来自家庭和朋友以及周围的压力之下。就像舒雅一样，宝宝还很小，全家人就开始筹划着如何给他添加辅食了，没有添加辅食，舒雅的公公、婆婆特别着急，经常有意无意地给舒雅一些批评性的建议或者施加点压力，甚至趁舒雅不注意或不在家的时候，偷偷给宝宝添点水果汁、米汤等。舒雅的姐妹们只要碰见舒雅的面，总是会善意地提醒舒雅要及早给宝宝添加辅食了，还把自己的经验无私地传给舒雅，告诉舒雅1、2、3个月该添加什么了。似乎每个你认识的人都会有个建议，告诉你如何养宝宝，处在宝宝父母这个位子上，真是两难啊！

是啊，第一次成为父母的人，所有的事情对他们而言都是新鲜的，不论是照顾宝宝，还是喂养宝宝，他们都要从头开始学习，和宝宝一样，从一张白纸开始画起。当然，周围一些建议也许真的是有益的，年轻的妈妈、爸爸也需要和其他有同样情形的父母分享这些有益的经验和管用的办法，但很多时候这些建议是需要慎重对待的，因为这些建议有可能直接影响到宝宝的健康。比如说，我们的父母养育我们时，开始吃辅食的原则和现在我们喂养宝宝是相当不同的，依照他们的老经验，宝宝在 6 周时就该给固体食物了，他们是不看现在 WHO 的指南的。

妈妈自己在心里要想想，这是你的宝宝，自己不要给自己压力，这么多年过去了，喂养宝宝的方式也有了很多的改变，方法也是要与时俱进的。

不合理添加辅食对宝宝的危害

❶ 以前的喂养是让宝宝空着肚子睡觉，认为这样更有益于宝宝的健康，结果发现婴儿猝死的很多，"婴幼儿指南"马上进行了更正，鼓励宝宝吃饱后睡觉，结果呢，猝死率戏剧性地下降了。

❷ 以前在怀孕期间抽烟和喝酒是完全能接受的，现在大家都知道，在孕期抽烟或喝酒可能会引起胎儿早产，出现出生缺陷、低出生体重等。因此，抽烟和喝酒在孕期及哺乳期是不提倡和被限制的。

❸ 以前母乳喂养是不受鼓励的，很多妈妈在宝宝一出生就断奶，认为给宝宝吃配方奶粉比吃母乳更好，有条件的家庭一定是配方奶粉喂养宝宝。现在呢，我们都知道母乳对宝宝而言，是天底下最好的食物，是带有生命活性的食物。还有一些地方，以前给宝宝淡炼乳配方奶，里面不仅含有糖，还缺乏宝宝生长所需要的铁和维生素。从我们现在的知识来看，显而易见，这种配方奶对宝宝是不适合的，可在以前就是这么喂养宝宝的。现在的配方奶粉完全补充上了这样的不足，不仅强化了铁质，还跟母乳一样提供头 6 个月的生长发育所需的全部营养。

这些例子很清楚地告诉我们，随着时代的变化，喂养宝宝的方式也在调整和改变，越来越好，越来越注重宝宝这个独立的个体。喂养方式的改变和调整是为了更好地满足宝宝生长发育的需要，让宝宝长得更聪明、更健康。

不合理添加辅食带来的潜在危害

"看，我们在 6 周时就给你添加辅食，你不是长得好好的吗？"这是我们常听到的一句话。

真的是这样吗？虽然我国尚未有过敏性疾病人群的确切数据，但不容忽视的是过敏性疾病已是新世纪的流行病，发达国家过敏性疾病的发病率已达到 25%~40%。越来越多的国人对各种食物过敏。2002 年的中国居民营养与健康调查结果显示，超 2 亿人超重，6000 万人肥胖，特别是儿童肥胖率年年上升。就拿北京来说，2009~2010 年中小学生肥胖率达 20.3%，也就是 5 个中小学生里就有一个小胖墩，这当然让你大吃一惊了。

过早地给宝宝添加辅食会导致：

❶ 会增加宝宝过敏的概率

❷ 肥胖的概率增加

❸ 同时还会引起宝宝消化的问题，让宝宝胃肠道不舒服，这可能让宝宝晚上睡觉更容易醒，爱哭闹，就如我们俗话说的胃不和卧不安。

因此，每个初为父母的人，都要抱着一种学习的态度，通过学习，给自己的宝宝提供健康的饮食、均衡的营养，让宝宝茁壮成长。

二、何时给宝宝添加辅食为最佳

白雪同样是个新手妈妈，如今宝宝已经 5 个月了，经常会上网站和各位妈妈交流喂养的心得，也看看有关育儿的书籍，但自己心里还是认为这辅食添加有什么难的，别的宝宝该添加了，自己宝宝不就该添加了吗？而且，没有什么这指南那指南的，宝宝不都长得好好的吗？

事实是这辅食添加还真的不简单呢！实际上，辅食的添加并没有一个固定的模式可依循，每个宝宝的个体差异很大。所以越是这个时候就越需要妈妈细心地观察，宝宝是否已成熟到可以添加辅食了，是否可以接受辅食了。

辅食添加的最佳时机

新手妈妈怎么才能知道自己的宝宝需要添加辅食了呢？让我们一起来看看牛牛的故事。

牛牛是个漂亮的小男孩，刚刚过了 4 个月，他出生的时候是 3.5 公斤，现在已经有 7 公斤了，长得眉清目秀的，见人总是一脸的笑，非常讨人喜欢。看到大人拿着东西吃，他总是饶有兴趣地看着，如果大人用勺子逗他，他不仅跃跃欲试，而且还赶紧伸着小脑袋，张着嘴要吃。如果大人不理他，他就会自己跟自己玩，尝试着把自己的拇指、拳头、脚趾放到自己的嘴里，或将磨牙的玩具放到嘴里。牛牛妈妈讲，一过了 4 个月，牛牛的饭量就大得惊人，每天喝奶的次数 8 次都不够，甚至一天要喝 10 次以上，奶量 1000 毫升有时候都打不住。她都担心，怕给牛牛吃多了，以后成了个小胖子，不给他吃吧，他又饿得嗷嗷叫，而且以前喂他点什么吃的，甚至是水，他都吐出来。现在好了，是食物，送到他嘴里，他都不拒绝。小东西也长劲了，妈妈抱着他的时候，他的脖子可有劲呢，甚至还可以自己稳定住自身的头部，并稍微抬起来。如果给他一点支撑的话，他甚至可以坐起来，这也让牛牛妈惊喜不已。

其实，像牛牛这种情况，妈妈就该考虑给他添加辅食了。可以添加辅食的生理特点：

❶ 能够挺脖抬头，在别人的帮助下坐起来。因为宝宝的头颈部及躯干生长已趋于成熟，说明他能够有效地吞咽食物了。

❷ 体重的迅速增长，已经是出生时的 2 倍了。说明宝宝需要更多的营养了，单一的母乳喂养或配方奶粉喂养已经不能够满足他快速发育的需要了。

❸ 吐舌反射也消失了，食欲又大增，还开始用他自己的嘴巴去尝试感觉不同的物品了……这些都说明，宝宝可以添加辅食了。

如果宝宝出现和牛牛一样的生理特点时，妈妈就可以开始尝试着给宝宝添加辅食了，别管宝宝是 4 个月还是 6 个月。**宝宝是个独立的个体，就像自然界没有两片相同的树叶一样，每个宝宝都是独一无二的，所以妈妈需要特别留意宝宝给妈妈的信号。每个妈妈和自己的宝宝都是心灵相通的，能够通过仔细观察体会到宝宝的意图，及时知道宝宝是不是该添加辅食了，不早不晚，刚刚好给宝宝添加上辅食。**

✉ 宝宝给爸爸、妈妈的一封添加辅食的信

亲爱的爸爸、妈妈：我是你们刚来到世界上的宝宝，是你们的最爱。我知道爸爸、妈妈是非常爱我的，怕我饿着，怕我冷着，怕我伤着……总之，

一切都围着我打转。爸爸、妈妈和我之间是那么的亲密，我希望我有话直说而不伤害你们。

爸爸、妈妈，你们的宝宝一生下来就是极其聪明的宝宝，有自己吃奶的本事。只要一出生，把我直接放到妈妈温暖的怀里，我就会自己找奶吃的，尽管第一口吃起来会非常吃力，甚至还吃不到，但不要担心我啦，我一定要自己努力吃到妈妈的乳汁，这是我的粮食啊，是妈妈给我最好的爱啊！

其实，你们的宝宝我和亲爱的爸爸、妈妈你们一样，一天里的食欲是不一样的，有的时候我比较贪嘴，想多吃些，有的时候不是很高兴，或者比较贪玩，想少吃一点，可我知道自己是否吃饱了，就算这顿我真的没有吃饱，下一顿我自己一定会找补回来的，我就有这个本领。你们爱我，不要让我一次吃得太多了，因为我还是个小人，胃的容纳量还很小，刚出生的时候只能容纳 30~60 毫升左右，1~3 个月的时候也就是 90~150 毫升左右吧，到了我 1 岁的时候才有 250~300 毫升的容纳量。所以，给我吃太多了，我的胃承受不了，就有可能吐奶。还有，我的食管下段控制能力比较弱，吃奶时吞咽过多的空气，就有可能溢奶了。我更喜欢每次吃得不是太多，而是能够一天里多享受几次在妈妈怀抱里的感觉。

在我刚出生的时候，口腔里的唾液腺还没有分泌消化淀粉类食物的酶，因此在我 4 个月之前，还不能够消化淀粉类食物，所以，爸爸、妈妈不要着急给我喝米汤、吃米粉等食物，我还不会消化它呢。我是很爱吃你们给的这些食物的，不要着急，等我大点了，能消化淀粉类食物了，你们再给我吧，让我也美美地享受一下这些好吃的食物。而且，我的口唇比较浅，不能及时吞咽所分泌的全部唾液，所以，有时候就会流哈喇子了。等我大些就会好了，不好意思啦！

当我还只有 2~3 个月那么大的时候，我舌头的运动能力还比较弱，只会用舌的后部来进行吞咽，还不会用舌的前部进行吞咽，所以，给我除了妈妈奶或配方奶粉以外的食物，我会本能地、有力地将它挤（吐）出来，这还有个专业名词叫吐舌反射呢！所以啦，这个时候爸爸、妈妈不要给我添加任何辅食，包括水，因为我很可能会让你们很失望的，看到你们失望、难过、着急，我心里比你们还着急呢，恨不能马上吃下你们给的所有食物才好。

到了我 4~6 个月的时候，我就长本事了，舌头能前后活动了，柔滑的食物一到我口中，我一闭嘴马上就能把整个食物吞进去，不会再用舌头把食物挤出来了；我饿了，还会张开嘴巴或者努力向前倾身，告诉爸爸、妈妈，来吧，宝宝我想吃了；如果我扭头了或向后靠，就表示我吃饱了或者要玩了，对食物暂时没有兴趣了，爸爸、妈妈就别给我食物吃了，勉强我，我会很难过的，对食物的兴趣也会减低的。6 个月的时候，有个靠垫给我，我就能支撑着坐直，这个时候，我喜欢把手放到嘴里，用手抓东西来尝试了，想感知不同的物品不同的质感，开始能咀嚼食物了。

在 4~6 个月这个时期，我更喜欢喝妈妈的奶或者配方奶粉，不要剥夺我对妈妈奶的喜爱。少量地给我添加点单一原料的加铁谷粉（一般由婴儿米粉开始添加），我是很乐意尝试的，毕竟我也该尝试尝试其他食物是什么滋味了。每次只给我一种谷粉，每天 1~2 次就好，不要给我多了，多吃了米粉，我就没有肚子吃妈妈的奶了，那我可不愿意。也不要急着喂水给我，喝水多了，我的小胃被水占满了，就没有地方容纳奶了，自然奶量会减少了。

6 个月的时候，我长本领了，想尝试更多的食物，比如谷类的烤吐司面包、磨牙饼干、稀粥，水果类的果汁（柑橘类及番茄除外）、过滤的水果泥，蔬菜类的深绿色、黄色蔬菜（玉米除外），煮熟、压碎、过滤成蔬菜泥以及胡萝卜、南瓜、豌豆仁（不可加糖或盐）等等。我也要像爸爸、妈妈一样，吃好多种食物，不想只会吃奶那么单一，生活太单调了。

到了我7~9个月的时候，我的本领会让爸爸、妈妈更吃惊的，我原本只能前后活动的舌头，现在可以上下活动了。遇到稍硬的食物无法吞咽时，我的舌头会向上腭挤压食物，把食物弄碎再吃。这时候，我的小手可灵活呢，自己想吃的东西能自己用手抓着吃了，也想吃吃面包、面片什么的了，爸爸、妈妈要给我创造机会，让我可以手抓饭吃。我还想用手抓住学饮杯，尝试着自己用杯子喝水，虽然很可能会弄湿衣服什么的，可我还是想自己尝试，爸爸、妈妈不要拒绝我啊！也不要什么事情都帮我做好，我自己能做的事情，我更喜欢自己做，因为我是个独立的小人，我还要自立。

这个时候什么燕麦、小麦或各种混合谷粉、麦片、饼干，柑橘类水果及番茄汁，切碎的水果，例如香蕉、木瓜，煮熟、压碎的蔬菜，绞碎的肉或鸡肉（尽可能用瘦肉），煮熟的蛋黄，豆荚类、豆腐、豆制品，白色鱼肉（红色鱼肉），我统统都想吃了，爸爸、妈妈要一一给我啊，要让宝宝吃到更多种类的食物啊！我喜欢不同食物的不同味道，那滋味，想的我哈喇子都流出来了。

等我9~10个月的时候，我太棒了，我的舌头既可以前后、上下活动，又能左右活动，非常灵活的，以前用舌头不能捣碎的食物，现在可以通过舌头左右的活动，用牙龈把食物弄碎了再吃。瞧，我是不是很厉害！我不仅能自己坐住，还能稳稳地拿住杯子和伸手去抓食物和勺子，爸爸、妈妈一定要多给我锻炼的机会，让我自己来，我能行的，不要让我成为一个衣来伸手、饭来张口的小人。我要学习自己吃饭。而且，这个时候，我更喜欢吃稍微硬些的食物，这些硬的食物在我嘴里磨来磨去，不仅让我的咀嚼肌得到了很好的锻炼，还让我的牙齿能够早点萌出，而且还能提高我的智力呢。爸爸、妈妈心疼我，只给我吃精细的食物，那我的能力得不到锻炼和提高，以后吃硬些的食物就太费劲了，我也不容易长得很好，这是爸爸、妈妈和我都不愿意的吧。所以，爸爸、妈妈要尊重我，让我自己来吧。

一转眼，我向一周岁迈进了。等我到 11~12 个月的时候。我的舌头不仅可以自如活动了，而且牙龈的咀嚼活动和爸爸、妈妈几乎没有什么区别了。我的牙龈通过锻炼已经变得很坚固，我的咀嚼能力通过吃稍硬的食物现在更强了，我已经能使用勺子了，尽管有时候不很熟练。这时候我想我该吃吃全麦面包、马铃薯（俗称土豆）、米饭、面条、去皮且不含籽的新鲜水果、罐头水果（婴儿用）、煮熟的蔬菜、生的番茄、蛋黄（蛋白最好等到 12 个月以后）、煮熟的豆类、瘦肉等等食物了，我要和爸爸、妈妈一样，能吃各种食物。

尽管我一天天在长大，在进步，但我毕竟还很小，我的肠道还很柔嫩，肠壁薄，通透性高，因此，对一些大分子的蛋白，如蛋黄、鲜牛奶等不仅不容易消化，而且还会引起过敏反应，皮肤红红的，起疹子什么的，会弄得我瘙痒难受的。所以这类容易引起我过敏的食物，爸爸、妈妈不要着急过早给我添加。在我胃肠道功能增强的 8 个月左右，让我慢慢尝试好吗？！

在我出生的头一年，我的胆汁分泌较少，消化、吸收脂肪的能力比较弱，如果给我的食物里有过多的植物油，我是消化不了的，可能还会出现恶心、呕吐、腹泻等症状，那是吃油腻的食物不消化了。所以，爸爸、妈妈给我的食物要清淡些，我喜欢食物的自然味道。

我的肾脏功能还比较弱，不能承担过多的负荷，所以，我出生的头一年，在给我吃的辅食中不要添加盐，这样就会减轻我肾脏的负担，让我更好地生长，何况我也享受食物的自然味道。

哦，对了，我差点忘了，爸爸、妈妈，宝宝我天生就爱吃甜的食物，所以不要给我吃太多甜的食物，特别是糖，要不然我会变得胖胖的、丑丑的，牙齿会长龋齿，还让我不爱吃其他食物，这对我不好。我很小，还管不住自己，所以，爸爸、妈妈要帮助我管好我自己。谢谢爸爸、妈妈啦！

我就写这么多吧，谢谢爸爸、妈妈读我的信，我知道这样的交流会对你们了解我更有好处，因为我要在你们悉心的照顾下健康成长。

爱你们的宝宝

辅食添加的四天原则

妞妞是个圆眼睛的小姑娘，已经8个月了，乖巧得很。她妈妈来咨询的时候着急得不得了，原因是不知道妞妞吃了什么食物，脸上、身上起了一片片的疹子，又红又痒。我询问她如何添加辅食的。她妈妈说：我性子急，等不得一种一种添加食物，那要加到什么时候啊。何况天下的美食这么多，我也想让我们妞妞多吃些好吃的，而且她消化好，吃什么都接受，所以，我就两种或者几种食物混在一起给妞妞吃，这多有营养啊！我们妞妞也爱吃。可不知为什么，现在起了一身的疹子。

是啊，几种食物混合添加，听起来真的很不错，结果是妞妞起了一身的疹子，不知道是哪种食物引起的。现在来追根溯源，那麻烦就大了，需要把所有辅食都停掉，一种一种地试，这才能知道到底是哪种辅食引起妞妞过敏的。在辅食添加上我们有必要强调四天原则。

四天原则是个很容易操作并且很简单的方法，能够有效地帮助宝宝保护脾胃功能，预防消化不良或潜在过敏问题。如果发生了过敏或消化问题，也容易进行判断，及时确定问题的所在。

给宝宝添加辅食时，每次仅增加一个新的食物。就这个新的食物，新手妈妈要坚持连续喂4天。当然，可以同时喂宝宝其他已经吃过的安全食物，**但不要同时给宝宝吃两种新的食物**。因为万一发生了食物过敏，无法确定是由哪种食物引起的。一种食物一种食物地添加，很容易就判断出是哪种食物宝宝不适应。

如果是食物引起的过敏，一般反应都比较快，甚至在宝宝吃下食物的半个小时之内就发生。可也有过了 3~4 天之后才出现反应的。同样，添加新的食物也可能会引起宝宝的消化问题，也有可能是在几天后出现。因此，连续吃一种食物 4 天，如果宝宝出现不适，妈妈就能马上判断出是哪种食物引起的过敏反应或是消化问题。这样便于等宝宝再大些的时候重新给宝宝尝试该食物。如果同时给宝宝添加不同的食物，出现了任何不适，无法判断，还得一种一种食物重新尝试来寻找原因。为了新手妈妈不犯同样的错误，还是一种食物一种食物给宝宝添加更好。

如果新手妈妈就想在 6 个月之前给宝宝添加辅食，那么将四天原则要改成七天原则，因为很多的医学案例告诉我们，更小的宝宝添加辅食的时候，更容易出现过敏或者消化问题。

如何巧妙安排辅食添加的时间

每个新手妈妈都掌管着自己宝宝的饮食大权、健康大权，责任重大，**辅食添加的合理与不合理决定了宝宝一生的健康基础**。所以当要给宝宝添加新的食物时，尽管每个年轻的妈妈都极为兴奋地跃跃欲试，很迫切地希望给宝宝添加辅食一次成功，但也不要过于心切，**辅食的添加更需要妈妈有足够的耐心和遵守辅食添加的基本原则**。而且每个新手妈妈时时在脑子里都要有根弦，就是要警惕因辅食的添加给宝宝带来的潜在问题（消化问题、过敏问题等）。

在宝宝开始第一次历史性喂养之时，新手妈妈首先要做的是选择好宝宝要吃的第一个辅食（一般推荐食用米粉）。

其次是挑选一个好天，一般选择一天中的一个安静时间，早上或中午。因为如果宝宝吃了新的食物不适应或是遇到严重的过敏反应，在白天很容易得到及时的医疗救治，如果是晚上，就医就没有那么方便了。如果是新的食物引起宝宝的消化问题，如腹泻、腹胀或其他不适，也可以很好地处理。但是晚上给宝宝添加的话，万一宝宝出现不适，新手妈妈很可能一夜无眠了。妈妈最好安排在两餐之间，宝宝半饿不饿的时候，给宝宝第一顿食物。如果他太饿了，会因为拒绝尝试而大哭大闹，新手妈妈也会心烦意乱的。如果太饱了，他会不吃辅食。新手妈妈要心平气和、高高兴兴地给宝宝第一次历史性地喂养。

再有要让宝宝处于舒服的状态，会坐的宝宝要坐舒服了，这对开始的喂养很重要，宝宝舒服了才能很好地配合妈妈的喂养，给宝宝使用橡胶头的勺子，这更能保护宝宝的牙龈。特别小的宝宝，用母乳或配方奶混合一勺几乎跟水一样的米粉喂他。如果妈妈习惯使用奶瓶喂宝宝，先确保奶瓶已经是消毒过的，再把米粉和母乳或配方奶混合成液体，6 个月以后给宝宝可以吃较黏稠的米粉糊。

现在只有两件事了，要么宝宝会急切地张开他的小嘴，开始他美妙的新体验，要么会从他的嘴中吐出任何食物，拉长了他的小脸，或者皱着眉头，看上去不舒服。不管是什么样的反应，新手妈妈都要保持心情放松，脸露微笑。此时，如果新手妈妈比宝宝还紧张，宝宝会敏感地感知到，他会比新手妈妈还着急。所以，当宝宝坐在妈妈的膝上时，妈妈的微笑，妈妈鼓励的话语，会让宝宝轻松愉悦，能够舒心地接受辅食。如果宝宝哭闹不肯吃，新手妈妈就不要再继续试了。请新手妈妈也不要着急，更不要强迫宝宝，找另外一天再试，或者隔几天再试，一般需要多试几次。

据研究发现一般添加一个新的食物宝宝至少需要尝试 10 次以上才能接受。如果宝宝吃过之后把头转开，去玩勺子，或者不再张开他的嘴，尊重他们，扔掉多余的食物，让宝宝继续吃奶。在其他天里，试着一点一点增加食物，重要的是不要煮的太多，给太多的辅食会影响宝宝的奶量，奶是宝宝头一年非常重要的食物，24 小时仍需要 5~6 顿母乳或 3~4 次配方奶。任何辅食的添加都是在宝宝有食欲的时候。

还需要提醒新手妈妈的是：在给宝宝准备食物的时候莫忘了做个食品标记，标注清楚宝宝吃的是什么食物，特别是外观看上去一样的食物，食品标记便于区分这些不同的食物，而且方便不同食物的储存，确保安全地给宝宝食用。

水是辅食吗？是宝宝必须要添加的吗

娜娜是个 4 个月的小宝宝，最近以来她的妈妈很是为她担忧，本来吃得好好的母乳和配方奶，现在突然不爱吃了，不爱吃不说，娜娜还特别喜欢喝水，给她奶吃她就吐出来，给她水喝，她反倒咕咚咕咚地喝得很高兴。她的妈妈很担心长此下去，娜娜会营养跟不上。

像娜娜这种喂养方式的宝宝不在少数，很多新手妈妈在宝宝出生后不久，甚至 1 个月左右的时候就开始给宝宝喂水了，特别是配方奶粉喂养的宝宝，更是在配方奶粉喂养的同时，水的喂养也一步不差地跟上了。更多的新手妈妈是担心喝配方奶粉宝宝会上火，会便秘，所以要及时补充水分，解决这一问题。

那么在 6 个月之前，给宝宝水喝，是必要的吗？宝宝真的"需要"特别水的喂养吗？WHO 的《婴幼儿喂养指南》已经告诉了我们，在 6 个月之前，母乳喂养的宝宝不需要任何水。其实配方奶粉喂养的宝宝同样不需要特别的水。

而且很多专家认为，在 6 个月之前给宝宝水喝是不必要的，甚至是有害的，在 6 个月以后可以少量给宝宝水喝。

让我们回过头来看看娜娜的情况，娜娜喝水喝得非常多，据她妈妈讲24 小时能喝 600 毫升左右的水，一个 4 个月的宝宝 24 小时的奶量不过是 900 毫升左右，娜娜的小肚子里已经装满了水，她哪里还有肚子装奶啊。

所以说如果给宝宝灌满了水，那么宝宝喝奶或配方奶的量就减少了。太多的水停留在宝宝的体内，会影响宝宝从奶中吸收营养，还可能引起电解质紊乱。如果宝宝没有吃饱奶，反而让他们喝很多水的话，这会影响宝宝判断他自身需要吃多少食物的能力，这样的喂养自然会影响宝宝的健康成长发育的。如果宝宝是纯母乳喂养，宝宝不需要额外补充水分，只要新手妈妈增加水分的摄入，再喂宝宝就好了，这样对宝宝更有益。配方奶粉喂养的宝宝，在头 6 个月也不需要额外的水分，因为配方奶中 80% 是水分。

如果宝宝已经过了 6 个月，也添加上了辅食，那么给宝宝一点水是对宝宝无害的。特别是在宝宝添加了肉类或鸡蛋等高蛋白的食物之后，新手妈妈要适当地给宝宝添加水。有个特别的情况需要注意的，如果宝宝便秘或拉肚子，或发热等其他情况，需要及时给宝宝补充充足的水分。

有的新手妈妈会担心自来水的品质，很喜欢给宝宝瓶装水。尽管瓶装水对人们的身体很有益，特别是天然的矿物质水，但对宝宝就不一定合适了。天然矿物质水是非常好，但过高的矿物质会对宝宝造成伤害，比如过高的钙质会影响宝宝肾脏的功能。泉水含有的钠，自然也是应该避免让宝宝摄取的。除非瓶装水十分清楚地标注是适合宝宝喝的水。

如果新手妈妈给宝宝瓶装水，已经打开一瓶水给宝宝喝过了，当宝宝不喝的时候要把盖子盖好，在10℃以下保存，目的是防止细菌生长。如果一天之内喝不完，在宝宝再次饮用之前最好煮沸一下。需要新手妈妈特别注意的一点是：瓶装水不能是氟化水（要看看氟的含量是不是高）。

一般来说等宝宝到了6~7个月的时候，可以学习用学饮杯来喝水了，1岁左右的时候可以自己手拿杯子喝水了。每个新手妈妈都要鼓励自己的宝宝自己学习喝水。不同种类的婴儿水杯琳琅满目，给宝宝简单的带小孔的水杯就好，这样宝宝使用起来更容易些。高兴的时候宝宝把它当淋浴器玩耍的时候，妈妈也不要生气，赶紧拿出相机把这一场景照下来吧，这可是宝宝珍贵的学习场面啊。新手妈妈也可以给宝宝提供各种鲜榨果汁，其实给宝宝白开水是对宝宝最健康的选择。

甜滋滋的蜂蜜宝宝需要吗

亮亮是个10个月的宝宝，眼睛亮亮的，见人笑眯眯的，很讨人喜欢。他的妈妈特别喜欢给他喂蜂蜜水，认为蜂蜜有营养，而且带有淡淡的甜味，似乎亮亮也特别喜欢吃。只是亮亮好像除了蜂蜜水之外，任何其他的白水、蔬菜汁，甚至果汁都不爱喝，而且常常喝蜂蜜水的亮亮不仅没有大便顺畅，还经常便秘，好几天才解一次，跟羊粪蛋似的，一球一球的。他的妈妈就着急了，想给亮亮换换花样，也尝试着喝点其他种类的水，更想解决亮亮的便秘问题。

亮亮出现便秘、不爱喝水等问题都是因为过早添加蜂蜜闹的。蜂蜜里含有很多的糖，就好像给宝宝喝糖水一样，喝糖水多了，就容易养成宝宝偏爱甜食的习惯，影响了宝宝对其他食物的兴趣和尝试。不仅如此，过多糖的摄入会影响宝宝牙齿的发育，容易长龋齿。这还只是蜂蜜的一个方面，一些蜂蜜里含有一种叫肉毒杆菌的芽胞，会导致一种罕见的婴儿食物中毒——肉毒中毒，也就是宝宝在吃了含有肉毒杆菌或其芽胞污染的食物之后，一般是8~36小时左右，会出现便秘、没精神、乏力、食欲降低或不想吃东西等症状。6个月以前的宝宝更脆弱，更容易受到伤害。尽管发生肉毒中毒的实例极少，但为了宝宝的健康，在宝宝2岁之前最好不要给宝宝食用蜂蜜。

三、辅食添加的好帮手

制作宝宝辅食的工具

在我们开始辅食制作之旅前，向各位新手妈妈介绍些宝宝辅食制作的有效帮手，必备工具，这样方便妈妈们给宝宝制作出又香又甜的辅食。

❶ 奶锅　带手柄的不锈钢奶锅 2 个，规格有 14 厘米、16 厘米、18 厘米三种，建议选择稍微大些的奶锅，以方便烹调食物，避免烹调过程中食物溢出来。选择浅一些的奶锅 1 个，深一些的奶锅 1 个。

❷ 砧板　家里有砧板可以用家里的砧板，但给宝宝使用前注意消毒和卫生。

❸ 烤箱　如果有条件，可以准备个烤箱。购买一个容积为 24 升以上的家用烤箱即可，如果有上、下独立温度控制的烤箱更好。选购烤箱时应注意，烤箱门必须能紧密闭合，这样能避免热度散失，如果烤箱门有隔热胶圈设计，那么温度会更稳定些，烤制的效果会更好些。用烤箱烤制些简单的食物，如饼干、面包等，会让宝宝的辅食种类更为丰富。没有条件的，采用蒸锅蒸、电饼铛烤制等方法也是可以的。

❹ 多功能食品料理机　具备榨汁、研磨、搅馅、和面等功能，方便给宝宝制作各种鲜蔬果汁、研磨坚果成细粉等。如果家里已经有了榨汁机，可以单独购买研磨机，可以帮助把各种坚果研磨成粉，也可以将调味品研磨成细粉添加到宝宝食谱中。迷你食物碎泥机：给宝宝制作山药泥、胡萝卜泥等方便。

❺ 酸奶机　小型 1 升的酸奶机即可，这样方便给宝宝自制酸奶。

❻ 刮皮器　去掉各种蔬菜水果的外皮。

说完制备工具，就让我们一起来看看宝宝辅食的计量方法。

各种宝宝辅食的计量工具

❶ 量杯　量杯上有具体的刻度，一般有三种表示方式，一是毫升的表示方式，一是夸脱或盎司的表示方式，还有一种是杯的表示方式，这样方便

85

妈妈测量和使用。如果家里没有准备量杯，可以使用喝水的纸杯，一般喝水的纸杯容量为 200 毫升。

❷ 量匙或汤匙　搪瓷汤匙一个，一个搪瓷汤匙的容量为 10 毫升，方便测量食物的量。如果有条件，准备量匙更好。一般一套量匙有 4 把，容量分别为 15 毫升、5 毫升、2.5 毫升、1.25 毫升。

❸ **本书的计量标准是以 200 毫升的纸杯为标准的，调味料的计量标准是以搪瓷汤匙或量匙为标准的。一勺为 5 毫升，约为 5 克。1 汤匙为 10 毫升，约为 10 克。一杯为 200 毫升。**

自制各种宝宝辅食底汤

如今绝大多数新手妈妈都知道，1 岁以内宝宝的辅食里是不建议添加糖、盐等调味品的。但更多的妈妈或是奶奶、爷爷等老辈人，觉得宝宝的食物里不添加调味品多么没有滋味啊！宝宝不爱吃也正常啊！于是很多新手妈妈认为鸡汤、排骨汤、骨头汤、牛肉汤等肉汤多滋味有营养，所以给宝宝添加辅食时，恨不能顿顿都用肉汤来调味，让宝宝吃到更多的营养，结果宝宝反而不爱吃。如果年轻的妈妈能尝试尝试用蔬菜汤来给宝宝烹调食物，也许会有更清香的滋味和更健康的选择呢！

1. 自制蔬菜汤

自制蔬菜汤 1（适合 6 个月以上宝宝）

【材料】

1 根胡萝卜，1 个洋葱，半棵芹菜，半个大头菜（可选择），1 瓣蒜（调味用），10 颗黑胡椒粒（调味用），1 片香叶（调味用），少许百里香（可选择）。

【做法】

第一步：将胡萝卜、洋葱、芹菜、大头菜、蒜洗净切块，放入锅中，锅中加入适量的水（水要没过食材一食指关节）。

第二步：黑胡椒粒、香叶、百里香单独用料包包好放入。

第三步：将第一步和第二步的所有材料一起大火煮开，转小火，煮大约 1 小时左右，新鲜的蔬菜汤就煮好了。

任意搭配吧！就是和肉搭配，还有清香的蔬菜味呢，很诱人的！调味品可以根据宝宝的月龄酌情添加，不需要过量，少些，淡些，更有滋味！

自制蔬菜汤2（适合6个月以上宝宝）

【材料】

洋葱1/4个，白萝卜1小段（约20克），胡萝卜半根，大葱1段（约7厘米），泡发香菇1个，圆白菜1片，水3杯。

【做法】

洋葱、白萝卜、胡萝卜、大葱剥皮处理干净，香菇和圆白菜用水冲洗干净，锅里放入切好的蔬菜和适量的水煮开，煮热过程中要将浮起的泡沫撇去，蔬菜煮透，味道充分渗透到汤里时将蔬菜捞出。冰箱保存，3天内食毕。

自制蔬菜汤3：香菇汤（适合6个月以上宝宝）

【材料】

香菇3个，水2.5~3杯。

【做法】

先把香菇洗净，用水泡发，泡发的水不要丢掉，将香菇及香菇水放入锅中，大火烧开，转小火煮5~10分钟，捞出香菇，香菇汤汁用豆包布或纱布过滤，剩下的汤即为香菇汤。

给6个月左右的宝宝食用时，可以适量多放点水，将香菇汤煮得淡一些；等宝宝1岁，可以适量少放些水，将香菇汤煮得稍微浓一些。最重要的是，要根据宝宝的个人喜爱来调整浓淡。

自制蔬菜汤4：海带汤（适合6个月以上宝宝）

【材料】

海带2段约4厘米见方，水3杯。

【做法】

先将海带用水洗干净去掉表面的白沫，锅里加入适量水加热烧开，加入洗净的海带浸泡15分钟后，倒掉泡过海带的水，再把泡好的海带重新放入锅里，加水，用大火煮开，煮开后捞净漂在上面的白沫，再把火调小后一直煮约30~45分钟，直到海带的味道充分渗到汤里后再捞出海带，用纱布或豆包布过滤即可。

2. 自制各种肉汤　至于各种肉汤的制作，我们常见的是给宝宝熬大骨汤，认为大骨汤既营养又补钙，一举多得。实际上制作肉汤也是有窍门的。宝宝和我们大人不一样，胰腺对脂肪的消化能力比较弱，胰腺脂肪酶要到宝宝1岁以后才能发育完全，因此宝宝1岁之前不能够很好地消化过多的脂肪，所以直接用猪骨头给宝宝熬的骨头汤是不适合宝宝食用的，同样，整只鸡炖煮的鸡汤也不适合宝宝。对于年幼的宝宝需要特制的肉汤来调味。

鸡肉汤（适合6个月以上宝宝）

【材料】

鸡腿骨1根，洋葱1/4个，大葱1段，水3杯。

【做法】

第一步：用刀将鸡腿肉和鸡腿骨分离后放在水里泡1个小时左右，滤出血水。洋葱和大葱洗净剥皮后切成块。

第二步：将鸡腿骨、鸡腿肉洗净放入锅中，加入洋葱、大葱，足够的水，大火煮开，撇去浮沫，继续大火煮20分钟，之后用小火煮20分钟。

第三步：等汤变成乳白色后用豆包布或纱布或筛子过滤即可。

一次鸡汤不要准备太多，够宝宝2天食用即可，多余的汤汁要用保鲜盒密封后放入冰箱保存，尽快食用完。

猪肉汤（适合7个月以上宝宝）

【材料】

猪肉（最好选猪排或猪腿肉）1杯，水4杯。

【做法】

第一步：将猪肉表面的肥肉去除后，放入凉水中浸泡20分钟，滤去血水，洗净。

第二步：将泡好的猪肉放入锅中，加入适量的水，用大火煮开，撇去浮沫及异物。

第三步：转小火煮，充分将猪肉煮熟后捞出，用豆包布把猪肉汤过滤一遍即可。

牛肉汤（适合 7 个月以上宝宝）

【材料】

牛肉（最好选牛排或牛腿肉）1 杯，水 4 杯。

【做法】

第一步：将去牛肉表面的肥肉去除后，放入凉水中浸泡 20 分钟，滤去血水，洗净。

第二步：将泡好的牛肉放入锅中，加入适量的水，用大火煮开，撇去浮沫及异物。

第三步：转小火煮，充分将牛肉煮熟后捞出，用豆包布把牛肉汤过滤一遍即可。

鳕鱼汤（适合 8 个月以上宝宝）

【材料】

鳕鱼肉 1/2 杯，大葱一段（约 7 厘米），水 3 杯。

【做法】

第一步：把洗净的鱼和大葱放入锅中，加入适量的水大火煮开，转小火煮，用筷子确认鱼煮透后关火。

第二步：将鱼肉捣碎即可。

第三步：如果有鱼皮将鱼皮去掉；如果鱼肉有鱼骨，煮熟后要先将鱼骨去除再捣碎。要选择刺少的鱼给宝宝食用。确保宝宝食用时没有鱼刺之担忧。

干虾汤（适合 10 个月以上宝宝）

【材料】

干虾 1/2 杯，水 7 杯。

【做法】

第一步：选中等大小的干虾，去掉渣后放入滤网中用流水冲洗干净，放入适量的水中浸泡 10 分钟后捞出。

第二步：将泡好的干虾放入锅中用大火煮开，转小火在煮一小会儿。

第三步：用漏勺捞出虾，再用豆包布过滤一下除去剩下的碎渣即可。

无论是给宝宝煮粥、下面条或是做菜、做汤都鲜美可口。

银鱼汤（适合 13 个月以上宝宝）

【材料】

干银鱼 15 条（有专门熬汤的银鱼），水 7 杯。

【做法】

第一步：选中等大小的银鱼去掉头和内脏。

第二步：在没放油的煎锅里简单炒一下去除银鱼的腥味。

第三步：将处理好的银鱼放入锅中，加适量的水煮开后，转小火再煮 5 分钟。

第四步：用豆包布滤过残渣。

第五步：如果使用的是干银鱼，味道比较咸，可以先用水浸泡一下，洗净，变软后再进行烹调。注意煮的时间不要过久。

除了蔬菜汤、肉汤可以让宝宝的辅食富有滋味外，利用天然的调味料，既可以让宝宝的辅食有滋有味，还能芳香醒脾，有助消化，帮助完善宝宝的消化系统。

制作天然调味料

香菇粉（适合 6 个月以上宝宝）

【材料】

干香菇若干。

【做法】

使用干香菇，用毛巾擦干净香菇表面的灰尘和异物，把香菇放入粉碎机中磨碎后过筛子。在汤中或蔬菜中、粥中使用。

黄豆粉（适合 8 个月以上宝宝）

【材料】

黄豆 1/2 杯。

【做法】

把适量黄豆放入不加油的锅里炒熟，之后，将炒熟的黄豆加入粉碎器磨碎。粥里、饭里、煮汤均可。

洋葱粉（适合 7 个月以上宝宝）

【材料】

洋葱 2 个。

【做法】

将洋葱的外皮去掉后洗净，然后横切成 1 厘米大小。切好的洋葱放入烤箱里烤 15~30 分钟（烤箱温度在 160~180℃），放入粉碎器磨碎后过筛子即可。

海带粉（适合 6 个月以上宝宝）

【材料】

海带 5cm×5cm 见方 5 张。

【做法】

用稍微湿的布擦净海带表面的白色盐分，放入烤箱里（烤箱温度 180~200℃）烤脆，烤好的海带分成 4 等分放入粉碎器磨碎，然后过筛子。加入汤中可以增加鲜味。放在粥里也行。

芝麻粉（适合 12 个月以上宝宝）

【材料】

黑芝麻 1/2 杯。

【做法】

适量的黑芝麻放入不加油的锅里炒熟，放入搅拌器磨碎，过筛子。

坚果粉（适合 24 个月以后宝宝）：各种坚果都可以制作成粉，制作成粉的方法参见芝麻粉的制作。

肉豆蔻粉（适合 6 个月以上宝宝）

【材料】

肉豆蔻适量。

【做法】

一种是直接在外面购买现成的肉豆蔻粉，第二种是在中药店里或超市里购买肉豆蔻，回家后用小火烤一下或烤箱烤一下，3~5分钟，然后取出用刀背拍碎，之后放研磨机中研磨成细粉，过筛后装瓶保存。（建议直接购买肉豆蔻粉）。

肉豆蔻是临床上常用的中药，又是烹饪中常用的调味品，有着浓郁的芳香气息，能够醒脾开胃，行气消食，温中止泻。无论是西式餐点还是中式饮食中都喜欢使用肉豆蔻粉。在宝宝的辅食里添加极少许肉豆蔻粉可以让宝宝吃得更香甜。

山药粉（适合6个月以上宝宝）

【材料】

山药。

【做法】

直接在药店购买纯山药粉，也可以在超市里购买山药现场研磨成细粉。或自己将山药去皮切片晾干，用小火烤制一下，然后研磨成粉，装瓶保存。（建议直接购买纯山药粉）。

山药自古就是养生的好食材，健脾益胃、助消化，益肺止咳，对年幼的宝宝也是很滋养的调味料。

鸡内金粉（适合6个月以上宝宝）

【材料】

家鸡的砂囊内壁（系家鸡的消化器官，用于研磨食物）。

【做法】

可以直接在药店购买鸡内金，回家后用小火烤制成金黄色后，研磨成细粉，过筛装瓶保存即可。

四、滋润温和的谷物类

婷婷是个粉嘟嘟的小姑娘，现在6个月了。打出生时起，爷爷、奶奶、姥姥、姥爷就为该什么时候给她添加辅食，添加什么辅食争吵不休，爷爷、奶奶认为他们的儿子最初添加的是蛋黄，所以婷婷应该像她的爸爸一样，第一个辅食要添加蛋黄；姥姥、姥爷坚决不同意，认为婷婷妈妈第一个吃的辅食是米粉，所以婷婷应该添加米粉。他们是谁也说服不了谁，谁又都听不进去他人的意见，非要坚持自己的意见不可，弄得婷婷爸爸、妈妈小两口那个为难啊，都不知道该如何是好了。那到底该给婷婷首选哪个食物呢？

第一个辅食对宝宝真的很重要，这可是宝宝里程碑似的进步啊，是他打出生以来第一次踏上自己尝试母乳或配方奶粉以外食物的旅途，开始了他人生品尝食物的第一步，当然应该格外重视和慎重选择。而且在宝宝4~6个月这个添加辅食的初始阶段，**为宝宝添加辅食，既要考虑到宝宝的消化、吸收能力是否能接受辅食，还要考虑到辅食的添加会不会引起宝宝过敏、增加宝宝患疾病的风险等问题。当然，选择的食物的营养价值也是非常重要的因素之一，同时我们还希望所选择的辅食是有益宝宝一生健康的健康辅食。**

正是基于上述因素的考虑，自宝宝6个月以后把谷类食物作为宝宝添加食物的首选。我给大家推荐的有大米、糙米、燕麦、大麦、小麦等。

谷类食物含有丰富的淀粉，宝宝自4个月以后口腔里开始产生唾液淀粉酶，能够消化淀粉类食物，而且谷类食物如米粉等，宝宝比较容易消化和吸收，能够增加宝宝的食欲，促进宝宝胃肠系统的健康发育。况且谷类食物有着柔和的味道，特别的香气，混合母乳或配方奶粉之后，更容易让宝宝接受。

谷类食物极少引起宝宝过敏，很多谷类食物如糙米、燕麦、大麦等还会降低宝宝罹患哮喘的风险及其他疾病的风险，因此对宝宝来说是安全的。

谷类食物不仅富含蛋白质，而且含有多种维生素及矿物质。谷类食物含有人体必需的八种氨基酸，如赖氨酸能活化脑部，增强大脑皮质兴奋和抑制功能；谷氨酸可改善脑部机制；丰富的磷脂对脑部神经的发育、活动有良好的功效；乙酰胆碱能帮助神经传达，增强记忆力等，对正值大脑发育高峰期的宝宝都是有益的帮助。特别值得一提的是，富足的铁质对宝宝来说极为重要，因为到他6个月的时候，从娘胎里带来、已经被他生长发育所消耗殆尽的铁质需要得到及时的、充足的补充，以有效预防缺铁性贫血。**谷物中的铁质，恰好给宝宝提供了极佳的补给来源。**

谷类食物中的其他营养素如维生素A和维生素E等，能够帮助宝宝保持皮肤及黏膜的健康，且促进宝宝皮肤及黏膜的健康生长。含量丰富的膳食纤维，促进肠道有益菌增殖，加速肠道蠕动，软化粪便，能够帮助宝宝预防便秘及缓解便秘之苦。

除此之外，我想要强调的是谷类食物是健康的食物，特别是燕麦、糙米、大麦等，让宝宝从小就学习吃健康的食物，帮助宝宝从小养成健康的饮食习惯，将来得 2 型糖尿病的风险会降低，胆固醇的水平也会降低，得心血管疾病的概率也会降低，这些有助于维系宝宝一生的健康。

谷类食物脾气温和，和任何食物搭配都可以产生奇妙的滋味。和水果搭配，既有谷类食物特有的清香味道，还带有水果的香甜之气；和蔬菜搭配，散发着蔬菜的香气及谷物的温柔；和肉类食物搭配，香喷喷的味道左右着宝宝……总之，谷物百搭百味。

糙米、燕麦的保存方法：我们买回家的普通大米，只要放在阴凉处干燥保存即可。但谷物中的糙米、燕麦等含有丰富的油脂，容易发生酸败，所以在储存上就需要特别注意了。购买的时候就不要大量购买，买回家后要马上放在密封罐里保存，室温下避光可以保鲜 1 个月左右。如果放在冰箱里冷藏保存，保存的时间会更久些，大概 6 个月左右。给宝宝吃的食物最好是放在冰箱保存，这样营养能得到最大限度的保留。

燕麦、糙米易消化的窍门：像燕麦、糙米、大麦这样的全谷类食物要让宝宝消化好，有一个非常有效的方法就是浸泡，因为所有的谷类都含有一种叫植酸的有机酸，植酸会影响我们宝宝有效地吸收矿物质如铁和锌，甚至会引起矿物质的缺乏。而浸泡会降低植酸，让宝宝更容易消化和吸收。我们的祖先在烹调前也会浸泡和发酵谷类，至今世界上的很多地区依旧使用浸泡的方法。

最适合宝宝的第一个辅食——"模范生"米粉

什么是对宝宝最好的第一个固体食物呢？有的人会说吃蛋黄，有的会推荐喝果汁，有的会说尝尝配方奶粉……更多的人会想到婴幼儿米粉，这是一个多年来被广泛接受、普遍推荐的第一食物，已经是个"模范生"了。为什么婴幼儿米粉会被推荐为宝宝的第一食物呢？

小敬的婆婆是个南方人，他们当地有个习俗，就是宝宝出生后，吃的第一个辅食就是自家制作的米粉，也就是将大米淘洗干净，然后上屉蒸熟，再晾干之后磨粉，这样制作出来的米粉可以直接给宝宝食用。这种习俗已经沿袭很久了。

为什么米粉长久以来一直是人们给宝宝首选的辅食呢？其实大米自古以来就是我们日常生活的主食，无论是煮粥还是果腹，或是磨粉制成各种风味点心，都滋味悠长，深受人们喜爱。可谓是老少皆宜的谷类食物。《滇南本草》认为："粳米治百虚百损、强阴壮骨、生津、明目、长智"。众多的医家文人都是"糜粥自养"的铁杆粉丝，比如北宋的张耒认为"米粥是进食补养的第一妙诀"，清名医王孟英称"米汤是穷人之参汤"，可见粳米健脾和胃、补中益气作用之强，足以使五脏气血充盈，筋骨强健，所以适合任何体质的人。还特别适合消化能力弱的婴幼儿，刺激宝宝胃液的分泌，有助于宝宝的消化，还能帮助宝宝肠内脂肪的吸收，也能使配方奶粉中的酪蛋白形成疏松柔软的细小凝块，有助于宝宝的吸收。所以成为宝宝第一个辅食是当之无愧的！

米粉不仅是我国妈妈给宝宝首选的辅食，在众多发达国家还是最普遍的断奶食物的首选。因为米粉本身的味道比较温和，特别是混合配方奶或母乳后，容易混合均匀，黏稠度一致，味道接近配方奶或母乳，宝宝比较容易接受它。而且米粉还有一个好处，妈妈想把米粉混合得比较稀就比较稀，想把它混合得比较稠就比较稠，宝宝能很快适应且熟悉它，能够轻松地从液体食物向固体食物过渡。因此在很长一段时间里，这些理由足以让米粉成为首选，且没有其他食物能够挑战它的地位。

至于其他谷类，比如小麦、大麦和黑麦是不适合4~6个月宝宝的。包括燕麦，燕麦含有一些面筋蛋白，是因为它在其他谷类（含面筋蛋白）的作物旁边生长。面筋中有一种物质叫麦醇溶蛋白，容易引起过敏人群过敏，所以不适合作为宝宝的第一个食物。

像小敬婆婆老家的那个传统，将大米蒸熟晾干磨粉给宝宝吃，确实是个优良的传统，可通过蒸大米的方法，很可能会让大米中的许多营养物质，特别是水溶性的维生素，比如维生素B族丢失了。如果我们换一种方法，直接将大米磨成细粉，宝宝需要吃的时候将其煮熟，就可以更全面地保留住大米的所有营养成分，最大限度地减少营养物质的丢失，更有益于宝宝的健康。如果宝宝的消化功能比较弱，也可以先用小火将大米炒成棕黄色，然后磨成粉，煮给宝宝吃，焦米粉宝宝更容易消化，而且对容易拉肚子的宝宝还有很好的止泻作用。

自制健康的米粉（适合 6 个月以上宝宝）

【材料】
1/2 杯大米或糙米，1½ 杯水，适量配方奶粉或母乳。

【做法】
第一步：用研磨机或食品加工机将大米或糙米研成粉末状，磨得越细越好。

第二步：锅中放入水，把水烧开，加入米粉，改小火，煮 10 分钟，期间要一直不停地顺着一个方向搅拌米粉黏稠即可。

第三步：倒入适量的配方奶或母乳，拌匀，宝宝就可以享用了。

小敬听了我的话，决定按我说的尝试一下，给宝宝吃自制的米粉。第一次做，小敬心里还有些嘀咕，怕自己辛苦弄好的米粉宝宝不接受，没有想到的是宝宝欣然接受了妈妈亲手制作的米粉，而且看上去还吃得津津有味。小敬心里别提有多高兴了，亲自制作的兴趣更浓了。

在宝宝适应了米粉之后，小敬尝试着给宝宝添加了点苹果泥，看见宝宝咂吧嘴的小模样，小敬心里笑开了花，把米粉和苹果混合给宝宝吃，宝宝依旧吃得好开心。接下来的几个月里，小敬不断进行新的尝试，尝试着米粉混合蔬菜、混合里脊肉、混合鸡胸肉、鱼肉等等给宝宝吃……在小敬的精心照顾下，如今她的宝宝已经 3 岁了，健康、活泼、开朗。

铁质最丰富的营养辅食——糙米

洋洋的妈妈曾留过学，在国外养育了洋洋，学会了许多家庭自制米粉的吃法。同时，洋洋妈妈还是个热衷于健康生活方式的时尚女性，她不仅向我推荐了几款她常给洋洋制作的食谱，还推荐我使用糙米来代替大米，给宝宝的营养比大米更全面。

　　糙米富含的维生素、矿物质、膳食纤维是大米无法比及的。主要是因为大米在谷物精加工过程中，被人为地去掉了很多有营养的层比如皮层、糊粉层和胚芽等等，精加工后的白米就剩下点淀粉，而那些富含的营养层就这样白白地流失掉了。特别是稻米中的麦粉蛋白粒，在加工过程中也被加工掉了，但是麦粉蛋白粒是一种在宝宝饮食中扮演重要角色的必需脂肪酸。由于加工，我们只得到了这外表光鲜、洁白细腻的精致大米，能给宝宝提供的营养一点点而已。糙米则不一样，除了壳之外，皮层、糊粉层和胚芽等富含营养的层都被保留了。

　　特别是铁质，糙米中铁的含量是大米的 3 倍，4~6 个月以后的宝宝最重要的一点就是要预防缺铁性贫血，适时给宝宝添加上糙米多合适啊。能有效地帮助宝宝远离缺铁性贫血。钙、锰是宝宝健康骨骼的根本，糙米中一点儿也不缺。而且丰富的锰还能帮助宝宝预防过敏性哮喘或减轻哮喘的症状呢。宝宝生长发育需要推动力，这推动力来自丰富的维生素 B 族，糙米中恰好维生素 B 族含量丰富（B_1、B_3 和 B_6），可以说是宝宝生长发育强力的推动剂。糙米中所含的这些对宝宝有益的营养素恰好也是大米中相对比较少的，所以让宝宝喜欢吃糙米，无疑是新手妈妈聪明的选择。

　　刚开始我给洋洋做糙米的时候，洋洋不是很喜欢糙米的味道，每次喂糙米就皱着小眉头，不像喂米粉时，笑嘻嘻的。后来，坚持给洋洋吃了一段时间后，洋洋可爱吃糙米做的辅食呢，总是吃不够呢！这时我也想明白了，那是因为我们绝大多数人是吃白米而且仅仅是吃白米长大的，所以接受不了糙米的风味。虽然糙米尝起来和白米不同，风味更浓郁，但如果宝宝从小就习惯糙米的滋味，那么长大后更容易接受或习惯糙米的营养。这对宝宝养成健康的饮食习惯更为有益，是爸爸、妈妈对宝宝一生的爱护。所以到了现在，洋洋可喜欢吃糙米呢，也喜欢糙米的味道。

糙米不同于大米的储存及购买方式

　　洋洋妈妈对糙米的使用颇有心得。她接着跟我讲到刚开始不会做糙米，后来学会了做糙米，又犯了一次小错误，就是将买回的糙米随便放在储物柜里，结果忘了吃，过了些日子拿出来的时候，一股呛鼻的哈喇味。她也没敢吃。向邻居询问，才知道糙米和大米的储存是不同的，糙米需要放入冰箱储存，是因为糙米表面有一层完整的胚芽油，如果没有适宜的温度（比较冷的温度），这些油脂容易酸败，就出现洋洋妈妈所说的哈喇味了。购买的时候，也有小窍门，尽可能购买最近生产的，仔细的妈妈要留心包装袋上的生产日期，一次购买的量也不要太大，吃1个月买一个月的量就好。

下面就是洋洋妈妈给推荐的糙米食谱。

糙米配桃子（适合6个月以上宝宝）

【材料】
1/4 杯糙米、半个桃子、1 杯水，少量母乳。

【做法】
第一步：用食品加工机或者研磨机把糙米研成细粉。
第二步：将桃子洗净，去桃皮，去核，把桃肉切成小块。
第三步：用一带柄的锅把水煮沸，倒入米粉，转小火，不停地搅拌米粉，再加入桃肉，搅拌，小火慢慢煮沸10分钟。
第四步：当米粉变得黏稠时即可。

洋洋妈妈介绍到，刚开始给洋洋做这个食谱的时候，直接加的是水，洋洋小鼻子一闻，不似妈妈的味道，头马上转走了，看也不看，后来自己直接加了点母乳，有了洋洋习惯的妈妈的味道，洋洋马上就接受了。而且刚开始做的时候，心里总没有数，会做很多，洋洋也吃不下，好好的就扔掉了，很可惜。慢慢有了经验，就知道了根据宝宝需要，吃多少就做多少，当天吃当天做，不把做好的糙米大量储存在冰箱里，因为那样很容易滋生细菌。

糙米还可以和苹果、梨等水果搭配，各种口味都可以。这款食谱就是糙米和苹果、梨搭配的。

糙米配苹果和梨（适合 6 个月以上宝宝）

【材料】

1/4 杯糙米、1/2 杯苹果汁（鲜榨苹果汁或者购买的无糖的苹果汁）、1/8 杯无核葡萄干、1/2 个去核的小苹果，去核，剁碎、1/2 个去皮去核剁碎的小梨。

【做法】

将上述原料一起放入锅中，大火烧开，转小火，不停搅拌均匀，煮 30 分钟左右即可。

这是洋洋特别爱吃的一道辅食，因为米粉里有水果的味道，而且米粉又都和水果汁混合在一起，口感非常滋润。洋洋妈妈建议做这道辅食时，要把糙米用小火煮得时间久些，这样糙米就会把所有的苹果汁都吸收到糙米里，使糙米变得很柔软，宝宝吃起来柔滑多了。糙米因为粗糙，所以煮的时间要比白米长，这样才能松软细腻，烹调时还有个小窍门，就是水要给够给足。如果想缩短烹调的时间，可以在头一天将糙米洗净浸泡一个晚上，第二天煮的时候连同浸泡的水一起煮食，这样可以最大限度保留住所有的营养成分。

烤制糙米开胃菜（适合 6 个月以上宝宝）

【材料】

1/2 杯糙米、1½ 杯水或肉汤（自制肉汤）、1 根芹菜（或其他蔬菜）。

【做法】

第一步：先将烤箱预热到 180℃。

第二步：一边预热烤箱，一边把洗净的糙米放到锅里，持续用小火将其炒至呈金黄色半熟。

第三步：将芹菜切碎，放入锅中炒软。

第四步：将炒软的芹菜、煮至半熟的糙米加少量水混合，放入烤盘，然后放进烤箱里。

第五步：烤大约 35~45 分钟。

不用煮的方法，用烤制的方法制作糙米，味道更好呢！小宝宝更喜欢烤制的这道辅食呢！先把糙米用小火炒一下，这样糙米本身的结构不仅会松软了，容易制作，而且食物的味道更香美。选择芹菜呢，是因为芹菜本身散发出一种香气，糙米混合芹菜之后，这种香气更吸引宝宝，吃起来也更可口。经过肉汤烤制后，肉汤全部被吸收到糙米中了，有肉汤的滋味，有芹菜的香味，有糙米的清香，营养也全部在这道美味的开胃菜中了。

美味的糙米鸡丝（适合 7 个月以上宝宝）

【材料】

1/2 杯糙米、1/4 杯烹调过的鸡丝、1/8 杯胡萝卜丁、1/8 杯绿菜花、1/8 杯小西葫芦或小南瓜。

【做法】

第一步：锅里放水，加入洗净的糙米大火开始煮，搅拌至煮沸，转小火，盖锅盖，煮 30 分钟。

第二步：打开锅盖，放入上述所有原料，盖盖，煮 10 分钟即可。直至温度适宜孩子食用。

鸡肉也是宝宝很喜欢吃的食物。洋洋更喜欢吃鸡胸肉，鸡胸肉脂肪含量少些，宝宝更容易消化些。胡萝卜丁、绿菜花可以先煮至八成熟的时候，再和糙米一起煮，这样容易煮烂，宝宝吃起来也轻松。在吃这道辅食之前，每种食物宝宝都先要单独尝试过了。

糙米金枪鱼（适合 6~7 个月以上宝宝）

糙米金枪鱼

【材料】

1/2 杯糙米，1¼ 杯水，1/4 杯芹菜（剁碎），1/4 杯自制酸奶，1/2 杯配方奶或母乳，1/3 杯水浸金枪鱼罐头，1/3 杯切丁小南瓜或小西葫芦，干奶酪适量。

【做法】

第一步：锅里放入水，把水烧开，边放入糙米边搅拌，再开，转小火煮35 分钟，关火。

第二步：将糙米和芹菜、牛奶、奶酪、金枪鱼和小西葫芦或小南瓜混合，并将其充分混匀，倒入烤盘中，送入烤箱。

第三步：烤箱先预热 180℃，将第二步进行烤制 30 分钟，然后撒上磨碎的干酪即可。

金枪鱼是极有营养的鱼类，含有丰富的 DHA，可以让宝宝更加耳聪目明。最好选水浸的，油脂含量比较小，宝宝更容易消化和吸收。酸奶可以自己制作，购买的话选择无糖的原味酸奶。

听了洋洋妈妈的介绍，我忽然想起一个最近特别受关注的问题，就是有些报道提及米粉中存在砷的问题。国外有些研究的确提及剂量非常小的砷存在于非有机米中，原因可能是土壤中含有砷，但没有数据显示对人体会引起疾病。如果比较担心这个问题，可以给宝宝选择有机米或有机糙米，这样的选择对宝宝来说更为健康。

宝宝最喜欢的香味谷物——燕麦

小小妈妈是个地道的北方人，她的老家特别盛产莜麦，她也特别喜欢吃莜麦制作的各种食物，比如莜麦面、莜麦蒸饺、莜麦饼等等。同时，她也特别希望自己的宝宝能吃上莜麦，但又不知道多大给宝宝吃合适。因为家乡的很多老人都说不能给宝宝吃莜麦，太难消化了，小小妈妈说的莜麦和咱们要给宝宝吃的燕麦是一回事吗？

小小妈妈说的莜麦学名叫燕麦，是燕麦中的一种，俗称裸燕麦，在我国华北、西北、西南、东北等地都有种植，不太适合作为宝宝第一阶段的辅食，确实是太难消化了，毕竟宝宝的消化能力还很弱。相反，燕麦中的另一种带稃型——皮燕麦是适合宝宝作为第一阶段食用的健康辅食。为什么这么说呢？是因为我们给宝宝添加辅食时，特别是宝宝第一阶段添加的辅食，既要考虑到宝宝的消化吸收能力，又要考虑到会不会引起宝宝过敏等问题，当然选择的食物的营养价值也非常重要的因素之一。而因为皮燕麦正是安全系数、营养价值特别高的食物之一，非常适合作为宝宝第一阶段添加的食物。其营养价值和其他谷类相比，可是首屈一指的。因为其他谷类在加工过程中，很多营养成分都丢失了，而皮燕麦却很不同，不仅保留了胚芽、胚乳和麦麸，还最大限度地保留住了营养。

自古以来，燕麦在我国的种植范围就非常广泛，深受人们的喜爱。同时，祖国医学一直认为燕麦有补益脾肾、补虚润肠等功用，另外，燕麦还有一个特别特殊的地方，就是具有其他谷类没有的特殊香气，这种香气是来自于燕麦精，正因为这种迷人的香气让燕麦非常受宝宝的喜爱。而且燕麦中含有极其丰富的亚油酸、多种酶类，能够帮助宝宝加强身体免疫系统，预防癌症，减轻哮喘的症状。因此让宝宝从小就喜欢吃皮燕麦，那么燕麦带给宝宝的健康，会贯穿宝宝的一生。

如何巧购燕麦产品及制作燕麦

小小妈妈在购买燕麦产品上也颇有心得的。刚开始的时候她觉得直接购买燕麦片多省事啊，买回来拿开水一冲，小小就可以直接喝了，后来才知道很多速溶的燕麦片并不适合宝宝食用，含糖、含添加剂什么的，所以她不选择了。她直接购买燕麦，也就是脱壳燕麦，虽然看上去比较难做，但是小小妈妈是实践出真知，也想出来办法，就是水放多些，**脱壳燕麦与水的比例是1∶3，燕麦粥煮出来后，一吃柔软黏稠，味道不错啊**。为了燕麦更容易制作，小小也比较好消化，小小妈妈一般都是**头天晚上将1/2杯洗干净的燕麦，倒入1杯温水中浸泡，第二天早上再加入2杯水，然后用小火煮，20~35分钟即可**。

简单的燕麦食谱（适合6个月以上宝宝）

【材料】
1/4 杯的燕麦。

【做法】
第一步：把 1/4 杯的燕麦，磨成极细粉，成为燕麦粉。

第二步：取一杯水，倒入锅中，煮沸；同时将燕麦粉，慢慢倒入煮开的水中，转小火，边煮边搅拌约 10 分钟即可（不停搅拌的目的是防止凝结成块）。放凉些，就可以给宝宝食用了。

刚开始的时候，小小灵敏的小鼻子被这特殊的气味所吸引，对小小妈妈手里的食物充满的浓厚的兴趣，一副跃跃欲试的样子，可真正吃的时候似乎不是很接受。小小妈妈开动了脑筋，在燕麦里加了点小小常喝的配方奶粉，这一下好了，小小吃得可高兴了，竟然手舞足蹈起来了。之后，小小妈妈更聪明了，在烹制燕麦时，事先用一半牛奶一半水浸泡好燕麦，这不仅可以缩短烹调时间，还可以提供额外的营养，宝宝也更容易接受。

苹果燕麦粥（适合 6 个月以上宝宝）

【材料】

1/2 杯燕麦片；3/4 杯水；1/4 杯苹果汁（鲜榨汁）；1/3 个甜苹果，去皮去核，切成丁（骰子大小）；1 汤匙无子葡萄干；1/2 杯牛奶（配方奶或母乳）。

【做法】

第一步：一部分苹果榨汁，一小个苹果洗净去皮切丁备用。

第二步：锅里放入水和苹果汁，然后加入苹果丁和无子葡萄干一起煮，随后放入燕麦片，小火慢慢煮沸，不时地搅拌一下，大约 15~20 分钟之后，香气扑鼻的苹果燕麦粥就做好了，出锅前加点配方奶。

吃过了水果燕麦粥之后，小小妈妈做了新的尝试，让小小享受一下蔬菜燕麦粥。不是说胡萝卜对宝宝好吗，那就选胡萝卜，西蓝花听说也不错，再加点西蓝花，好了，新的粥品来了。

蔬菜燕麦粥（适合 6 个月以上宝宝）

【材料】

1 段葱，1 段胡萝卜，2~3 朵西蓝花，3 汤匙燕麦片。

【做法】

第一步：胡萝卜洗净去皮切丁，如骰子大小，西蓝花洗净摘小朵。取一小段香葱，去外皮，去根，去叶，洗净，切碎。

第二步：把胡萝卜、西蓝花、燕麦片一起放入锅中，加入水，水刚刚好没过原材料。用大火煮开，转小火，煮 10~15 分钟，直至蔬菜柔软即可。

好了，美味的蔬菜燕麦粥成功了。当然，想让燕麦粥的香气更芬芳，还可以加点香芹，独特的气味会让宝宝更留恋。

水果也加了，蔬菜也尝试了，还有什么方法能让燕麦更受宝宝欢迎呢？小小妈妈真是动足了脑筋。和其他妈妈交流的时候，其他妈妈曾建议试试烤箱制作辅食给宝宝吃。对了，尝试一下吧！用烤箱制作燕麦饼干给宝宝吃，应该也不错吧。说干就干，反正刚买不久的烤箱也闲置着呢，试试吧。

香蕉燕麦饼干（适合 8 个月以上宝宝）

【材料】

1 根香蕉，1 把燕麦。

【做法】

第一步：将烤箱加热到 180℃。

第二步：把香蕉完全捣碎。

第三步：用研磨机或食品加工机把燕麦磨碎成粉。

第四步：充分将香蕉和燕麦混合成黏稠状面团，把面团分成小块，压成你喜欢的形状。

第五步：放入烤箱，烤 10~15 分钟，烤制金黄色即可。

香蕉燕麦饼干

　　第一次烤制饼干，小小妈妈没有什么经验，结果饼干出炉后，很硬，大人嚼着都费劲，别说宝宝了，小小只能眼巴巴地望着妈妈了。之后又做了几回，终于成功了。小小妈妈也明白了其中的道理，想要口感好，正好是自己想要的质感，烤制的时间就很重要，烤得太久了，饼干就硬了，时间短点，饼干的软硬程度刚刚好，很适合宝宝。

　　从此之后，小小的妈妈制作食物的兴趣一发不可收拾，又给小小制作了更复杂些的苹果饼干。

苹果燕麦饼干（适合 10 个月以上宝宝）

【材料】

1/2 杯面粉，1/2 杯燕麦，1/4 杯无核葡萄干，1 勺苏打粉，少量盐，1/4 汤匙植物油，1/2 杯苹果酱，1 个鸡蛋（肉豆蔻粉、桂皮粉可加可不加）。

苹果燕麦饼干

【做法】

第一步：将烤箱预热到 180℃。

第二步：拿两个碗，干的原料混在一个碗里，湿的原料混在一个碗里，再把两个碗里的原料混合到一起，混均匀。

第三步：烤盘上刷上一点油，把面团做成自己喜欢的形状，放在烤盘上，进入烤箱，直至烤成棕黄色饼干。

用辅食养出宝宝的胃口来——大麦

英玉是个朝鲜族妈妈，她的宝宝8个月了，已经添加了不少辅食了，诸如蔬菜水、胡萝卜泥、土豆泥、西蓝花泥、瘦鸡肉、瘦猪肉、瘦牛肉等。她自己非常喜欢喝大麦茶，煮大麦粥吃，也想给宝宝尝试尝试，可家里的老人说，没听说过可以给宝宝吃大麦粥的，太难消化了吧?！英玉满是疑惑地问我：真的不可以给我的宝宝吃大麦吗？

我们的前辈养育孩子的过程中，还真的很少给宝宝吃大麦，尽管认为大麦"功用与小麦相似，而其性更平凉滑腻，古人以之佐粳米同食。或歉岁全食之，益气补中、实五脏、厚肠胃之功，不亚于粳米。"（出自《本草经疏》），但实际中还鲜有人给宝宝食用。不过，大麦自古就深受人们的喜爱，至今还是藏族同胞的主要粮食。藏族人常吃的糌粑就是将裸大麦炒熟磨粉制作而成的。两河流域的居民喜欢喝的大麦粥，八宝粥中的大麦仁，都使用的是大麦。所以，宝宝是可以尝试这能益气和胃的大麦的。现代医学的研究更证实了这一点，大麦含有丰富的钙质，其胚芽含有大量的维生素 B_1 和消化酶，都是促进宝宝生长发育、强健宝宝骨骼的必需营养素。一些研究还认为大麦对预防儿童哮喘有益。特别是这些有益的因子，能够帮助宝宝从小就有效地预防心脑血管疾病、糖尿病及各种类型的癌症，所以大麦还有个美称"心脏病良药"。此外，大麦含有坚果的香味，非常独特，一旦宝宝吃过，就会一直喜欢它，更胜于大米。

大麦产品的选购

世界各国大麦制品的种类非常多，比如脱壳大麦，就是把大麦最外的一层壳去掉的全麦，营养最全面，烹调时间也最长，有一定的嚼劲。我国常见的是珍珠麦（圆形大麦米），是经研磨除去外壳和麸皮层的大麦粒，营养价值比较低，因为经过抛光后，有价值的胚乳层也丢失了，比较容易咀嚼，也容易烹调。还有一种大麦片，如果是以脱壳大麦为原料制作的，那么营养价值相对就比较高；如果是以珍珠麦为原料制作的，营养价值就相对比较低。给宝宝选择，还是选择脱壳的大麦更好，6个月以后的宝宝就可以考虑添加了。

大麦烹调小窍门：为了让宝宝吃到既营养又容易消化吸收的美味大麦，

一般可以**在烹调前先将大麦浸泡一夜或4个小时，然后将水倒掉，清洗大麦，再加工**。这样做宝宝不仅容易消化大麦，而且还能增加大麦在宝宝胃肠道的吸收率。烹调的时候，**一般是一杯大麦，3杯水。先把水烧开，接着放入大麦，大火烧沸后，转小火，慢慢煮沸，珍珠麦需要水少些，2杯水，1杯大麦，大约煮40分钟左右，脱壳大麦煮的时间需要长些，大概1个半小时左右。烹调好的大麦在冰箱里可以储存2天。1杯未加工大麦产生3~4杯煮熟的量。**

大麦粥（适合6个月以上宝宝）

【材料】

大麦1/2杯。

【做法】

先把大麦用研磨机研极细粉，然后放入锅中，加入适量的水，大火烧开，转小火，一边煮一边搅拌，20分钟之后，香喷喷的大麦粥好了。

闻着扑鼻的香气，英玉自己也忍不住尝了一口，她笑了，味道很好。于是，她给她的宝宝尝试一下，刚开始，小家伙有点疑惑地望着妈妈，闻着这食物的味道和以前吃的不一样啊，是什么东东啊？英玉鼓励地笑着望着宝宝，柔声对宝宝说：这是妈妈给你做的大麦粥，尝尝吧，可香呢！一边说，一边还假装要吃掉宝宝食物的样子，宝宝有点着急了，张开了小嘴要吃，英玉顺势将勺子递到宝宝嘴边，宝宝似乎连想都没有想，一口就吞进了大麦粥，吃了之后，似乎还有回味，于是第二口，第三口……，英玉很轻松地喂完了宝宝，看来宝宝没有拒绝大麦粥啊。

随后的几天里，英玉一边给宝宝大麦粥，一边注意观察宝宝的反应，发现宝宝很好消化啊，没有闹肚子，也没有便秘，而且，宝宝从当初的疑惑变得有些迫不及待，总是很渴望再吃到大麦粥的样子。

大麦宝宝餐（适合6个月以上宝宝）

【材料】

1/4杯研细的大麦粉，1/2杯水。

【做法】

第一步：选用食品加工机或研磨机将大麦研细粉，小批量研磨效果更好。

第二步：锅里放入水，点火，加入大麦粉，同时不停地搅拌，大火煮开，转小火，煮 15~20 分钟即可。

大麦炖牛柳（适合 11 个月以上宝宝）

【材料】

1/2 杯牛柳（嫩），2 汤匙面粉，1 汤匙橄榄油，1/2 根胡萝卜，1/2 杯大麦，2 杯自制鸡汤或牛肉汤。

【做法】

第一步：将牛柳洗净，切成如骰子大小。胡萝卜洗净，削皮切薄片。

第二步：用面粉将块状嫩牛肉裹匀，锅里放油，烧热，放入嫩牛肉，煎至金黄色，用漏勺捞出，放胡萝卜，煎几分钟，再放入牛肉及大麦和鸡汤。

第三步：大火煮开，转小火煮沸 45 分钟，直至所有的汁液都被吸收，嫩牛肉已熟。

炖好之后，香气四溢啊！英玉只给宝宝吃了几口，怕宝宝吃了不消化，试试看。结果宝宝吃后没有什么不舒服的。之后的几天，她还是小心地给宝宝吃，宝宝依旧吃得非常开心。这下英玉放心了。看来宝宝也是可以直接吃大麦的。

大麦炖牛柳

为宝宝安神的最佳辅食——小麦

小海 8 个月了，是个结结实实的小男孩，只是最近不知怎么了，一到晚上睡觉总爱出汗，翻来覆去睡不着，有时候还比较烦躁，小海妈妈以为是缺钙了呢，到医院一查，也没有事啊。

其实，宝宝出现这种不明原因的烦躁，可以给宝宝适当吃些小麦的制品，自古传统医学就认为小麦有养心益肾、清热止渴、调理脾胃的功效，如果宝宝出现像小海这样的现象，适当吃些小麦类食物就有很好的安定精神、解除烦躁的作用。比如我们常给宝宝吃的面片汤、疙瘩汤、烂面条汤等。

作为世界上种植面积最广及食用人口最多的谷类食物——小麦，因其营养丰富，深受人们的喜爱，也是宝宝喜爱吃的辅食之一。非常适合脾胃功能尚弱的宝宝食用。

恰巧小海的妈妈是个善做面食的高手，她的面食不仅做得好吃，而且还经常花样翻新。

经典食谱——西红柿面片汤（适合 8 个月以上宝宝）

【材料】

西红柿半个，馄饨皮适量（自制面片也可以），自制鸡汤或牛肉汤 3 杯，油菜心 2 棵。

【做法】

第一步：将西红柿、油菜洗净，将西红柿放入热水中烫一分钟，取出，凉水冲一下，去皮，将去皮的西红柿切成小块，放入锅中。

第二步：锅中倒入鸡汤或牛肉汤，大火烧开，转小火，把馄饨皮一撕两半，放入锅中，稍煮。

第三步：油菜切碎，放入锅中同煮，蔬菜软后即可出锅。

猪肝面（适合 9 个月以上宝宝）

【材料】

手擀面半杯，熟猪肝末 1 汤匙，小白菜碎 1 汤匙，鸡蛋 1/4 个，自制汤适量，自制调味料适量。

【做法】

将面条煮开两次捞出，放入自制汤中，加入熟猪肝末、小白菜碎煮开，倒入打散的鸡蛋，煮开锅，和面条搅拌均匀可以出锅，出锅前可用自制的调味料调味。

软煎蛋饼（适合 12 个月以上宝宝）

【材料】

面粉 3/4 杯，鸡蛋半个，牛奶（或配方奶粉）和橄榄油少许。

【做法】

第一步： 先把鸡蛋调和好，加少许牛奶混合拌匀，然后再放入适量面粉用水调和稀一点。

第二步： 在平锅里放适量橄榄油，把调好的面粉在平锅上摊平，用文火，两面煎黄，5 分钟即可。

鳕鱼肉饼（适合 8 个月以上宝宝）

【材料】

鳕鱼肉 1/3 块，鸡蛋半个，面粉 1/3 杯，植物油少许。

【做法】

第一步： 把洗净去皮，去骨刺的鱼块放入碗里研碎。

第二步： 将鸡蛋调和好待用。

鳕鱼肉饼

第三步：把鱼肉里加入调好的鸡蛋汁，再加上面粉调匀，加入少许植物油，用手做成小饼。

第四步：将平锅置火上放入适量植物油烧热，把小饼放入烙至两面呈黄色即可。

面包或馒头干（适合 8 个月以上宝宝）

【材料】
面包或馒头适量。

【做法】
第一步：将面包或馒头切成 1 厘米厚的薄片。

第二步：把面包片或馒头片放在烤盘上，入烤箱烘烤，烤至呈金黄色取出，冷却后即可。

如何加小麦胚芽给宝宝

说到小麦，我们不能不提的是——其实小麦里还有一个非常好的成分，就是小麦胚芽，如果经常给宝宝吃些小麦胚芽，那对宝宝的健康将是大有裨益的。

全谷类食物一般是由四部分组成，最外层的外壳，有营养高纤维的麦麸，谷类最核心的部分胚乳，最小、最有营养价值的部分是胚芽。小麦胚芽就是小麦中含量最少，最有营养的部分。

小麦胚芽带给宝宝的营养是令人惊喜的。含量丰富的铁质帮助宝宝预防缺铁性贫血，高品质的锌能促进宝宝的生长发育，维生素 A、维生素 E 加强宝宝的免疫系统，维生素 B_1、B_3、B_5 帮助宝宝从食物中获得更多的能量……

所以适时地给宝宝吃点小麦胚芽是有必要的，何况小麦胚芽尝起来是那么的美妙，就像风味芬芳的开胃菜一样。更为巧妙的是，小麦胚芽和其他食物相混合，很难被察觉，即使是最吹毛求疵的宝宝，加一些小麦胚芽，他也能吃一点点，也会给他提供他生长所需的重要营养。

使用小麦胚芽和各种食物搭配，又简单又方便又美味。比如菜汤里放点小麦胚芽，那么菜汤会更浓郁；在宝宝吃的面里放点小麦胚芽（面粉：小麦胚芽＝6：1），面会更有滋味。酸奶中混合些小麦胚芽，味道更特别。豆腐、鸡肉、面包撒上小麦胚芽，又别有风味。香蕉、桃子和梨等水果非常光滑，宝宝的小手不好拿，用小麦胚芽裹一下，就成为宝宝爱吃的手指食物了。如果宝宝便秘，适量给宝宝加点小麦胚芽，还能缓解宝宝的便秘，但不要过量给宝宝食用，那会使宝宝腹泻的。

瞧，用途多广的小麦胚芽，无论是汤中，还是菜中或是水果中，都可以添加。

尽管小麦胚芽经常被听说，在一般超市还是很少见的，但可以在健康食品专柜或店买到。出售的小麦胚芽一般有两种形式，新鲜的，但很难发现，这是最好的，一旦发现赶紧买了回家后的第一任务就是马上将其放入冰箱里保存。经过烘烤的，打开包装之后，不吃的时候要用密封罐封好，放入冰箱保存。在室温下储存，小麦胚芽里的脂肪酸会被破坏，就不如冰箱保存的新鲜了。

说过谷类食物，让我们走进五颜六色的蔬菜世界。

五、色彩缤纷的蔬菜类

依依4个月了，奶奶时不时地给依依刮点苹果泥、煮点梨水喝、来段香蕉，认为这样可以让依依早点喜欢上辅食，爱吃辅食，妈妈有着不同的观点，想让依依先吃点蔬菜水什么的，但无法做通老人的工作，老人认为我的孙子、孙女都是这么带的，都长得挺好的，而且蔬菜含有太多的茎、梗什么的，依依消化不了，所以等依依大一些再添加不迟。为此，依依妈妈向我咨询。

我们很多的宝宝在刚尝试辅食之初，先会吃的是蛋黄，同时或者接着学习吃的是各种水果。独独蔬菜放在最后添加，很多妈妈有一致的理由，就是很多蔬菜含有茎、梗，宝宝消化不了，所以等宝宝大一些再添加不迟。结果是很多宝宝由于从小没有养成吃蔬菜的习惯，以至于长大了，依旧不爱吃蔬菜。

其实早在给宝宝添加水果之前，先添加蔬菜更利于宝宝的健康成长，更利于宝宝喜爱蔬菜。因为众多水果含有丰富的糖分，甘甜滋润，先给宝宝添加水果，宝宝喜欢且习惯了吃含糖丰富的食物，对于含糖低的蔬菜就不太容

易接受，久而久之，容易养成偏食的习惯。

早在 2000 年前我们的古人就说：五谷为养，五畜为益，五菜为充，五果为助。这里的五菜为充就是说要吃不同的蔬菜，因为蔬菜能补充五谷、五畜、五果的不足，还能对身体起到补益的作用。用现代的研究来说五菜提供的丰富的维生素及矿物质、膳食纤维补充了宝宝摄入的不均衡，让宝宝的营养更为均衡，抵抗疾病的能力更强。

美国人曾经为了让更多的宝宝从小就喜欢吃蔬菜，特意出了一部闻名世界的动画片——大力水手，这个大力水手有一个显著的特点就是爱吃菠菜，一吃菠菜就力量无穷。

那是因为很多蔬菜（特别是深绿色的蔬菜）都含有丰富的 β-胡萝卜素，在宝宝体内能转化成维生素 A，有很好的抗氧化作用，可以维持宝宝的免疫力，能保护宝宝身体的细胞与组织，帮助宝宝顺利成长，如果缺乏容易感冒、甚至出现皮肤干涩、失明等危险。

深绿色的蔬菜叶酸的含量丰富，叶酸是宝宝早期生长发育需求量比一般成人要高的营养素之一，不仅帮助宝宝完善其神经系统，而且对宝宝未来的心血管系统的健康也极其重要。

蔬菜中的维生素 C 含量也不低，可以帮助宝宝抗氧化，增强机体的免疫力，促进铁的吸收和利用，预防缺铁性贫血等。

蔬菜中的 B 族维生素能促进宝宝的食欲，振奋宝宝的精神，在能量代谢中发挥重要的作用。茄子中含有丰富的维生素 B_1，苋菜、菠菜、蘑菇中含有许多维生素 B_2。

蔬菜中含有宝宝生长发育所必需的铁质、钙质、锌、硒等，因此深绿色的蔬菜对宝宝生长发育的益处更为凸显。

蔬菜中丰富的膳食纤维可以帮助宝宝促进肠道蠕动，加速粪便排出体外，使毒素不易堆积在体内。

这些益处足够说明蔬菜对宝宝的重要性。

很多妈妈不给宝宝吃蔬菜的另一个突出的理由是蔬菜中的农药问题。想要完全避免农药问题，最好的方法是选购有机蔬菜。如果妈妈在清洗蔬菜时特别仔细，可以将农药残留洗去，清洗的最好方法是清水大量冲洗。

此外，深绿色蔬菜中含有的硝酸盐也是让很多妈妈望蔬菜却步的一个重要因素。很多深绿色蔬菜中都含有不同程度的硝酸盐，比如我们将要介绍的西蓝花、菠菜、油菜、苋菜等。但美国儿科协会认为：深绿色蔬菜中的硝酸盐的含量不至于对宝宝有危险。如果妈妈很担心这个问题，可以选择有机蔬菜，请不要给宝宝吃隔夜的蔬菜，因为隔夜的蔬菜硝酸盐的含量会成倍增加的。

顶呱呱的养生食物——红薯

茵茵是个9个月的小姑娘，因爸爸妈妈工作忙，由姥姥看管，姥姥经常看些养生节目，也经常按养生节目中的建议，指导自己的实际生活，同时也指导着茵茵的喂养。她曾经看过养生节目说红薯很养生，有预防动脉硬化的作用，所以自己经常食用，也隔三差五地给茵茵吃。茵茵妈妈很不开心，认为红薯吃了容易肚子胀气，宝宝不容易消化，所以不应该常给茵茵吃。那红薯到底可不可以给宝宝吃呢？

红薯因其甘甜细腻，营养丰富，深受宝宝喜爱，是顶呱呱的宝宝辅食。《本草纲目》记载："南人用当米谷果餐，蒸炙皆香美……，海中之人多寿，亦由不食五谷而食甘薯故也。"由此可见，红薯可谓是粮食和蔬菜中的佼佼者。红薯中丰富的 β-胡萝卜素让宝宝拥有更明亮的眼睛。富有的膳食纤维可以改善宝宝的便秘或预防便秘。宝宝适当食用薯可以健脾补肾，补中暖胃，维护肝肾的解毒、排毒功能，使人"长寿少疾"。

所以，茵茵是可以吃红薯的。红薯对6个月以上的宝宝来说是良好的辅食，可以尝试添加。

茵茵妈妈的担心不无道理的。因为红薯中淀粉的细胞膜不经高温破坏，是很难消化的，还有，红薯中的歧化酶不经高温破坏，吃了会肚子胀气的，所以，**给宝宝吃的红薯一定要蒸熟煮透**。再有，任何即使是再有营养的食物，吃过量了也不行，所以给宝宝食用红薯适量就好。这样才能让宝宝吃得舒服和开心。

用红薯制作的食谱也是多种多样的，极其丰富。

蒸红薯（适合6个月以上宝宝）

【材料】

小的红薯1个。

【做法】

将红薯（红心的）洗净后放入蒸锅中，加盖蒸 30 分钟左右即可。取出了，用勺子直接挖给宝宝吃，又甜又绵。

烤红薯（适合 6 个月以上宝宝）

【材料】

小的红薯 1 个。

【做法】

第一步：先将烤箱里预热到 190℃。

第二步：同时挑选一个甜的红薯，洗干净，放入预热好的烤箱中烘烤 35~40 分钟左右，直至红薯变软，取出，用手掰开，用勺子挖出果肉即可。

红薯甜瓜酸奶（适合 8 个月以上宝宝）

【材料】

煮熟的红薯半个，甜瓜 1 杯，自制酸奶 1/4 杯。

【做法】

第一步：取一杯煮熟碾成泥的红薯，一杯新鲜的甜瓜碎，将两者混合均匀。

第二步：浇上自制酸奶约 1/4 杯左右，瞧，红薯甜瓜酸奶做好了，就这么简单。

如果宝宝在 6 个月左右，可以用食品加工机将红薯和甜瓜一起打均匀，再淋上酸奶即可。

红薯搭配牛奶是很经典的吃法，非常受宝宝的喜爱，把**红薯、牛奶、玉米面混合制成小小的红薯窝头，**这滋味一点儿也不亚于栗子面窝头啊！

红薯窝头（适合 11 个月以上宝宝）

【材料】

红薯 1 个，鲜奶或配方奶粉适量，玉米面半杯，标准粉半杯。

【做法】

第一步：红薯洗净去皮，上锅蒸 20 分钟左右，用筷子或叉子戳软烂成泥。

第二步：趁红薯热，把鲜奶或配方奶粉、玉米面、标准粉一起放进去，

115

用筷子或叉子搅拌成团。

第三步：待混合面团稍微晾凉后，用手揉面，静置 10 分钟。

第四步：把面团搓成长条，切成小块，搓圆了后用大拇指抠一个窝。

第五步：窝头胚做好了，将其放笼屉上入蒸锅，大火上气（蒸锅开始冒气）后 20 分钟即可。

椰汁红薯燕麦粥（适合 8 个月以上宝宝）

也是别有风味的吃法，像是中西合璧。燕麦粥的做法参考前面所述，在煮的过程中加入煮熟的红薯丁即可，倒入适量椰汁，搅拌均匀，好了，清香甘甜的粥品成了！

色泽明亮、滋味甜蜜的南瓜

甜甜是个漂亮的 2 岁女孩，正像她的名字一样，长得甜甜的，很讨人喜欢。她的爷爷奶奶来自乡下，习惯按乡下的生活方式喂养甜甜。自甜甜 7 个月起，就经常喂食南瓜，渐渐地，甜甜对南瓜就有一种特别的喜爱，只要有蒸南瓜上桌，她一定会吃个干干净净，甚至还会用小嘴巴把碗边舔一舔，不留一点剩余。爱吃南瓜的甜甜也比她的表弟长得健康、活泼。她的表弟经常会打喷嚏、流鼻涕、咳嗽什么的，甜甜基本没有生过病，用她奶奶的话讲结实着呢！

为什么呢？原因还真和南瓜有关系。一看到南瓜漂亮的黄色，我们就知道南瓜含有丰富的类胡萝卜素，在机体内可转化成具有重要生理功能的维生素 A，从而对宝宝上皮组织的生长分化、维持宝宝的正常视觉、促进宝宝骨骼的发育都具有重要的生理功能。此外，**南瓜多糖是一种非特异性免疫增强剂，能提高宝宝机体的免疫功能，促进细胞因子生成，通过活化补体等途径对宝宝的免疫系统发挥多方面的调节功能。**

正因为南瓜这些突出的优点，让爱吃南瓜的甜甜长得更为甜美。

南瓜饺子（适合 10 个月以上宝宝）

【材料】

面皮：面粉 1/3 杯，南瓜泥 1/4 杯。馅儿：嫩青菜 1/3 杯，鸡胸肉 1/3 杯。

【做法】

第一步：面粉＋南瓜泥＋少许盐（面粉的 1%）（1 岁以上的宝宝可以加），揉成柔软光滑的面团，松弛 30 分钟以上。

第二步：鸡胸肉剁成肉馅儿，加入葱姜水，搅拌均匀，再倒入少许橄榄油，拌匀，腌制 10 分钟。

第三步：嫩青菜择洗干净，入沸水锅中焯煮两分钟，捞出浸入凉水中，凉后捞出攥掉水分，切细碎。

第四步：将嫩青菜末倒入肉馅儿中搅拌均匀成馅儿（1 岁以上的宝宝可以放香油、少许盐调味，1 岁以下的宝宝可以用自制的香菇粉等自制调味料调味）。

第五步：将面团揉成长条，均匀切成若干小剂子，擀成圆形饺子皮。

第六步：取一个饺子皮，包入适量馅儿，对折捏紧成半圆形。

第七步：将饺子边缘向中间弯拢，然后将两端的边角捏合紧成元宝状。

第八步：锅中烧开足量的水，下入饺子，顺锅边旋转搅动，待饺子浮上来后，淋上一小碗凉水，盖上锅盖，再次煮沸后再淋一小碗凉水，共淋三小碗凉水，饺子鼓胀后，关火，出锅。

南瓜浓汤（适合 6 个月以上宝宝）

【材料】

南瓜 1 小块约 20 克，胡萝卜 2 片，洋葱 1 片，西芹 1 小段。

【做法】

第一步：将南瓜洗净，切块，放入蒸锅蒸熟。

第二步：将蒸好的南瓜取出，去皮切小丁；胡萝卜洗净后去皮切片；洋葱切片；西芹洗净切薄片，一起放入打汁机中打成泥状，倒入锅中，然后加入自制高汤，煮滚后转小火再煮上 10 分钟左右。

第三步：可以加豆蔻粉调味，也可以用自制的蔬菜汤代替自制的肉汤。

天然小人参——胡萝卜

诚诚今年 5 岁了，是个聪明伶俐的小男孩，诚诚妈妈觉得诚诚什么都好，怎么看儿子怎么顺眼，但就有一点她不是太满意，诚诚不爱吃胡萝卜。

因为她上网看资料，经常看育儿书，都说胡萝卜怎么怎么好，要给宝宝多吃如何如何，所以，她也会强迫诚诚吃，但诚诚总是躲着不吃。

我问诚诚妈妈如何给诚诚吃胡萝卜，诚诚妈妈说："我们总是特意为诚诚准备胡萝卜啊，开始的时候是煮熟了给他吃，后来单独为他煮粥喝，还做菜什么的，他都不爱吃啊。还特别闹。真烦心！""你吃胡萝卜吗？"我问道。"我们家从不吃胡萝卜，也想不起来吃，就是为了诚诚特意做的，想让他爱吃。"

诚诚妈妈的回答就是最好的答案，父母都不吃胡萝卜，也不做胡萝卜吃，想要宝宝从小就养成爱吃胡萝卜的习惯是很难的。所以说，**父母的饮食习惯影响甚至左右了宝宝的饮食习惯**。看，诚诚妈妈即使自己不吃，也想方设法给诚诚吃，为什么我们特别倡议给宝宝吃胡萝卜呢？

胡萝卜素有"小人参"之称，是 β–胡萝卜素的最佳来源，在人体内转化成宝贵的维生素 A，让宝宝的眼睛更明亮，这种对宝宝视力的保护，不单单是在宝宝的童年时期，对宝宝一生视力的保护都有长远的益处。保护宝宝的呼吸道，促进宝宝的生长发育，增强宝宝的免疫能力；丰富的钙质，帮助宝宝骨骼更健康。内含的植物纤维吸水性强，加强宝宝肠道的蠕动，帮助宝宝预防便秘或缓解便秘。

胡萝卜是适合宝宝添加的第一类辅食，因为胡萝卜很容易消化吸收，极少引起宝宝的过敏反应，而且味道也很吸引宝宝。

胡萝卜的制作也是千变万化的。从最简单的胡萝卜泥到胡萝卜制作的各种菜肴。

胡萝卜泥（适合 6 个月以上宝宝）

【材料】

1 根胡萝卜洗净去皮。

【做法】

把胡萝卜切碎，锅中放入一点水（浅浅盖住胡萝卜），煮 5~8 分钟，边煮边捣捣碎，煮软即可。吃的时候可以添加些母乳或者配方奶粉。不要将胡萝卜煮过，煮过了，会影响胡萝卜的风味。

喜欢使用烤箱的妈妈也可以用烤箱烤熟胡萝卜，然后再进行制作。烤箱预热190℃，把胡萝卜洗净去皮用锡箔纸包好，放进烤箱，烤20~30分钟左右。将烤软的胡萝卜放入锅中，加入少许水，边小火煮开边碾成泥，加牛奶（配方奶粉或母乳）调味即可。

胡萝卜制作的菜肴可说是应有尽有。无论是和苹果调配，还是和豌豆、土豆、南瓜、山药等等调配都滋味十足。给宝宝改变单调吃胡萝卜的方法，让宝宝更容易喜欢和接受胡萝卜呢！

胡萝卜苹果汤（适合6个月以上宝宝）

【材料】

1块胡萝卜洗净去皮切碎，1块土豆洗净去皮切碎，1块苹果洗净去皮切碎，自制的蔬菜汤。

【做法】

把胡萝卜、土豆和苹果一起放入锅中，加入足够的自制蔬菜汤，大火烧开，转小火，边煮边搅拌，约10分钟左右煮熟，碾成泥，弄成自己想要的稀稠程度。

胡萝卜苹果汤

水果味的胡萝卜（适合6个月以上宝宝）

【材料】

1杯洗净去皮切丁的胡萝卜，1/4杯杏干（或1/2杯新鲜的杏儿）。

【做法】

先将杏干洗净泡软，切碎，然后把两者一起放入锅中，加适量的水煮软即可。稀稠自己调配。

山药木耳胡萝卜（适合8个月以上宝宝）

【材料】

1/2杯洗净去皮切丁的山药，1/2杯洗净去皮切丁的胡萝卜，木耳2朵泡发洗净后撕成碎块或切成细条，鸡汤或骨头汤或排骨汤或蔬菜汤适量。

【做法】

将上述食材放入锅中，加入适量的水（水没过食材即可），大火烧开，转小火煮至山药及胡萝卜软烂即可。

土豆胡萝卜饼（适合8个月以上宝宝）

【材料】

1个土豆、1根胡萝卜、鸡蛋1个、牛奶、全麦面粉适量。

【做法】

第一步： 将土豆、胡萝卜洗净去皮上锅蒸20分钟，至软，取出稍微晾凉，碾成泥，加入鸡蛋、牛奶、全麦面粉，搅拌均匀成面团。

第二步： 搓成长条，揪成均匀的剂子，用手压成饼，也可以制作成宝宝喜爱的模样（比如熊的模样、兔子的模样等）。

第三步： 煎锅中加少许油，将土豆胡萝卜饼煎成两面金黄即可。

土豆还可以换成红薯，也可以根据宝宝喜爱的食材制作。

万能的——西葫芦

婷婷8个月了，家住在近郊，环境很美。婷婷妈妈热衷于自己种植各种蔬菜瓜果，因为家里也有条件，有个不小的院子，所以婷婷妈妈种上了辣椒、西红柿、茄子、扁豆、西葫芦等。别说，婷婷妈妈种植的西葫芦长势喜人，像战士在站岗一样，神气得很。婷婷妈妈认为外面买的蔬菜瓜果又有农药问题，又有污染问题等，不够安全，给婷婷吃自己种植的蔬菜瓜果多新鲜、多有营养啊，还特别安全！但出乎婷婷妈妈意料的是，婷婷吃了妈妈亲手种植的西葫芦之后，肚子痛，吃进去的东西都吐出来了，还拉肚子。这下可让婷婷妈妈慌了神，急忙带婷婷去医院看。医生认为和婷婷吃西葫芦有关，要婷婷妈妈把西葫芦停掉。

婷婷妈妈觉得特别委屈，为什么亲手种植的西葫芦会出问题呢？她不甘心，亲自尝了尝，啊呀！真苦！奇怪了，为什么买的西葫芦不苦，而自己种植的却苦呢？原因在于**苦的西葫芦本身有毒，这种毒素叫葫芦素，在葫芦家族里都存在，如黄瓜、南瓜、甜瓜等。吃了含有毒素的苦西葫芦，会出现呕吐、腹泻、肚子痛等胃肠道症状**。而不苦的西葫芦或者是外面购买的是不存在这个问题的。所以，如果给宝宝吃自己种植的蔬菜瓜果，最好事先自己尝尝，之后再给宝宝吃。

西葫芦富含 β－胡萝卜素、维生素 C、钾、叶酸等营养素，帮助宝宝增加免疫功能，提高抗病能力，且不易引起宝宝过敏。极少会引起宝宝便秘。无论和红薯、土豆、胡萝卜、鸡肉、南瓜等任何食物相配，都能融为一体，拥有独特的味道。宝宝 6 个月以后就可以考虑添加了。

西葫芦一般是浅绿、绿色、深绿色，有的带有条纹。小一些的西葫芦（13~15 厘米长）会比大的美味些。有光泽，没有污点。如果能买到带花的西葫芦，说明西葫芦够新鲜。冰箱保存 3 天左右。

西葫芦的皮很软也很嫩，不需要去皮给宝宝食用，不会引起宝宝被噎住。每个宝宝发育是不一样的，有的父母会选择去皮，因为自己的宝宝不容易消化皮，也是可以的。西葫芦里面的籽如果特别嫩，可以不要去掉，如果比较老，那么要去掉给宝宝食用。

西葫芦鸡蛋饼（适合 12 个月以上宝宝）

【材料】
嫩西葫芦丝 1 杯，蛋清 1 个，鸡蛋 1 个。

【做法】
选取一个嫩西葫芦，用擦丝器擦成细丝，鸡蛋打散，搅拌均匀，把西葫芦丝倒入鸡蛋液中，拌匀，或用平底锅煎熟，或用电饼铛煎熟即可。如果在快煎熟的时候加点奶酪丝，随着西葫芦鸡蛋饼的煎熟，奶酪溶入饼中，风味更美。

煎西葫芦（适合 12 个月以上宝宝）

【材料】
西葫芦 1/4 块，鸡蛋 1 个，彩椒末少许（绿、红），面粉少许。

【做法】

第一步： 将西葫芦洗净切片，鸡蛋打散，西葫芦沾上少许面粉，再蘸鸡蛋液备用。

第二步： 锅中放入少许植物油，将蘸好鸡蛋液的西葫芦放入，小火煎熟。撒上彩椒末即可。

这个也可以切成 2 毫米左右的小薄片，放在电饼铛里煎熟也行。

西葫芦饼（适合 8 个月以上宝宝，对鸡蛋过敏的宝宝也可以选用）

【材料】

西葫芦一块，面粉 2 汤匙。

【做法】

第一步： 把洗干净的西葫芦擦成丝，加入面粉，用母乳或配方奶粉调成面糊。

第二步： 在平底锅中加入少许植物油，放一勺面糊，摊成饼，用中火煎制两面金黄即可。

西葫芦奶酪（适合 8 个月以上宝宝）

【材料】

西葫芦长片 2 片，橄榄油少许，奶酪片适量。

西葫芦奶酪

【做法】

第一步：纵切两片薄（2毫米）的西葫芦长片，在平底锅里喷一些橄榄油，中火加热。

第二步：放西葫芦片，两面翻烤至软，略有金黄色，关火。

第三步：两片西葫芦重叠在一起，中间加撕成条的奶酪片（或用奶酪丝），用小火煎1分钟即可。

神奇的马铃薯

多多如今3岁了，长得很壮实，妈妈认为这跟多多从小就爱吃马铃薯（俗称土豆）有关，她自己不会做土豆泥，从多多6个月开始，就在肯德基给多多购买土豆泥吃，而且多多特别爱吃，吃得有滋有味，还吃不够，如今，他一次能吃3杯土豆泥呢！

宝宝爱吃土豆是好事，不仅因为土豆是健康的食物，而且土豆可以说是世界上最好的复合碳水化合物，不仅有益于宝宝大脑的发育，而且有益于宝宝肌肉的强健。土豆里的碳水化合物中有种叫抗性淀粉的东西，它扮演着膳食纤维的角色，在通往大肠的过程中不会被消化，能帮助宝宝从小保持一个良好的胆固醇水平，有效地预防结肠癌。所以，土豆是个会令宝宝非常舒服的食物。6个月以后就可以考虑给宝宝添加了。

购买土豆要购买表皮光滑、没有裂纹和皱纹的土豆。选择带泥的土豆会比清洗干净的土豆更好。带泥的土豆避光。清洗干净的土豆更容易受光照影响。

如何储存避免土豆发芽或发绿

买回来的土豆不要用塑料袋保存，塑料袋保存的土豆更容易坏掉。选择纯棉的布袋保存，避光，冷，通风好的地方储存。不要在冰箱里储存。冰箱储存的土豆，会影响土豆里淀粉转换成糖类物质，影响土豆的风味。合理保存土豆，能保持土豆的营养2个月左右。

土豆发绿或长芽了怎么办

土豆长芽了，表明土豆不够新鲜，也可能土豆就要坏了。而且食用的时候需要挖掉出芽的地方，但给年幼的宝宝吃的土豆，最好购买新鲜的土豆，不要给宝宝吃出芽的土豆，因为出芽的土豆对宝宝来说不够安全。土豆发绿，那是因为光照太多了，或是内含的叶绿素水平高；也可能是龙葵碱和茄碱含量高所致。这些生物碱容易导致宝宝恶心、呕吐和腹泻等症状。

烹饪马铃薯也有诀窍

为保存马铃薯（土豆）的养分，连皮煮是最好的方法，且最好整颗煮，不要切片或削块。如果必须要削皮再煮，应该使用削皮机轻轻削去薄皮，避免削厚，因为土豆皮下面的汁液有丰富的蛋白质。

去皮的土豆应存放在冷水中，再向水中加少许醋，可使土豆不变色。

把新土豆放入热水中浸泡一下，再入冷水中，则很容易削去外皮，可用来烹煮。

土豆要用文火煮烧，才能均匀地熟烂，若急火煮烧，会使外层熟烂甚至开裂，里面却是生的。

土豆的吃法也非常丰富，像多多爱吃的土豆泥。不过对于年幼的宝宝来说，与其在外面购买土豆泥吃，不如自己制作土豆泥更符合宝宝的需要，而且也更为健康。可以用自制鸡汤、牛肉汤或是蔬菜汤调味，会让宝宝吃起来更有滋味。

土豆也可以和其他食物一起搭配，制作出更有营养的辅食，为宝宝的餐桌添加亮丽的风景。土豆和胡萝卜搭配制作成土豆胡萝卜泥。土豆和红薯搭配制作成土豆红薯泥。

三色土豆泥（适合 6 个月以上宝宝）

【材料】
中等大小的土豆 1 个，青豆 1 汤匙，胡萝卜 1 根，自制高汤适量。

【做法】
第一步：先将土豆、豌豆、胡萝卜等洗净，上屉蒸熟，取出后压成泥状，码放成五色土状，加入适量高汤，放入锅中再蒸 3 分钟，让高汤融入土豆泥中即可。

第二步：出锅后，根据宝宝月龄大小的不同，可以适当放些自制的调味粉调味。

三色土豆泥

土豆鸡蛋饼（适合 8 个月以上宝宝）

【材料】

新土豆 1 个，鸡蛋 1 个，胡萝卜 1 小段，圆白菜 1 片。

【做法】

第一步：先蒸土豆和胡萝卜，洗净去皮切片，隔水蒸熟。蒸好后取出压成土豆泥和胡萝卜泥，混合均匀。

第二步：打散一个鸡蛋，与土豆胡萝卜泥混合均匀。

第三步：平底锅倒入少许油加热，用小勺舀一勺薯泥蛋糊，倒入锅中摊成小饼，两面金黄后取出。

南瓜炖土豆（适合 6 个月以上宝宝）

【材料】

中等大小的土豆 1 个，南瓜 1 块，自制高汤。

【做法】

将土豆和南瓜洗净去皮，切成骰子大小的小块，放入锅中，加自制高汤没过土豆南瓜，大火烧开，中火炖至汤汁快收干，土豆南瓜软烂即可。

鲜绿圆润的豌豆

萍萍马上就6个月了，已经添加了米粉、菠菜汁、胡萝卜泥等食物了。萍萍妈妈是个动画迷，很喜欢"豌豆公主"这个动画片，也异想天开地想给萍萍添加豌豆，但家里的老人不同意，认为豌豆也是豆，吃了会胀气，所以觉得萍萍妈妈做事不靠谱。萍萍妈妈问我：豌豆真的不适合我的宝宝吗？是我不靠谱吗？我的回答：不是的，豌豆很适合6个月以上的宝宝，只有个别的宝宝会出现胀气的现象，所以不要作为宝宝第一个添加的辅食就可以了。

豌豆富含维生素和矿物质，包括 β－胡萝卜素、维生素C、维生素 B_1、叶酸和铁质。也含有优质的蛋白质和纤维。其蛋白质能帮助宝宝提高抗病能力。豌豆和一般蔬菜不同的是，所含有的植物化学成分（赤霉素、植物凝集素等），能抗菌消炎，促进宝宝的新陈代谢。

鲜翠可口的豌豆荚就是我们说的荷兰豆，豌豆萌发出的2~3个子叶就是豌豆苗，鲜嫩清香。豌豆仁饱满圆润。

豌豆苗和豌豆荚维生素C的含量很高，可以分解体内的亚硝胺，能帮助宝宝预防严重的疾病，如癌症。它们亦含有丰富的膳食纤维，可以帮助宝宝预防便秘。

萍萍妈妈问道：给宝宝吃，是吃豌豆仁呢，还是吃豌豆荚，或是豌豆苗啊？都可以的。最好先给宝宝吃豌豆泥，让宝宝适应后，再吃豌豆苗或豌豆荚。豌豆苗做汤很清香，宝宝是可以吃的。

豌豆的挑选：在挑选豌豆的时候，如果是购买豌豆仁，那么要选豆仁饱满的，颗粒大小均匀的，颜色浓绿的。如果是购买豌豆荚，要买豆荚扁平，颜色青翠，外观完整的；购买豌豆苗要买茎叶鲜嫩，不干燥萎缩的。如果没有新鲜的豌豆，超市里购买的冷冻豌豆也是可以给宝宝吃的。

豌豆胡萝卜泥（适合6个月以上宝宝）

【材料】

1汤匙豌豆，1个胡萝卜洗净切碎，原味鸡汤或蔬菜汤适量。

【做法】

将胡萝卜下入锅中，加入原味鸡汤或蔬菜汤煮软，然后加入豌豆一起煮软，捣成泥即可。还可以加点迷迭香调味。

豌豆土豆泥（适合 6 个月以上宝宝）

【材料】
半个小土豆，1 汤匙豌豆。

【做法】
将土豆和豌豆洗净，土豆切成小丁，下入锅中，加适量水或原味鸡汤，煮熟，再加入豌豆煮 3~5 分钟，煮软后，大火收汁，再捣成泥即可。

萍萍妈妈马上有了很多的联想，那我用豌豆跟红薯或是南瓜做成豌豆红薯泥、豌豆南瓜泥呢？试试吧！也许给宝宝不一样的惊喜呢！

豌豆鸡肉（适合 7 个月以上宝宝）

【材料】
半杯鸡胸肉，1 汤匙豌豆，自制鸡汤适量。

【做法】
第一步：将鸡胸肉去膜，洗净，切丁，入锅中煮熟。

第二步：豌豆洗净入锅中煮熟，约 3~5 分钟。

第三步：根据宝宝的月龄，7 个月左右的宝宝可以吃豌豆鸡肉泥，把豌豆碾成泥，去皮，鸡胸肉剁成泥，用自制鸡汤混合成泥糊状即可。1 岁以上的宝宝可以直接吃豌豆和鸡肉丁，把豌豆和鸡肉丁用自制鸡汤煮熟，根据宝宝的口味调味。

豌豆鸡肉

豌豆虾仁（适合 12 个月以上宝宝）

【材料】

半杯虾仁，1 汤匙豌豆，自制虾汤或其他高汤。

【做法】

第一步：将鲜虾仁洗净，去肠线，切丁，入锅中烫熟。

第二步：豌豆洗净入锅中煮熟，约 3~5 分钟。

第三步：把虾仁丁和豌豆混合，用高汤稍煮，根据宝宝的口味适当加调味品即可。

超级蔬菜——花椰菜

丁丁是个聪明可爱、活泼好动的小男孩，在妈妈的精心照顾下，一天天成长着。丁丁妈妈为了丁丁更好地成长，全职在家照顾丁丁。她经常学习各种新的知识来帮助自己喂养宝宝，目的只有一个，就是让丁丁长得又健康又聪明又可爱。8 个月的丁丁，已经添加了不少食物了，比如米粉、苹果、梨、桃子、土豆、南瓜、胡萝卜、鸡肉、鱼肉、虾肉等，也尝试着吃磨牙饼干了。丁丁妈妈还希望丁丁能尝试更多的食物，营养更全面些，因而询问我。我建议她给丁丁尝试尝试花椰菜，丁丁妈妈一听我的话直摇头：这不太好吧！花椰菜含有硝酸盐，硝酸盐在人体内能转化成致癌的亚硝胺，让宝宝吃了对他不健康，不可以，所以我从不给丁丁花椰菜吃。

丁丁妈妈的担心不无道理，很多深绿色的蔬菜都天然含有硝酸盐，特别是丁丁妈妈提到的花椰菜，含量还高些。但美国儿科协会在最近的研究中指出，给宝宝吃花椰菜等深绿色的蔬菜没有风险。建议不要给 3~4 个月之前的婴儿食用深绿色的蔬菜，没有证据证明早吃深绿色的蔬菜会对小婴儿更有营养。

尽管很多宝宝都不爱吃花椰菜，包括美国前总统小布什，他曾经就说过：他妈妈在他小的时候经常给他吃花椰菜，但他根本不喜欢，现在他当国家总统了，可以自己决定吃什么了，所以他不吃花椰菜。但是花椰菜仍然是宝宝的超级蔬菜，它对宝宝营养的意义是深远的。

花椰菜不仅含有维生素 C、β－胡萝卜素、维生素 K、B 族维生素、膳食纤维、钙、铁、叶酸、ω-3脂肪酸、硒、锌、蛋白质等，且花椰菜天生含有一种重要的植物化学物质——莱菔硫烷，是天然的抗癌武器。大量的研究显示，经常食用花椰菜，能有效抗癌，而且对心脏及胃的健康有益。因此，宝宝从小喜欢吃花椰菜，对宝宝未来健康的意义是不容忽视的。

花椰菜菜中丰富的钙质、铁质、锌等，能促进宝宝的生长，维持牙齿及骨骼的健康；花椰菜中的ω-3脂肪酸、β-胡萝卜素可以保护宝宝的视力，提高宝宝的记忆力。其抗氧化剂——异硫氰化物可以避免宝宝的眼睛受到阳光中紫外线的伤害。

花椰菜富含维生素C，不但有利于宝宝的生长发育，更重要的是能提高宝宝的免疫功能，增强宝宝的体质，增加宝宝的抗病能力，强化宝宝一生的免疫系统及抗炎症系统。

丁丁妈妈不愧是博学多识：你说的这些益处我也是略知一、二的，可是花椰菜是产气食物啊！宝宝吃了不会产气吗？肚子胀或放屁什么的，也许还不消化呢！

丁丁妈妈的问题很到位，花椰菜确实存在产气的问题，它属于十字花科植物，和其他十字花科植物一样产气，比如萝卜吃多了，有些人会产气。这一点无论是大人还是小孩都一样的。原因是这样的，花椰菜中含有一种糖——叫棉子糖，我们的肠道不能消化棉子糖。生活在我们肠道里的益生菌会使棉子糖发酵，在这过程中释放沼气，也就是产气了。

但这一点要因人而异，很多大人吃了花椰菜都不产气，同样，每个宝宝都是不一样的，并不是每个宝宝吃了花椰菜都产气。所以，给宝宝添加花椰菜要在宝宝6个月以后或更大些，即使有点产气也不会让宝宝有什么不舒服。在刚开始给的时候，要从少量给起，让宝宝有个适应的过程，遵循4天原则很重要，等宝宝适应之后再逐步增加点量，这也是避免产气的好方法。

丁丁妈妈听后，有了想尝试的想法。但她又提出了新的问题：我以前买过花椰菜，花蕾底部都变黄了，回家煮的时候也不好吃啊，感觉老得很。

花椰菜的挑选和贮存：是啊，我们在市场上购买花椰菜时，有时会看到丁丁妈妈说的那种带黄色花蕾的花椰菜出售，这样的花椰菜不要买，已经过于成熟了。过于成熟的花椰菜要比嫩嫩的营养价值要低，因为过熟的花椰菜里木质素的含量比较高，木质素是种不容易消化的纤维，烹调时也不容易将其煮软，味道也不如嫩嫩的花椰菜好吃。因此，要买就买花蕾是深绿色的、亮丽紧实的花椰菜。

购买回家的花椰菜装袋后敞口放入冰箱保存，可以更多地保留花椰菜中的维生素 C。不要先洗了再保存，那样容易烂。尽管花椰菜放入冰箱可以保存 1 个月之久，但存放冰箱过久的花椰菜木质素的含量会增多，让花椰菜的滋味改变。所以，想享受新鲜的滋味最好在 3 天之内食用。

丁丁妈妈抱着试一试的心态回了家，没过两天，她就打电话给我说：我尝试着给丁丁做了花椰菜啊，他根本不爱吃啊！怕煮硬了他不容易消化，我还特意煮的时间很长，煮烂了啊。

瞧，问题就出在这儿，很多妈妈都会把花椰菜煮得过久，结果是营养价值也降低了（因为花椰菜里的很多营养素都是水溶性的），味道也不受宝宝欢迎了。

煮花椰菜的时候，先将花椰菜及其茎都洗干净，切掉茎，把花椰菜掰成小朵，放入锅中，加极少量水，煮 3~5 分钟将其煮软，且保持花椰菜明亮的绿色即可。大一点的宝宝可以加茎食用，煮的时候先煮茎，然后再加花蕾，这样都能煮熟，还不影响滋味。

西蓝花马铃薯泥（适合 6 个月以上宝宝）

【材料】

西蓝花 6 小朵，马铃薯（俗称土豆）半个。

【做法】

第一步：将西蓝花洗净，土豆去皮，切成小块，一起放入锅中，加入适量水，大火烧开，转小火，煮 10~15 分钟，至西蓝花和土豆变软。

第二步：把西蓝花和土豆放入食品处理机中打成糊状（滴几滴柠檬汁，少许胡椒粉即可）（根据宝宝的月龄可选择）。

西蓝花拌圣女果（适合 8 个月以上宝宝）

【材料】

西蓝花 4 朵，圣女果 6 颗，红、黄甜椒各少许。

【做法】

第一步：将西蓝花洗净切小朵，入沸水中氽烫至软，约 4~5 分钟。捞出后过凉水稍晾后，剁成豌豆粒大小的碎末。

第二步：西红柿洗净，入沸水中氽烫捞出，剥除外皮，剁碎。

第三步：将剁碎的西蓝花及西红柿装入同一盘中，点缀煮过的红、黄甜椒碎粒，加适量自制调味料即可。

若是 6 个月以上，9 个月以下宝宝，可以选择西蓝花的绿花部分，去掉茎。1 岁以上的宝宝可以用适量黑胡椒粉、香醋、植物油拌匀调味。

西蓝花拌圣女果

紫色蔬菜——茄子

萌萌 11 个月大了，在学步车里已经走得很好了，也经常坐着学步车到处玩耍。她奶奶想给萌萌添加茄子做辅食，但姥姥不同意，说茄子性寒，孩子吃了容易拉肚子，不能添加。为此，奶奶跑来咨询我，宝宝是否可以吃茄子，吃了茄子真的容易拉肚子吗？

茄子从传统医学的角度看，性是偏凉，但它有健脾和胃的功用，能够促进宝宝的消化和吸收，是可以作为宝宝辅食的，何况茄子是紫色的蔬菜。我们能想起的紫色蔬菜，真的很少，能够马上想到的就是茄子，圆圆的、长长的紫色或黑紫色的，极少会看到淡绿色或白色的茄子。

紫色是茄子的标志性颜色，说明茄子含有丰富的植物化学物质，具有很强的抗氧化性，能保护宝宝抵御严重疾病的侵袭，比如癌症等。紫色的茄子还有一个其他蔬菜很少有的成分——维生素 P。维生素 P 能保护宝宝的血管，让宝宝的血管保持良好的弹性，防止动脉硬化，让宝宝未来的血管更健康。

茄子的挑选：宝宝过了 8 个月之后，妈妈就可以考虑添加茄子了。给宝宝选择茄子，要选择颜色深紫的，表皮有光泽的、按之有弹性的茄子；如果表皮颜色转浅、末端出现尖形，按之凹陷，说明茄子已经老了，不好吃了。妈妈在制作茄子的时候，要先尝尝茄子的味道，如果茄子有苦味，不要做给宝宝吃，有苦味的茄子可能会引起宝宝肚子的不舒服。

茄子非常美味，无论是炒、烧、蒸、煮、炖等都别有滋味，像奶油般细腻滑嫩。给宝宝制作蒸茄子，拌茄泥，做茄盒是非常好的吃法。

蒸茄子营养损失最小，不用去皮，皮里含有大量的植物化学物质，用少许橄榄油、芝麻酱、蒜泥拌茄子，滋味绝佳，很适合 8 个月以上的宝宝食用。

南瓜胡萝卜烧茄子（适合 10 个月以上宝宝）

【材料】
南瓜 1 块，胡萝卜 1/3 根，长茄子 1/3 根，自制高汤 2 杯。

南瓜胡萝卜烧茄子

【做法】

第一步：将南瓜、胡萝卜、茄子洗净，分别去皮，切成薄片。

第二步：锅里放少许植物油或橄榄油，将南瓜、胡萝卜、茄子一起翻炒几下，加入自制的高汤，煮至南瓜、胡萝卜、茄子软烂，汤汁收进食材里即可。

西红柿茄子（适合 12 个月以上宝宝）

【材料】

西红柿半个，茄子 1 小根。

【做法】

第一步：将茄子洗净，去皮，切成小块，如骰子大小，西红柿洗净，去皮（方法见西红柿一节），切成小块备用。

第二步：锅里放少许油，先把茄子炒软，之后倒入西红柿，一起炒熟，放适量调味品（如盐或酱油）即可。

8 个月以上的宝宝也可以采用蒸的方法制作此菜肴，将洗净的茄子和去皮的西红柿一起上屉蒸熟，捣成泥，可以适当加自制的蔬菜汤或肉汤调味即可。

保平安的——萝卜

楠楠快 12 个月了，由姥姥一手带大。老话常说萝卜白菜保平安，就是养生节目里萝卜也是出了名的明星，所以，姥姥时不常排骨炖萝卜、红烧萝卜的时候，给楠楠吃两块，煮烂的萝卜很软，楠楠也很容易就吞到肚子里去了，有的时候还会张着小嘴再向奶奶要呢。妈妈不知道这样吃是否恰当，所以问问我。

老话说的没错，"萝卜响，嘎嘣脆，吃了能活百来岁"。这是我们最爱的蔬菜之一。白的、红的、青的……，但白萝卜最常吃。

萝卜富含维生素 C 和微量元素锌，有助于增强宝宝的免疫功能，提高抗病能力，预防感冒等。萝卜中的芥子油能促进宝宝胃肠蠕动，增加食欲，帮助消化；所含的淀粉酶、氧化酶能分解食物中的脂肪和淀粉，促进脂肪的代谢，利于宝宝的吸收和利用。萝卜中的淀粉酶、木质素有抗癌防癌作用，帮助宝宝从小就远离癌症。令人欣喜的是，有一些患有哮喘的宝宝，吃了萝卜之后缓解了症状，因为萝卜有很好的止咳化痰的作用。

白萝卜苹果牛肉汤（适合 8 个月以上宝宝）

【材料】

白萝卜 1 块，苹果半个，嫩牛肉 1 小块，牛肉高汤 3 杯。

【做法】

第一步：苹果洗净，去皮，去核，切成小块，如骰子大小；白萝卜洗净去皮切成骰子大小备用。

第二步：牛肉洗净切成小块如骰子大小，放入清水中浸泡 20 分钟，滤去血水。

第三步：将牛肉放入锅中，加入牛肉高汤，大火烧开，转小火，炖煮至牛肉可以用筷子插透，加入苹果、白萝卜一起煮至苹果、白萝卜软烂即可。

白萝卜苹果牛肉汤

红嘴绿鹦哥——菠菜

蛋蛋 10 个月了，6 个月时体检，医生说蛋蛋有点贫血，还有点缺钙，叫回家多吃些补铁、补钙的食物。蛋蛋妈妈想起了菠菜，菠菜不是铁质、钙质含量高吗？于是，蛋蛋妈妈经常给蛋蛋煮菠菜碎，做成菠菜泥给蛋蛋吃，或者菠菜粥或者菠菜蒸鸡蛋羹，如今快 4 个月过去了，去医院体检还是有点贫血，还是钙的数值低点。蛋蛋妈妈糊涂了，为什么补铁的食物不补铁啊？

菠菜对宝宝来说确实营养丰富，丰富的叶酸是宝宝生长发育所必需的营养素，促进宝宝神经系统及心血管系统的发育。大量的抗氧化剂如维生素E和硒元素等，保护宝宝抵御各种癌症的侵袭。类胡萝卜素能保护宝宝的视力等等。

尽管菠菜含铁及钙质丰富，却在宝宝体内，不容易被吸收和利用。就铁质和钙质而言，菠菜对宝宝是没有什么营养价值的。所以，蛋蛋妈妈虽然下了很大的工夫帮助蛋蛋改善贫血及缺钙的情况，却一直没见蛋蛋有明显的起色，原因就在这里。因为菠菜中含有草酸盐，螯合了铁质和钙质，影响了它们在宝宝体内的吸收和利用。

很多专家建议至少宝宝要等到10个月左右的时候添加菠菜。

原因有二：一是菠菜中含有硝酸盐的问题，特别是菠菜煮熟后储存再重新加热时，硝酸盐的含量会增加。尽管美国儿科协会认为菠菜中的硝酸盐不影响宝宝，但如果妈妈仍担心这个问题，想把硝酸盐的危害降至最低，注意烹调过菠菜的水不要留用，菠菜现煮现吃，不要给宝宝吃隔夜的菜。

二是刚才提到的铁质及钙质在宝宝体内不被吸收的问题，尽管有些人认为同时服用含维生素C丰富的食物，可以促进菠菜中铁质及钙质的吸收和利用，但妈妈还是等一等，等宝宝的消化吸收能力更强了，再给宝宝提供菠菜也许更好。

菠菜的挑选：挑选菠菜以菜梗红短、叶子新鲜有弹性的为佳。选购菠菜，叶子宜厚，伸张得很好，且叶面要宽，叶柄则要短。如叶部有变色现象，要予以剔除。冬天的菠菜矮壮浓绿，吃起来比较甜。

菠菜瘦肉粥（适合10个月以上宝宝）

【材料】
粳米2汤匙，菠菜碎1汤匙，猪里脊肉碎1汤匙。

【做法】
第一步：菠菜去烂叶，拣洗干净，切成碎。
第二步：猪里脊肉洗净，去筋膜，切成如骰子大小的肉丁，冷水中浸泡

20 分钟去血水。

第三步：粳米淘洗干净放入锅中，加适量冷水，用旺火煮开，放入肉末，然后改小火煮至米粒及肉末酥软，放入肉丁煮熟。

第四步：放入菠菜煮 1 分钟即可。可以加自制的调味料调味。

菠菜煎鸡蛋（适合 12 个月以上宝宝）

【材料】

菠菜 3 根，鸡蛋 1 个，猪里脊肉（剁碎成肉末）1 汤匙。

【做法】

第一步：将菠菜洗净后切碎，用沸水稍烫一下，捞出，沥干水分，切碎备用。

第二步：将鸡蛋在碗中打散。

第三步：炒锅置旺火上，加少植物油烧热，倒入猪里脊肉末煎熟、压碎，倒入蛋液，可轻轻晃动煎锅，将蛋液铺匀。

第四步：等蛋饼稍微有点凝结时将菠菜末均匀撒在蛋饼上，两面煎熟即可。

菠菜奶酪蛋卷（适合 12 个月以上宝宝）

【材料】

全鸡蛋 1 个，蛋清 1 个，速食燕麦 1 汤匙（浸泡 10 分钟），菠菜叶 1 小把，芹菜叶少许，奶酪 2 汤匙，橄榄油少许，肉蔻粉适量。

菠菜奶酪蛋卷

136

【做法】

第一步：鸡蛋打散，加入速食燕麦，一勺牛奶拌匀摊蛋皮。

第二步：不粘平底锅放少许橄榄油，微热后倒入蛋液，煎成薄薄的蛋皮；重复至蛋液用完。蛋皮备用。

第三步：焯好的菠菜和芹菜叶剁碎放入锅中，小火炒几下，去掉多余的水分，放奶酪，奶酪开始融化时，加入少许肉蔻粉，关火。

第四步：把菠菜奶酪馅裹在蛋皮里，切成小块就好了。

碧绿碧绿的——油菜

天天 3 岁，不爱吃青菜，特别是菠菜，用他妈妈的话说：菠菜到了他嘴里，好像是有异味一样，马上就吐出来，不管怎样做了给他吃，他的头就像拨浪鼓似的，死活不吃。妈妈很是烦恼，想问我不吃菠菜，可以吃其他蔬菜吗？

答案当然是可以的，孩子不爱吃菠菜，没必要强迫孩子食用，还有其他蔬菜可以替代，比如油菜、苋菜等。油菜颜色深绿，帮如白菜，少有异味，是极容易和任何食物相搭配的。

油菜含有的膳食纤维，能结合胆酸盐和食物中的胆固醇及甘油三酯，并从粪便中排出，从而减少胆固醇等物质在体内的吸收，从小帮助宝宝预防高胆固醇血症，且膳食纤维还能促进肠道的蠕动，增加宝宝粪便的体积，帮助宝宝预防便秘。油菜中所含的植物激素，能够增加酶的形成，对进入人体内的致癌物质有吸附排斥作用，故能帮助宝宝从小防癌。油菜所含钙量在绿叶蔬菜中为最高，可以促进宝宝钙质的吸收，帮助宝宝强壮骨骼和牙齿。

油菜西红柿（适合 8 个月以上宝宝）

【材料】

油菜心 2 棵，小个西红柿 1 个，少许自制高汤。

【做法】

第一步：将油菜去外层，留菜心，洗净，切碎备用。

第二步：西红柿洗净用刀削去一块，挖出内在的果肉，剁碎，重新放入空西红柿内，上屉蒸 5~8 分钟。

第三步：取出蒸好的西红柿，加入油菜碎，加少许高汤，以不满出为度，上屉焖 1~2 分钟即可。

油菜南瓜（适合 6 个月以上宝宝）

【材料】

油菜心 2~3 棵，老南瓜 1 块。

【做法】

第一步：将老南瓜洗净去皮，切成 3~4 小块，上屉蒸熟。

第二步：把油菜去外层菜叶，留取菜心，洗净切碎，和蒸熟的南瓜混合，上屉蒸 1 分钟即可。

如果是 12 个月以上的宝宝，可以用植物油炒南瓜，适当加少许水，焖熟，然后炒油菜，之后混合，加适当调味品即可。

长寿菜——苋菜

芊芊今年 2 岁了，去医院检查的时候，发现轻微贫血，医生说不用吃铁剂，回家食补就好。妈妈很是着急，不知道该给芊芊吃什么能帮助芊芊迅速补充上铁质，恢复健康。我建议她给芊芊吃苋菜。

苋菜自古就被称作长寿菜，有红苋、绿苋、马齿苋、紫苋、白苋等。其中以红苋补血的效果最佳，每 100 克的苋菜含叶酸为 487 微克，比菠菜还高出许多，可谓补血之佳品。此外，苋菜的含铁、钙等营养素一点也不比菠菜少，相反比菠菜更容易被人体吸收和利用，所以，古人把苋菜称作是长寿菜。因此，让宝宝食用苋菜预防缺铁性贫血或是补充丰富的叶酸等营养素更为有益。

苋菜的吃法多种多样，无论是煮汤吃，还是煮粥，或是炒菜、烙饼无不美味。

苋菜银鱼汤（适合 12 个月以上宝宝）

【材料】

苋菜叶 1 把，鲜银鱼 1 汤匙（或干银鱼）。

【做法】

第一步：将苋菜叶洗净，剁碎，银鱼洗净，用葱姜水腌制一下。如果选用干银鱼，干银鱼一般比较咸，要将银鱼泡软，去掉盐分。

第二步：锅里放半杯左右的水，烧开，撒入银鱼煮 5 分钟，再将苋菜碎放入，用少许湿淀粉勾芡，烹调 1 分钟左右出锅即可。

苋菜鱼肉（或瘦肉或鸡肉）饭（适合 12 个月以上宝宝）

【材料】

米 2 汤匙，蒸熟的鱼肉（鸡肉或瘦肉）1½ 汤匙或适量，苋菜叶 1 小把。

【做法】

第一步：鱼蒸熟后（最好选鱼脯，因鱼脯无幼骨），拣出鱼肉弄碎。

第二步：苋菜洗净，放入滚水中焯软捞起，滴干水剁细。

第三步：米洗净放入锅中，加入适量水烧开，慢火煲成浓糊状的烂饭，放下苋菜碎搅匀煮黏，下鱼肉搅匀，煲滚即可。

苋菜豆腐鸡蛋汤（适合 8 个月以上宝宝）

【材料】

嫩豆腐 1 汤匙，苋菜叶 4~5 片，鸡蛋 1 个。

【做法】

第一步：将苋菜洗净切碎，鸡蛋打散，嫩豆腐切成小薄片。

第二步：锅里放半杯水烧开，放入嫩豆腐片，煮 3 分钟后均匀放入打散的鸡蛋，待蛋花飘起时，撒入苋菜碎，煮 1 分钟左右即可出锅。可以酌情放自制的调味料调味，比如香菇粉，也可以用自制的蔬菜汤做底汤或自制的肉汤做底汤。

唯一植物维生素 D——蘑菇

宁宁是个调皮的小男孩，如今 8 个月了，妈妈一直没有给宁宁补充过鱼肝油，害怕给宁宁补充鱼肝油会中毒，他妈妈问我食物中有没有能够补充维生素 D 的，经他妈妈这么一问，真让我想起了一个食物——蘑菇。

提及蘑菇，无人不知其营养价值，说起给宝宝食用蘑菇，很多妈妈就会感到迷惑，宝宝什么时候该吃蘑菇了，适合吃蘑菇吗？没有明确的答案。

虽然蘑菇不是高风险的食物，也极少引起宝宝过敏。但还是会有极少数宝宝会对蘑菇过敏。一般是在宝宝吃了蘑菇30分钟之后出现，皮肤瘙痒、荨麻疹、口周起疹或肿胀，胃部不适等。有个别的蘑菇过敏，还会引起呼吸困难。因此蘑菇不能作为第一类添加的辅食，但在宝宝8个月以后可以考虑添加了。

蘑菇含有丰富的 β - 葡聚糖，能强化宝宝的免疫力。它还有一种叫麦角硫因的成分，是重要的抗氧化剂，让宝宝远离严重疾病的侵袭。

还有一点会让众多的妈妈都对蘑菇感兴趣——**蘑菇是唯一一个能提供维生素 D 的植物**。维生素 D 又称"阳光维生素"，**世界上有很多宝宝都缺乏维生素 D。如果经常食用蘑菇，即使少晒太阳，蘑菇中的维生素 D 也能在宝宝体内转化成有活性的维生素 D。而且更妙的是蘑菇中的维生素 D 还不会因为烹调加工损失掉。**

所以有选择地让宝宝享受一下蘑菇的鲜鲜的美味多好啊！

我们常见到的蘑菇有金针菇、香菇、草菇、平菇等。金针菇可谓"益智菇"，其赖氨酸的含量特别高，含锌量也丰富，有促进宝宝智力发育和健脑的作用；同时，金针菇还能有效地增强宝宝体内的生物活性，促进宝宝的新陈代谢，有利于食物中各种营养素在宝宝体内被吸收和利用，促进宝宝的生长发育。

香菇中有一种一般蔬菜都缺乏的麦甾醇，它可转化为维生素 D，促进宝宝体内钙的吸收，并增强宝宝的抵抗力。

草菇的维生素 C 含量高，能促进宝宝的新陈代谢，提高宝宝的免疫力。如果有铅、砷、苯等有毒物质进入宝宝体内时，草菇可与其结合，让有毒物质随粪便排出体外，帮助宝宝解毒。

平菇含有抗肿瘤细胞的多糖体，能提高机体的免疫力，让宝宝从小就远离癌症。宝宝常吃平菇，对预防心血管疾病及降低血液中胆固醇的含量有益。

我相信说到这里，很多妈妈都会跃跃欲试了，想亲自为自己的宝宝制作蘑菇美味了。

蘑菇的挑选：新鲜的蘑菇是颜色浅的，圆胖的，结实的。如果蘑菇颜色变黑，摸起来黏黏的、看上去干枯的，请不要选购。

蘑菇豆腐羹（适合 8 个月以上宝宝）

【材料】

豆腐 1 块（4cm 长宽的方块）2 汤匙、蘑菇 2 朵，自制鸡汤或肉汤或蔬菜汤半杯。

【做法】

第一步：豆腐过水洗一下，切成小丁，如豌豆大小，蘑菇洗净，切成豌豆大小的丁备用。

第二步：自制高汤放入锅内，煮开后放入豆腐丁、蘑菇丁煮 5 分钟左右，加适量湿淀粉勾芡，起锅前可适当放点自制调味料，比如蘑菇粉。这样蘑菇豆腐羹会滋味更美。

蘑菇开胃粥（适合 10 个月以上宝宝）

【材料】

香菇 2 朵，粳米 2 汤匙（或用糙米等替代），西葫芦丁少许，胡萝卜丁少许，鸡蛋 1 个。

【做法】

第一步：香菇洗净去蒂切成碎末，西葫芦、胡萝卜洗净切成碎末。

第二步：将粳米下锅加适量水煮至八成熟，加入切成碎末的香菇和胡萝卜碎末继续煮，快熟时放入西葫芦碎末，鸡蛋打散，倒入米粥中，搅拌均匀即可出锅。临出锅时，可以酌情添加自制调味料。

蘑菇开胃粥

人见人爱的——西红柿

丹丹是个 10 个月的小姑娘了，长得白白嫩嫩的，又十分乖巧，自然很得大家的宠爱。有一个事情丹丹妈妈总也闹不清楚是为什么，就是自丹丹 4 个月起，给丹丹添加西红柿开始，一吃西红柿就会嘴巴红红的，痒痒的，不舒服。完全不像丹丹的表弟，丹丹的表弟吃起西红柿来那个香啊！为什么一样大的表弟吃西红柿就没事，而丹丹却一吃就不舒服呢？

丹丹妈妈所说的这种情况是缘于西红柿中的酸性物质（其实西红柿是非常酸的），这些酸性物质造成了西红柿的不耐受，也就是说丹丹是因为对西红柿不耐受，所以出现了口周痒疹。还有一些宝宝对西红柿不耐受，是在吃西红柿之后出现尿布疹。也有少数的宝宝在吃西红柿之后发生哮喘或呕吐。

正因为这个原因，所以**我们不建议过早地给宝宝添加西红柿**，美国一般的原则是在宝宝 1 岁以后才可以吃西红柿，也有的认为 10 个月的时候可以考虑了。我们建议宝宝是否可以添加西红柿了，要看宝宝的接受能力，尝试着添加的时候，如果宝宝没有不适，可以考虑添加。但不要过早，像丹丹妈妈给丹丹添加那样，**至少要到宝宝 8 个月以后**。

尽管西红柿发生过敏的情况非常少，但仍有极少数的宝宝会对西红柿过敏，严重的会危及生命。而且一些本身有哮喘的宝宝在吃了西红柿之后，哮喘会加重。特别是生的西红柿，对于年幼的宝宝来说，不耐受会更多。或者会加重其哮喘等。因此，对于年幼的宝宝最好将西红柿煮熟了吃。

关于西红柿的故事很多，关于西红柿的研究更多，西红柿中除了含有维生素 A，维生素 C、B、K 以及铁等营养素之外，研究最多，特色最突出的就是含有番茄红素。番茄红素不仅是强的抗氧化剂，保护宝宝避免严重的疾病（如癌症和心血管疾病），还保护宝宝的皮肤避免紫外线的伤害，而且还能强化宝宝的免疫系统。

吃西红柿的窍门：番茄红素诸多的营养作用才使得妈妈们更热衷于给宝宝食用。吃西红柿也是有窍门的。如果想让宝宝吸收更多的番茄红素，那么就要吃熟的西红柿，最好还要加点骨头汤或者橄榄油之类的油脂，因为番茄红素在脂肪里更容易被宝宝吸收和利用。妈妈们还需要注意的是，别使用铝锅烹调西红柿，这会让西红柿中的酸性物质将铝转移到食物里，有可能对宝宝产生不良影响。

丹丹妈妈听了之后，感慨道：西红柿是好的食物，也是对宝宝有益的食物，但还是不能着急添加啊！要等宝宝长大些，脾胃功能强些的时候添加更好啊。我等丹丹再大些，再试着给丹丹加西红柿吧！接着，她又问道：我经常买西红柿买的都不是沙的，口感不好，而且市面上很多西红柿都不红，看着就生，也就浅浅的红色，这样的西红柿好吗？

西红柿的挑选及贮存：西红柿的种类非常多，无论是迷人的圣女果还是红得诱人的大番茄，真的一时间很难选择。如果能买到自然成熟的西红柿最好，那滋味最酸甜可口。但很多西红柿在还是绿色的时候，就被摘了下来，用乙烯气催熟。

所以在挑选西红柿的时候，要挑颜色发深、发红的西红柿，整体光滑，不带尖，表皮有白色的小点点，说明含有丰富的番茄红素，还沙还甜。

万一买的不是成熟的西红柿，回家后将其放在棕色的纸袋子里催熟，可以和香蕉或是苹果一起放，成熟得会快些。无论是成熟的还是不成熟的西红柿室温保存就好，不用冰箱保存。

如何给西红柿去皮

将水煮开，把西红柿放入，煮 30 秒，取出，放入凉水中，然后取出剥皮即可。不要煮的时间超过 30 秒，那会影响西红柿的风味。

把番茄放入醋和水按 1：10 的比例混合的液体中浸泡 1~2 分钟，再用流水冲洗。

在蒂的反方向部位划出十字形口，然后放入开水中烫一下。

去净番茄皮，再用刀挖除蒂。

切成 4 等份去掉籽，再切成块状或丝状。

西红柿煎饺（适合 12 个月以上宝宝）

【材料】

西红柿 2 个，饺子皮若干，奶酪，植物油。

【做法】

第一步：制作饺子馅。西红柿洗净去皮（去皮方法参见前述），去籽，切成小粒沥去水分，拌入奶酪。

第二步：包好饺子，不粘锅里放入少许植物油，将饺子放入锅里，小火煎到饺子皮酥脆即可。

西红柿烧豆腐（适合 8 个月以上宝宝）

【材料】

豆腐 1 小块，半个西红柿，香菇半个，自制高汤 1 杯。

【做法】

第一步：豆腐先入沸水中烫过捞出，再切成小块，如骰子大小，沥净水。香菇切碎，西红柿洗净去皮切碎。

第二步：把豆腐和香菇一起放入锅里，加入适量高汤煮开，焖烧 5 分钟左右，再加入西红柿碎，煮至汁浓即可。

西红柿煎鳕鱼（适合 8 个月以上宝宝）

【材料】

去皮去刺鳕鱼 1 片，小西红柿 1 个。

【做法】

第一步：鳕鱼片去皮去刺洗净，用少许米酒腌制去腥。

西红柿煎鳕鱼

144

第二步：西红柿洗净去皮切碎。

第三步：锅内放少量黄油融化后，加入鳕鱼片，用文火煎至两面发白，再加入西红柿碎一起煎，是西红柿味道渗入鳕鱼内，至西红柿软烂后即可出锅。

多多益善的——洋葱

皮皮如今8个月了，是个可爱的小男孩。很多辅食妈妈已经尝试着添加了，皮皮跟很多宝宝不一样的是，他还特别喜欢吃各种蔬菜和水果。用皮皮妈妈的话说：皮皮的优点就是嘴壮。但最近为了是否给皮皮添加洋葱，皮皮妈妈和皮皮奶奶之间闹了矛盾。奶奶认为皮皮很小，不能吃辛辣刺激的洋葱，这对小孩子不好。皮皮妈妈爱吃洋葱，认为洋葱这么有营养，皮皮从小就喜欢吃了，以后成了习惯不就好了吗？应该从小培养，让皮皮和自己一样喜欢吃洋葱。为此，两个人谁也不让步。

宝宝能吃洋葱吗？什么时候吃洋葱合适啊？

洋葱之所以在全世界范围内被推崇，被广泛食用，是因为其营养价值极高。洋葱抗氧化的作用极强，能够有效地帮助宝宝从小就抵抗外来病菌的侵袭，预防癌症和其他严重的疾病。

洋葱内含丰富的多酚类物质，比土豆、胡萝卜、红辣椒等都含量高。强化宝宝的免疫系统。

洋葱含有至少三种抗发炎的天然化学物质，可以帮助宝宝预防哮喘。

洋葱的辛辣味，是其鳞茎中所含的硫化丙烯油脂性挥发物，这种物质能抵抗风寒，抵御流感病毒，有较强的杀菌作用，帮助宝宝预防感冒及流感。还能刺激宝宝的胃、肠及消化腺分泌，增进食欲，促进消化。

洋葱还是天然的血液稀释剂，是目前所知唯一含前列腺素A的食物，能帮助宝宝从小预防心脑血管疾病。

洋葱还有一个特别的优点就是能促进铁的吸收和利用，帮助宝宝预防缺铁性贫血。

正因为洋葱有诸如此类的优点，所以我们是可以考虑给宝宝添加洋葱的，如果宝宝已经喜欢上蔬菜和水果的时候，就可以考虑添加洋葱了。洋葱还极少引起宝宝过敏呢！

由于一些宝宝吃洋葱会胀气，所以，先给宝宝添加熟的洋葱，可以在8、9个月的时候考虑添加或是和其他食物相配。如果想给宝宝吃生的洋葱，一般建议12个月以上可以食用。

我们常见的洋葱有白皮的、黄皮的、红皮的、紫皮的。白皮的肉质柔嫩，汁多辣味淡，品质俱佳；黄皮的水分充足、口感清脆；紫皮的水分含量少，层薄易老。所以，**如果要给小宝宝选择食用洋葱，要选白皮的或是黄皮的更好。**

洋葱的挑选及贮存：选购洋葱，表皮越干越好，薄如蝉翼；包卷度愈紧密愈好；没有生霉的污点。放在阴凉干燥的室内保存。挂在金属篮子里最好，可以保持空气流通。

切洋葱的小窍门：很多人不喜欢吃洋葱，是因为洋葱切起来会"辣眼睛"，让眼睛流泪。如果切之前先把洋葱放在冷水里浸一会儿，把刀也浸湿，再切时就不会流眼泪了。或者把洋葱先放在冰箱里冷冻30分钟左右，然后再拿出来切，也不会"辣眼睛"了，相信爱吃洋葱的宝宝会越来越多的。

豌豆洋葱软饭（适合11个月以上宝宝）

【材料】
豌豆半杯，洋葱4片，熟里脊肉粒1/3杯，熟米饭1杯。
【做法】
第一步：甜豌豆洗净，洋葱洗净切碎。

豌豆洋葱软饭

第二步：将里脊肉洗净浸泡 20 分钟，去血水，切成豌豆粒大小，用少许干淀粉拌匀。

第三步：锅里加少许植物油，把里脊肉粒放入锅中炒熟，加入熟米饭拌匀，倒入适量自制高汤煮 5 分钟左右，再加入甜豌豆和洋葱碎一起煮，至豌豆粒煮软即可。

土豆洋葱烧胡萝卜（适合 8 个月以上宝宝）

【材料】

中等大小的土豆 1 个，洋葱半个，中等大小的胡萝卜 1 根，自制牛肉高汤 3~4 杯。

【做法】

第一步：土豆、胡萝卜洗净去皮，切成小块；洋葱洗净切碎。

第二步：把第一步的所有材料放入锅里，加入牛肉高汤一起煮，煮至土豆、胡萝卜软烂即可。

六、汁甜味甘的水果类

乐乐是个 9 个月的男宝宝，爸爸、妈妈的工作特别忙，经常要加班加点，没有时间照顾他，他的爷爷、奶奶就肩负起了照顾乐乐的重任。乐乐的爸爸极不爱吃水果，那也因为当时奶奶家的经济条件不允许，现在家里条件好了，奶奶不希望乐乐和他爸爸一样，希望乐乐喜欢吃水果。因此，从乐乐一个半月开始，就逐步添加水果汁了，先是吃的苹果水、梨水，到了乐乐 3 个月的时候，喝橘子汁、橙子汁，香蕉什么的。现在，乐乐 9 个月了，反倒不如以前爱吃水果了，而且其他辅食吃得不是很好，似乎吃什么都提不起胃口来，人也长得比其他同月龄的宝宝显得瘦小些。乐乐妈妈有些着急了，想知道到底是什么原因让乐乐由爱吃水果，变得对水果不太感兴趣了，还影响了对其他辅食的摄入呢？

像乐乐这种情况在国内是很普遍的，很早的时候家人就开始给宝宝添加水果，都知道水果是好的食物，营养丰富，应该让宝宝早点接触。确实如此，水果有很多的益处，古人就有句话叫"遍尝百果能成仙"，特别形象地说经常吃吃水果能成为像神仙一样的人儿，大大赞誉了水果一番。

大多数水果中都含有丰富的维生素 C，能够为宝宝提供多方面的保护作用，比如保护宝宝的机体细胞免受伤害，和支持宝宝的免疫系统，并且为宝宝的未来奠定健康的基础，帮助宝宝降低将来发生心血管疾病的风险。帮助宝宝预防感冒，促进宝宝身体的生长发育。提高宝宝体内铁和钙的吸收率等等。

大多数的水果都富含膳食纤维和果胶，能够促进肠道的蠕动，帮助宝宝消化，预防便秘、大肠癌、糖尿病等疾病。

大多数水果中含有多种矿物质，有净化血液与造血的作用，可强化宝宝肝脏和肾脏的功能，帮助宝宝排泄身体内的毒素。

大多数水果中所含的 β - 胡萝卜素、糖分和水分，有助于通便，同时能帮助宝宝刺激消化液的分泌，调节宝宝的肠道功能，促进宝宝的生长发育，并且能增强宝宝的抵抗力、提高其免疫力、减低宝宝感染的概率，有助于预防各种疾病的发生。

正是因为有这样那样的益处，所以很多老人、很多年轻的妈妈像乐乐奶奶一样，急匆匆地就给宝宝添加上了果汁。水果真的很好，但也要晚一步添加，最好是先添加蔬菜汁、蔬菜泥，等宝宝适应之后，再添加水果汁，水果泥，因为大多数的水果含糖量都高，口味甘甜，宝宝如果先接受了水果汁的香甜的口味，再吃"无味"的蔬菜汁或蔬菜泥就比较不容易接受了。其次，过早给宝宝吃含糖的水果，会影响宝宝对其他辅食的兴趣，再给宝宝添加其他辅食，宝宝不太容易接受。再者，过多的摄入含糖高的水果，也容易给宝宝未来的肥胖埋下伏笔。特别是有些年轻的爸爸妈妈，喜欢在外面购买现成的鲜果汁直接给宝宝饮用。外面购买的鲜果汁不单单是含有大量糖的问题了，还含有很多的添加剂，对年幼的宝宝来说，是不太适宜的。**一般来说，世界卫生组织更建议在宝宝 6 个月以后再添加水果类辅食**，如果有些父母心急，那也不要在 4 个月之前添加，可以在宝宝 4 个月之后，少量尝试着给宝宝添加水果汁或者水果泥，之后是水果碎等。

很多水果都是百搭的，比如梨，和米粉、小麦、燕麦、大麦等谷类食物，和瘦肉、鸡肉等禽肉类食物，和水果本身都能有很好的搭配，制作出风味别致的食物，丰富宝宝的辅食，使宝宝营养摄入得更为全面均衡。

给宝宝选择水果，首先当然是选择当季的水果最好，因为足够新鲜，营养当然也更为全面。如果还是本地产的水果，又少了运输的成本，营养保留得也越多，妈妈可以购买到既经济又实惠还有营养的水果，岂不是一举多得。

和谷类食物的添加是一样的，首先选择的水果是安全性高的水果，也就是很少会引起宝宝的过敏反应，越少引起宝宝的过敏，对宝宝而言，这样的水果也就越安全。但每个宝宝都存在着一定的个体差异，绝大多数宝宝不引起过敏的水果，可能也会引起其他极少数宝宝的过敏反应，出现皮肤红疹，口周肿胀等等症状，严重的甚至会出现过敏性休克，威胁宝宝的生命。

因此，在水果的添加上，容易引起宝宝过敏的水果如柑橘类水果（橘子、橙子、葡萄柚等）、浆果类水果（草莓、桑葚等）要晚一步给宝宝添加，一般建议在**宝宝8个月以后可以尝试柑橘类水果**。如果有家族过敏史的，那么柑橘类水果要等到宝宝1岁之后再尝试。

很多妈妈水果买回家，要么直接放在屋子里，要么直接丢进冰箱里。不是所有的水果都能马上放进冰箱里保存，**不成熟的水果如香蕉、木瓜、杏、李子等，如果直接放入冰箱里，那么它们永远也不会成熟，即使把它们拿出来之后，也不会成熟了。**

说起水果，年轻的妈妈总是会有很多的疑问，比如宝宝是生吃水果还是熟吃水果，吃水果要去皮吗？……水果中的杀虫剂问题、树蜡等问题，同样也是极吸引妈妈关注的。就让我们一一来看看吧。

水果需要去皮吗

明明妈妈是个非常注重营养的妈妈，她经常读些杂志、报纸，看电视里的养生节目，了解了很多相关的营养知识，在给宝宝吃水果问题上，她一直都认为生吃水果比熟吃水果有营养，而且水果的很多营养都在皮上，所以吃水果一定要保留水果皮，才能留住更多的营养。但7个月的明明好像不是很配合他妈妈，连吃了几天带皮的水果，不仅吃的时候一噎一噎的，而且还闹了肚子，这让明明妈妈着实担心，急忙向我询问：宝宝该不该生吃水果？吃水果该不该留皮？为什么她的宝宝会像被噎到了似的。

我对明明妈妈讲，一些生的蔬菜和水果，宝宝就是容易被噎住，严重的还会伤害到宝宝。比如胡萝卜，胡萝卜的营养是众所周知的，但给宝宝生的胡萝卜，宝宝就很难咀嚼了，除非小宝宝已经长出了磨牙，他能将胡萝卜咬成小块，否则宝宝不能咀嚼胡萝卜。相反，经过烹调的胡萝卜则非常软，是宝宝理想的手指食物，所以把蔬果煮熟给宝宝吃，能降低被噎住的风险。其次，生的蔬菜、水果很难消化和吸收，有大量的纤维素，宝宝吃了很容易拉肚子，而烹调能使纤维素变软或分解掉，使食物变得让宝宝更容易消化。再者，生的蔬菜、水果表皮含有各种肉眼看不见的细菌，对宝宝是种风险，加热则可以杀死细菌。还有煮熟的水果有独特的风味，宝宝很容易接受。所以，在宝宝小的时候，至少是前8个月，蔬菜、水果，包括梨和苹果都要煮熟了给宝宝吃，不要生吃（除了香蕉和酪梨）。蔬果煮熟的目的是破坏蔬果的细胞壁，让食物容易消化和变稠，而且加工过的水果和蔬菜比生的较少引起宝宝的过敏反应。

说到去皮，明明妈妈的确说得很对，是有很多营养都在蔬果的表皮上。但宝宝很小，他的消化系统尚未发育成熟，蔬果带皮宝宝很难消化，因此最好去皮给宝宝吃。如果像明明妈妈一样坚持带皮，那么可以选择有机蔬菜和水果。实际上去皮对宝宝来说，有很多的好处，不仅蔬果容易消化了，而且防止宝宝被皮噎到，同时还可避免树蜡、杀虫剂残留等问题，何况皮的味道也不是宝宝所喜欢的。

水果中的树蜡

杰杰妈妈特别关注宝宝的食物安全，因为国产食品的安全问题频出，所以杰杰妈妈更倾向于选择进口食品，即使进口食品价格昂贵，她也宁愿多花钱。认为这样对宝宝是安全的，对宝宝的健康是有益的，就是值得去做的。尤其在购买进口水果方面，即使是好几十块钱一斤的水果，她也是眼睛眨都不眨，花起钱来十分舍得。她跟我说：你看进口水果就是和国产水果不一样，国产水果很多都没有光泽度，看上去就暗暗的，不够新鲜。你看进口的水果，那个色彩多明亮啊，多吸引人啊。每次都让我很馋。

我听了，哑然失笑。告诉杰杰妈妈：你知道为什么很多水果看上去特别诱人吗，色彩又鲜亮，看上去又新鲜。杰杰妈妈疑惑地望着我。我说：那只是因为给这些蔬菜、水果的表皮穿了件漂亮的外套（打了一层蜡），而你说的那些暗暗的蔬菜、水果都是没穿外套的（没有打蜡的）。之所以要给这些蔬果打蜡，一是为了保持水果的新鲜度，二是让它们看上去特别的诱人。尽管打蜡是《国家食品安全标准》允许的，但妈妈最好还是避免打蜡的蔬果出现在宝宝的食谱里，保护宝宝免受不必要的食品添加剂的伤害和由此可能引起的消化问题。

目前经常给蔬果使用的蜡包括蜂蜡、巴西棕榈蜡、虫胶和一点食用等级的石蜡，某些时候，一些合成的成分和杀菌剂也会加入蜡里。尽管打蜡是国家允许的，但目前被打上什么蜡，在水果上没有标签，也没有显示出使用的是哪种类型的蜡，而且蜡是不容易被洗掉的。**经常容易被打蜡的蔬果有苹果、酪梨（又称油梨、鳄梨）、甜椒、哈密瓜、黄瓜、茄子、柑橘类水果（葡萄柚、橙子、柠檬、青柠檬）、桃子、菠萝、南瓜、笋瓜、芜菁、红薯、番茄、蛇果、青苹果、香梨等。**

所以，妈妈要是想避免选择打蜡的水果，最好是选择光泽度稍差的、朴实的蔬菜、水果。其次，回家吃的时候先去皮，一去皮，蜡也随之去掉了。如果还不放心，可以选择有机水果和蔬菜，它们是很少被打蜡的，即使被打蜡，也是天然的，如巴西棕榈蜡，源于天然的棕榈树。

水果中的杀虫剂

琪琪妈妈是个非常认真的妈妈，她会经常关注各种食品安全的问题，瞧，现在她的关注点在杀虫剂上。她认为杀虫剂在宝宝要吃的蔬果中，太可怕了。向我询问有什么可以降低或是避免杀虫剂危害的方法。

琪琪妈妈所提到的杀虫剂确实是个危害健康的问题，特别是小宝宝，比成人还容易吸收杀虫剂，因此更容易受伤害。而现实是许多蔬果表皮都含有杀虫剂，这不是说要让我们的宝宝远离蔬果，给宝宝吃蔬果的益处远远大于危害，只是我们的妈妈要像琪琪妈妈一样警惕这件事，把杀虫剂的危险降低到最低处。

实际上去皮是个简单易行的去除杀虫剂的最有效的保护措施。因为绝大多数的杀虫剂只在蔬果的表皮，不会穿透果肉中，所以去皮可以将绝大多数杀虫剂去掉。尽管蔬果皮上是含有一些有营养的维生素、纤维素之类，去皮会损失一些营养，但这样给宝宝食用更安全，因为杀虫剂主要就在蔬果皮上。

也有些专家会建议用清洗的方法去掉杀虫剂。清洗时要使用流动的水，还是温水，还要使劲洗，还不能使用一般的肥皂，这样可以去掉一部分杀虫剂，与其这样的费劲，不如去皮更直接，更安全。因为有些复合的杀虫剂是很难通过清洗洗掉的。

再有种选择，是选择有机蔬果，不仅口感更好吃，而且远离了杀虫剂的危害。但即使是有机的蔬果，也是需要清洗的。因为任何蔬果的表皮都会含有细菌，即使是香蕉或橘子，虽然不会吃皮，但表皮上带有细菌，宝宝用手抓了它，那么那些细菌很可能通过水果进入宝宝的嘴里。

还有些**降低杀虫剂的好方法：比如给宝宝提供种类不同的食物，这样可以避免同样的杀虫剂；不要购买破损或发霉的蔬果，这些蔬果有可能杀虫剂的浓度会比较高；购买本地产的蔬果，长途运输的蔬果要保证是新鲜的，就要添加杀虫剂（这也包括漂洋过海的蔬果）；选择应季产品。**

常见杀虫剂含量比较高的蔬果有蓝莓、芹菜、樱桃、葡萄、油桃、桃子、西红柿、菠菜、草莓、甜椒、苹果、羽衣甘蓝等。

常见杀虫剂含量比较低的蔬果有芦笋、酪梨、甜玉米、茄子、卷心菜、冻豌豆、猕猴桃、芒果、洋葱头、香瓜、菠萝、西瓜、葡萄柚、红薯、蜜瓜等。

宝宝的能量之果——香蕉

豆豆今年3岁，已经是个幼儿园的小朋友了。她自小是喝配方奶粉长大的，为了防止她便秘，豆豆妈妈听说香蕉可以缓解便秘，于是在豆豆4个月的时候就给豆豆添加了香蕉，况且给宝宝吃香蕉特别简单，把皮剥开，用勺子挖点果肉，直接给宝宝吃就可以了。豆豆真的也非常爱吃香蕉，因为香蕉又甜又滑又香，吃到嘴里软软的。只是，豆豆的便秘问题并没有因她添加了香蕉而有所减轻，尽管豆豆爱吃香蕉到了每天必吃不可的地步，但仍然没有帮助豆豆解决便秘问题，豆豆的妈妈疑惑了，都说香蕉能帮助孩子缓解便秘，为什么对我的宝宝不管用呢？

　　成熟的香蕉是含有丰富的胶质（可溶性纤维），有促进宝宝肠道蠕动、防止便秘的作用，但香蕉里面还含有一种叫鞣酸的成分，这种成分有很强的收敛作用，能使粪便结成干硬的粪便，从而造成便秘。特别是不成熟的香蕉，鞣酸的成分就更为显著，会让宝宝便秘加重，这一点妈妈是要牢记在心的，不要给自己的宝宝吃不成熟的香蕉。因为多数香蕉是在没有成熟之前就被摘下来，运到各地，在装满乙烯气的屋子里成熟，或者直接被零售商储存。这就是为什么会看到有些特别绿的香蕉在销售。没有经过乙烯气催熟的香蕉成熟得比较慢，但自然会赋予它们更好的风味。

　　尽管香蕉在某种程度上不一定缓解宝宝的便秘，但香蕉对宝宝来说依然是个自然完美的食物。绝大多数宝宝都喜欢香蕉，不仅是因为他们有自然的甜味，特别是成熟时其香味会更浓郁，更因为其能提供大量宝宝生长发育所需要的能量，所以说，香蕉是宝宝的能量之果。还有个重要的原因是香蕉没有季节性，一年四季都有，宝宝很容易就能吃到。

　　此外，香蕉中丰富的维生素 B 族，比如硫胺素促进宝宝的食欲，助宝宝消化，保护宝宝的神经系统；核黄素能促进宝宝的生长和发育。香蕉中 β-胡萝卜素能促进宝宝的生长，增强宝宝对疾病的抵抗力，是维持宝宝正常的生殖力和视力所必需的；如果宝宝正从腹泻中恢复过来，那么香蕉还能帮助宝宝补充丢失的电解质。如果这些好处还不够，香蕉还对宝宝的骨骼和牙齿好，帮助宝宝提高吸收钙的能力，促进宝宝智力的发育，传说佛祖释迦牟尼正因吃了香蕉而获得了智慧，所以香蕉又被称为"智慧之果"，给宝宝带来智慧的果实。

　　况且成熟的香蕉对宝宝来说是很容易消化的，对妈妈来说香蕉是很容易制作的水果。只要轻轻剥开香蕉的皮，就可以很轻松地用勺子挖果肉吃了，还可以用母乳或配方奶中和一下，更适合宝宝的口味。而且香蕉对宝宝而言是很安全的食物，极少会引起宝宝过敏反应。

　　但任何食物都有可能引起宝宝的过敏，所以当给宝宝吃香蕉时，依然需要仔细观察宝宝是否出现过敏反应。如果香蕉会引起过敏的话，一般是两种过敏反应，一种是宝宝对胶乳过敏，轻者皮肤起红疹、瘙痒，重者哮喘。如果宝宝对胶乳过敏，那么就要避免吃香蕉。第二种是表现出类似花粉过敏的症状：咽喉和口周痒肿等。宝宝要是对香蕉过敏，就要暂停香蕉这种食物的添加。

豆豆妈妈明白了，同时她也提出了自己的想法：我就是一个普通的上班族，给豆豆香蕉吃，也就是直接吃，有没有什么简单的可操作的食谱，能够换着样让豆豆吃的。

香蕉糙米（适合6个月以上宝宝）

【材料】

煮好的糙米1杯，鲜牛奶或母乳或配方奶粉半杯，无核葡萄干1勺，成熟的香蕉1小根。

【做法】

第一种方法：取煮好的糙米一杯，加入鲜牛奶或母乳或配方奶粉，无核葡萄干，成熟的香蕉，把上述原料一起放入食品加工机中打碎，搅拌均匀即可。

第二种方法：将无核葡萄干切碎，香蕉用勺子碾成泥，和煮熟的糙米一起放入锅中，倒入牛奶，小火煮3~5分钟，搅拌均匀即可。

如果宝宝有些消化不好，还可以在粥里放点肉豆蔻粉，增香调味，醒脾开胃。

豆豆妈妈说，这道食谱真的很简单啊，是不是熬成粥也行啊！当然了。完全可以举一反三，多些花样更好。豆豆妈妈很高兴，问我：为什么要小香蕉啊！我都喜欢买大香蕉，大香蕉和小香蕉有区别吗？没有区别，香蕉好吃不好吃和大小没有关系。小一些的宝宝不是不浪费吗，太大了，吃不了，怕浪费了。哦，是这个原因啊！还有啊，香蕉特别摆不住，在家放放就黑了，是不是黑了营养就打折扣了？香蕉变黑，只是表面上不好看，实际上不影响它的果肉的，如果不想让香蕉变黑，滴几滴柠檬汁或橙汁就可以了。

香蕉鸡蛋羹（适合8个月以上宝宝）

【材料】

1个生蛋黄打碎，1杯全脂牛奶、母乳或配方奶，1个小的熟的香蕉（磨碎）。

【做法】

第一步：取一个生鸡蛋，顶部磕破一个小口，让鸡蛋清缓缓流出，留住蛋黄。

第二步：将蛋黄取出，用筷子或打蛋器搅拌均匀。

第三步：倒入牛奶，放入磨碎的香蕉，搅拌均匀，上锅隔水蒸 10~15 分钟即可。

12 个月以内的宝宝只用蛋黄，12 个月以上的宝宝可以考虑用全蛋。

香蕉鸡蛋羹很新鲜啊，豆豆估计会很爱吃的。我要先回去试试。过了几天，豆豆妈妈给我打电话：香蕉糙米刚开始没有煮好，不是煮稠了，就是煮稀了，豆豆不是很爱吃，后来我把奶多加了点，结果刚刚好，有香蕉的香味，有牛奶的奶味，有糙米的香气，味道很香，豆豆很爱吃，吃了整整一碗呢。香蕉鸡蛋羹，我用的是全蛋，是水果味的鸡蛋羹啊！豆豆欢喜得很，天天嚷着说要吃水果鸡蛋羹呢！

香蕉鸡肉（适合 7 个月以上宝宝）

【材料】

1 块无骨去皮的鸡胸肉，1 个小的熟的香蕉碾成泥，1/2 杯椰子汁。

【做法】

第一步：将鸡胸肉剁碎，加适量米酒、葱姜水去腥备用。

香蕉鸡肉

第二步：把香蕉去皮碾成泥，与鸡胸肉搅拌均匀，倒入半杯椰子汁，打匀。

第三步：上锅蒸 20 分钟即可。

香蕉红薯饼（适合 6 个月以上宝宝）

【材料】

红薯 1 块，香蕉 1 小根。

【做法】

选一块黄心的红薯洗净去皮，上锅蒸 20 分钟，压成泥，1 根熟的小香蕉去皮，碾成泥，和红薯拌匀，做成宝宝喜欢的样子即可。

12 个月以上的宝宝可以加少量糯米粉拌匀，煎锅中放少许油，小火把两面煎金黄色食用。2 岁以上的宝宝也可以单独用红薯泥混合糯米粉揉成粉团（如果过干，可以酌量加热水）；香蕉去皮，横切成圆薄片；将粉团揉成球状，再压扁，把一块香蕉片置于薯泥皮内包裹起来，再捏成圆饼状，下锅煎两面金黄色。

豆豆妈妈听后觉得两道食谱都很简单，容易制作，利用周末有空的时候，她给豆豆做了香蕉红薯饼，没有想到的是豆豆可爱吃了，接连吃了 3 块，还想吃，豆豆妈妈怕不消化，不肯给他，为此，豆豆还哭鼻子了呢。香蕉鸡肉，豆豆妈妈是连同糯米一起煮成香蕉鸡肉粥给豆豆吃的，没有用椰汁，因为豆豆不爱喝椰汁，她用的是鲜奶，带着淡淡的香甜味道，豆豆很喜欢。伸着大拇指，夸妈妈真棒！豆豆妈妈脸上笑开了花。

宝宝的天然矿泉水——梨

妮妮的姥姥家盛产梨儿，那梨儿长得像象牙，洁白如雪，个大，皮薄，汁多，含糖分高，别提多好吃了。妮妮姥姥一给妮妮带梨，就是一大兜，想让妮妮吃个够。妮妮妈妈不是很高兴，认为妮妮才 6 个月大，梨过于寒凉，宝宝吃那么多梨，不会坏肚子啊！

妮妮妈妈想得非常有道理，梨在寒热温凉属性里性寒凉，过食伤脾胃。可民间有句俗语说得好，梨"生者能清六腑之热，熟者能滋五脏之阴"，也就是说，把梨煮熟给宝宝吃，能润宝宝五脏六腑，还不伤宝宝的脾胃。当然，任何食物都要适可而止，不可过量食用。

在水果当中，梨算得上是宝宝最爱吃的水果之一，有"百果之宗"之称。又因其鲜嫩多汁，酸甜适口，所以又有"天然矿泉水"之称。民间认为非常适合胃肠道功能尚未完善的小宝宝食用。

作为宝宝第一阶段的辅食，选用这样一个温和的不酸的水果——梨，让宝宝吃得很舒服，是个非常好的开始。梨不仅品种丰富，鸭梨爽口又解腻，雪花梨汁多解肺热，酥梨香脆又多汁，香梨又香又甜，南果梨味浓质柔软，丰水梨细嫩又浓甜，烟台梨汁少又面……，而且没有明显的季节性（一年四季都可见），宝宝想吃就可以吃到。

梨是维生素 C 和铜的主要来源，能够保护宝宝的机体细胞免受伤害，和支持宝宝的免疫系统，并且为宝宝的未来奠定健康的基础，帮助宝宝降低将来发生心血管疾病的风险。所含的维生素 K、钾和膳食纤维能让宝宝的胃肠道正常运转，保持大便松散，防止便秘。

我们经典的药膳方川贝粉蒸梨就是非常适合宝宝食用的一道佳肴，既能帮助宝宝润肺化痰止咳，生津止渴，又能给宝宝提供丰富的营养。

川贝粉蒸梨（适合 10 个月以上宝宝）

【材料】
川贝粉 1 支（2 克装），挑 1 个成熟的梨，表皮光滑，没有磕伤或虫洞。

【做法】
梨洗净去皮，切一半，挖出梨核，6~12 个月的宝宝撒上半支（1 克）川贝粉，12 个月以上的宝宝撒上 1 支（2 克）川贝粉，把川贝粉均匀地撒在梨的两面，然后将梨放入蒸锅中，上屉蒸 15~20 分钟即可。

妮妮妈妈听过之后，回家认真上网查阅了相关资料，之后给我打电话说，网上有两种意见，一种是寒性咳嗽的不能给宝宝吃，说吃了不仅不会痊愈，还会更加严重，另一种意见是没有痰的也不能吃，她说到底什么情况下能吃啊？多数宝宝刚开始感冒的时候，确实是打喷嚏、流鼻涕，没有热性的表现，但很快，很多宝宝都会出现嗓子痛、流脓鼻涕，喉咙仿佛被什么东西糊住了似的，其实是痰，很多宝宝，特别是小宝宝很难把痰咳出来，似乎表现得没有什么痰。所以，在这个时候给宝宝吃川贝粉蒸梨是非常好的食补方式，也可以在入秋之时，提前给宝宝吃点，帮助宝宝预防秋季感冒，也是不错的方法。

"我妈一到秋天，经常是自己煮银耳梨汤喝，这汤我们宝宝能喝吗？"妮妮妈妈突然想起了妮妮姥姥的养生秘方。当然可以了，为什么不呢？

银耳雪梨汤（适合 10 个月以上宝宝）

【材料】
干银耳 1 小块，雪花梨半个。

【做法】
第一步：选一小块干银耳，洗净，泡在水中 2 小时左右。

第二步：银耳泡发后，撕成碎片，放入锅中，加水没过银耳，大火煮开，转小火煮至 30 分钟左右。

第三步：放入雪花梨（雪花梨洗净去皮切成小块），一起煮 10 分钟左右即可，甘甜滋润的银耳雪梨汤就做好了，让宝宝来美一美吧！

银耳本身就是润肺滋阴的好食物，和雪梨相配，润肺的功能更增强了，而且还有很强的抗辐射作用，宝宝无论在何季节吃一吃，都能帮助宝宝增强免疫力呢！况且，现代的研究发现银耳内含丰富的维生素 D，能够帮助宝宝强化钙质，让宝宝的骨骼更强健，一举多得为什么不给宝宝试试呢？

如何挑选银耳

在银耳的选购上要特别小心，一要妈妈眼睛雪亮，要选购色泽鲜白微微带黄，有一定光泽度的，泡发后，朵大体轻疏松、肉质肥厚，坚韧而有弹性、蒂头无耳脚、无杂质的。二要妈妈嗅觉灵敏，优质的银耳闻起来无酸、臭等异味。三要妈妈勇于尝试，优质的银耳尝起来无味，如果尝到刺激的味道，说明这种银耳很可能被硫黄熏过了，不要购买。

除了能跟银耳、川贝、百合配，雪梨还能做什么吃啊？妮妮妈妈很疑惑，因为总是在制作的时候想不起来该跟什么食物搭配，每次总是那几样，自己也觉得烦。

其实梨真是个好食物，非常百搭，比如山药、胡萝卜、燕麦等等都可以配啊！

雪梨山药粥（适合 10 个月以上宝宝）

【材料】

半个雪花梨，山药半根，大米 1½ 汤匙。

【做法】

第一步：雪花梨（手里有什么现成的梨都行）洗净，去皮，切碎，山药（去皮的方法见前述）切碎备用。

第二步：大米洗净放入锅中，加 4 杯水，大火煮开，转小火，煮 15 分钟左右，加入梨、山药碎，一起煮 10~15 分钟即可。可口的雪梨山药粥出炉了，快来尝尝吧！

如果把大米换成燕麦，再加点胡萝卜对宝宝来说是更有营养和更健康的食物了。燕麦粥的做法参考前面所述。

宝宝的记忆力之果——苹果

玲玲是个 6 个月的女宝宝，玲玲妈妈听说苹果能帮助宝宝防止便秘，便在玲玲 2、3 个月的时候，就开始给玲玲吃鲜榨的苹果汁了，但喝鲜苹果汁似乎没有帮上玲玲什么忙，因为玲玲比不喝鲜果汁的时候，更容易大便干了，而且大便很多时候还硬硬的，这让玲玲妈妈很失望，认为报纸的宣传是错误的，苹果根本没有防止便秘的作用吗？她这样对我说道。

我对玲玲妈妈说，不是苹果没有防止便秘的作用，是你吃的方法需要调整。苹果中胶质的含量十分丰富，有两种：一种是可溶性的膳食纤维，有许多对宝宝有益的功能，其中一点就是帮助宝宝降低血中胆固醇的水平；还有一种是不可溶的膳食纤维，能帮助宝宝调整肠蠕动的节奏，保有水分，保持消化系统的清洁，把废物迅速移走。如果你把苹果榨汁了，那么膳食纤维也就破坏掉了，纤维的成分很低了，很可能会让便秘更严重，尽管它也含有胶质，但这些胶质会让大便更硬。如果还是决定要给宝宝苹果汁，**选择混浊的苹果汁要比清澈的好，因为其含有更多的营养。**

选择全苹果给宝宝食用更好，能让宝宝获得最大的营养益处，而且更容易准备，不用去苹果皮。皮里含有接近 2/3 的纤维，富含抗氧化的成分，不去皮选择有机苹果最好，普通苹果表皮有杀虫剂。为了把杀虫剂的危害降至最低，所以普通苹果要去皮，尽管会丢失一些营养成分，但总比把毒素吃进宝宝体内要好。

苹果是最受宝宝喜欢的水果之一，它不仅极少引起宝宝的过敏反应，而且还很容易消化，和任何食物搭配都很美味，制作起来简洁方便，一年四季都见得到。所以宝宝喜爱它。更难得可贵的是，据研究发现，苹果可以促进大脑中一种叫乙酰胆碱的物质产生，该物质有助于神经细胞相互传递信息。因此，吃苹果能帮宝宝增强记忆力，促进大脑的发育。

当然苹果对宝宝的好处还不止这一点点，因为苹果的成熟需要大量的日照，其能有效吸收阳光中的射线，所以苹果具有防辐射的作用，帮助宝宝抵御外界辐射的危害。爱吃苹果的宝宝比不吃或少吃苹果的宝宝感冒概率要低。多吃苹果可改善宝宝的呼吸系统和肺功能，可以减少宝宝患上呼吸道感染、哮喘、肺癌等疾病的危险。苹果中含有更多的胶质和微量元素铬，能有效地帮助宝宝从小保持血糖的稳定，降低将来罹患 2 型糖尿病的风险及控制胆固醇的水平。苹果还能降低铅中毒的风险。老话说"一天一苹果，医生远离我"是对的。

苹果切片容易变黑怎么办

当把苹果切片时，苹果很快就会变成棕色了，一些品种的苹果比其他水果更容易变成棕色。一般外皮红色的苹果更容易变棕色，金色的则要好些。那是因为新鲜的苹果果肉暴露在空气中，其中的酚类物质暴露在空气中引起氧化，成为黑色素，所以就看到苹果变黑了，在这个过程中会引起维生素的丢失。

也不是没有办法保护苹果变成棕色。最好保护苹果变棕色的方法就是限制苹果和氧接触，一般用浸泡的方法。**妈妈可以用苹果汁、菠萝汁甚至白开水浸泡苹果，还有一些人喜欢用柠檬汁滴苹果或在浸泡的水中加柠檬汁，这是非常有效的，但也可能引起一点苹果风味的变化**，有些宝宝会拒绝。在 1 岁之前，给宝宝使用柑橘类的果汁是要冒一点风险的，因为柑橘类的水果容易引起宝宝的过敏反应。

苹果好，除了可煮苹果水给宝宝喝，用勺子挖苹果泥，切片生吃外，还有很多其他的烹调方法！比如烤制苹果，家里有烤箱的用烤箱烤，先将烤箱预热到 180℃，预热烤箱的同时，把苹果洗净去核，用铝箔纸包好，放进烤箱，烤 45 分钟直到苹果变软。用烤制过的苹果煮苹果汤或做成苹果泥，加一点母乳或配方奶，哇噻！新鲜苹果汤的滋味会更浓郁！

家里没有烤箱，可以把苹果洗净、去皮、切块，放蒸锅里蒸，直至蒸软。还可以用煮的方法烹调苹果，同样将苹果洗净、去皮、切块，加入很少的一点水，小火把苹果煮软。

通过上面烤、蒸、煮苹果中的任一方法，都可以制作出宝宝喜爱吃的苹果泥，也可以将苹果泥和其他食物如梨、香蕉、李子、南瓜、西葫芦、红薯、胡萝卜汁、油菜、猪肉或羊肉等搭配，烹调出各式各样的宝宝食谱。

我们举例说明：准备 4 个苹果，洗净、去皮、去核，切成小块，放入锅中，加入少量的水（水刚没过苹果块即可），加无糖的苹果汁也可以。小火，慢慢煮沸，直至苹果变软，大概 10 分钟左右。如果苹果已经成苹果泥状，就不要再煮了，因为它们已经完全吸收水分烹调好了。如果煮了苹果块还是苹果块，就要把苹果块拿出来，磨泥或碾成泥。想让宝宝吃得味道更香甜些，还可以加一点芳香醒脾的肉桂末、肉豆蔻末。

苹果红薯泥（适合 6 个月以上宝宝）

【材料】
中等大小的红薯半个，中等大小的甜苹果半个。

【做法】
第一步：红薯洗净去皮，切成骰子大小。苹果洗净，去皮去籽，也切成骰子大小。

第二步：将切好的红薯碎丁、苹果碎丁放入锅内，加适量水，大火煮开后，小火煮至红薯、苹果可用筷子戳烂。

第三步：将煮好的红薯、苹果连汤倒入食品加工机中，搅打成泥状即可。

南瓜苹果汤（适合 8 个月以上宝宝）

【材料】
成熟的甜苹果 1 个，南瓜 1 块，煮熟的鸡肉粒 1 杯，自制鸡汤 3 杯。

【做法】

第一步：苹果和南瓜洗净去皮，切成小块，如豌豆粒大小。

第二步：鸡胸肉一块，去筋膜，洗净浸泡20分钟，去血水后，切丁，如豌豆大小煮熟即可，也可以用高汤煮熟。

第三步：把苹果粒、南瓜粒和煮熟的鸡肉粒一起加入自制鸡汤，煮至汁收，南瓜、苹果软烂即可。

香烤苹果（适合10个月以上宝宝）

【材料】

中等大小苹果1个，无核葡萄干1勺，核桃仁碎1勺，枫糖浆少量。

【做法】

第一步：将苹果洗净去皮去核，一切为二，用勺子把苹果内的小坑挖大。

第二步：把葡萄干和核桃仁放入苹果坑内，可加适量枫糖浆。

第三步：将烤箱预热到120℃，烤盘上垫上烤纸，放上苹果，送入烤箱，烤8~10分钟左右至苹果熟软。

香烤苹果

桃园三兄弟——桃、李、杏

聪聪是个活泼的男宝宝，6个月，该添加辅食了。聪聪妈妈经常为此犯愁，不知道该给聪聪添加什么辅食好，添加这个吧，好像没听说过老人给添加那个吧，也不知道合适不合适，这个难啊！就拿桃、李、杏来说，聪聪妈妈经常听老话讲"桃养人，杏伤人，李子树下埋死人"，你说这杏、李子我哪敢给聪聪吃啊！怕吃了不好啊！可我们老家偏偏这杏儿啊、李子啊长得特别好，那个好吃啊，不让我的聪聪吃，多可惜啊！

聪聪的妈妈说得对，宝宝如果吃不到鲜美的杏儿、李子太可惜了。那么，老话一定对吗？就让我们来看看吧。

桃、李子、杏儿经常是在一起生长的，就像三个要好的兄弟一样。桃常见的有桃和油桃，它们是一样的。桃子很多是软和的，带有毛茸茸的表皮，油桃表皮是光滑的，只是因为它们的基因不同而不同，就像一个人是金发，另一个是黑发一样。而且油桃很多时候生长在桃子的分支上，在食谱上，桃子和油桃完全可以相互代替。

对于 6 个月以上的宝宝，桃子是非常好的辅食，肉甜汁多，含铁量丰富，因此有很好的补益气血的作用，帮助宝宝预防缺铁性贫血。一些桃子新鲜的果肉是充满活力的黄色或橙色，这样的桃子，会含有更多的胡萝卜素，宝宝可以因此获得更多的 β-胡萝卜素，并且在体内转化成维生素 A，强化宝宝的免疫系统。还有一些桃子果肉是白色的，白色果肉的桃子要比深色的更甜些。桃子还是丰富的抗氧化剂，维生素 C 的含量也很高，能帮助宝宝预防上呼吸道感染。**桃子中还有个特别好的成分就是膳食纤维，既能帮助宝宝缓解便秘，还能避免宝宝发生腹泻，或出现了腹泻，防止腹泻加重**。这是个很好的双向调节作用。桃子极少引起宝宝过敏，如果桃子会引起宝宝过敏，主要是胶乳。因此有对胶乳过敏的家族史，需要比较小心地添加桃子。

李子和桃子一样，含有丰富的 β-胡萝卜素、维生素 B_2、抗氧化成分等，能够保护宝宝免受严重疾病的侵袭，比如癌症。而且，**李子还有个特别的好处，是能够帮助宝宝吸收更多的铁质**，这也许是维生素 C 含量高的缘故。并且，**李子含有可溶性的膳食纤维，不仅有缓泻作用，能够帮助便秘的宝宝大便松软，缓解便秘，而且在宝宝未来的生活里，能帮助宝宝降低胆固醇水平**。李子的品种很多，全世界至少有 2000 多种，比其他任何水果品种都多。李子的颜色也十分丰富，蓝、黑、红、绿和黄色等等，**颜色越丰富的李子营养就越高**。果肉也许是橙色、粉色、绿色或黄色。李子的口味从非常甜到非常酸都有，**宝宝更适合甘甜多汁的李子**。

也许老话说的是李子的缓泻作用，如果正在腹泻的宝宝，是不要给他李子吃的，因为会加重宝宝腹泻的症状，这一点和桃子是不同的。

杏儿是经常能碰见的、新鲜的水果，有着非常漂亮的橘黄色，这么鲜亮的颜色直接告诉我们杏是 β – 胡萝卜素的良好来源，能在宝宝的机体内转化成维生素 A，但这还不是全部，杏还提供给宝宝大量的维生素 C 和纤维，许多矿物质铁和钾，高水平的抗氧化作用，保护宝宝对抗各种癌症和心脏病。高纤维可以有效地帮助宝宝预防便秘。如果是晒过的杏干，缓泻效果比新鲜的杏更明显，**想利用杏儿帮助宝宝缓解便秘的症状，妈妈可以尝试着从小量杏干提供给宝宝，慢慢增加数量。如果给宝宝含有杏或以杏为基础的食谱，你还能有意外的惊喜，它竟然能帮助腹泻的宝宝止泻。**

需要妈妈格外注意的是，尽管杏是非常安全的辅食，但还是有一些敏感的宝宝会对杏过敏，一般杏出现的过敏有两种，一种很轻，症状也不严重，和白桦木花粉过敏反应很相像，这种类型的过敏吃烹调过的杏就可以避免了，但不能是新鲜的。第二种过敏症状就要严重多了，类似桃过敏，这种过敏的人，生的、熟的杏都不能吃，如果宝宝已经确诊为对桃或对油桃过敏，很可能也会对杏过敏。所以在给宝宝添加杏的时候，遵守四天原则很重要，因为如果有任何过敏反应，就马上可以确定是不是杏的原因。也有个别宝宝对亚硫酸盐敏感，那么杏干就要避免，因为其很可能会触发过敏的。

尽管 WHO 建议在 6 个月之前不要给宝宝添加任何辅食，但妈妈还是想在 6 个月之前给宝宝添加水果，请暂且不要添加杏和李子，主要是因为它们的缓泻作用。对于宝宝不成熟的消化系统来说，杏儿和李子不是第一类添加的理想食物。在宝宝 6 个月以后，可以尝试着给宝宝添加美味的桃、李、杏了。

聪聪妈妈听到这里，明白了。原来老话也是需要辩证地听的。杏、桃、李真的是好兄弟啊，都应该让我的聪聪吃一吃。只是桃、杏、李这样的水果吃的时候要等宝宝大一点再吃就好。

像聪聪妈妈的老家盛产桃、李子、杏儿，聪聪可以吃到在树上成熟的桃子、李子、杏儿，滋味当然更鲜美。可更多的人是吃不到刚从树上摘下的成熟的桃、李子、杏儿的。这些水果在快成熟的时候就被摘了下来，运往各地销售了。所以在挑选的时候要特别注意，拿桃子来说：我们总以为桃子的表皮越红，说明桃子越成熟，实际不是的，桃子的表皮是否红和桃子成熟与否没有关系。在桃子皮和蒂的连接处出现了奶油色，说明桃子成熟了，而且成熟的桃子散发出令人迷恋的香味。如果皮和蒂的连接处是绿的，也许这桃子永远也不会成熟。

挑李子的时候要选色彩丰富的李子，不要有裂伤或裂纹，如果李子表皮有一层白霜更好，说明李子非常新鲜，刚摘下没有多久。

新鲜的杏儿颜色非常亮丽，是明亮的橘黄色，即使是带点粉红色也是正常的，但如果杏的颜色苍白发黄或有绿斑，就要避免。新鲜的杏儿表皮感觉毛茸茸的、多肉的、结实的、带有温和的芳香气味，尝起来通常是甜的，如果很酸，就不要给宝宝购买。

如果购买了不够成熟的桃、李子、杏儿，请不要把它们放入冰箱，可以将它们放入纸袋中室温下成熟。成熟后的水果可以放入冰箱保存，当然最好是现吃现买。

桃、李子、杏儿去皮小窍门：给桃、李子、杏儿去皮是很多妈妈比较头痛的一件事。这个也有小窍门。把桃子、李子、杏儿放入开水中烫 30~60 秒，然后取出迅速放入冰水中，皮就比较容易去掉了。

蜜桃鸡肉（适合 8 个月以上宝宝）

【材料】
新鲜成熟的桃子 1 个，熟鸡肉粒半杯，自制鸡肉汤 1 杯。

【做法】
第一步：桃子洗净去皮去核，切成骰子大小的块。
第二步：选取鸡胸肉半块，去筋膜，切成丁，浸泡水中 20 分钟，去血水，用大火炒熟。
第三步：将桃子和鸡肉粒一起倒入锅中，加入鸡汤，煮至桃子软烂即可。

甜杏拌酸奶（适合 8 个月以上宝宝）

【材料】
甜杏 4 个，自制酸奶半杯。

【做法】

第一步：将甜杏洗净去皮去核，切成小块，放入锅中煮至杏儿软烂。

第二步：捞出杏儿放入碗中，倒入自制酸奶，如果需要调味，可以适量加入枫糖浆。

雪梨杏儿（适合 8 个月以上宝宝）

【材料】

雪梨半个，杏儿 4 个。

【做法】

第一步：雪梨洗净去皮去核，切成骰子大小，甜杏儿洗净去皮去核切成小丁。

第二步：把雪梨和甜杏同放入碗中，加入适量清水，上蒸锅蒸 5 分钟左右即可（上气 5 分钟，或筷子能戳动）。

强力抗氧化剂——葡萄

素琴是个年轻的妈妈，有个长着黑溜溜大眼睛的小姑娘——然然。然然今年 5 岁了，聪明伶俐，讨人喜欢。小脑袋瓜还真没少装知识，小学一年级的课本，她可以从头读到尾，几乎所有的字都能认得。素琴把然然的聪明归功于自己爱吃葡萄。她说她自己还真的不是一般的爱吃葡萄，怀然然的时候，正是葡萄丰收的季节，她每天至少吃 2 斤，多的时候甚至一天吃 3 斤。那个时候素琴相信爱吃葡萄，宝宝的眼睛会长得黑亮，皮肤会白皙润泽。然然出生之后，果然是乌溜溜的大眼睛，细腻白嫩的皮肤。而且，还跟她妈妈一样，特别喜欢吃葡萄。只要是葡萄收获的季节，基本上是天天都要吃一些。

提及葡萄，我们就会想到葡萄的晶莹剔透，五颜六色，翡翠绿的、奶白色的、淡黄色的、黑宝石色的、深紫色的、深红色的等等，这些如水晶般玲珑的葡萄深受我们的喜爱，那酸甜的滋味令我们陶醉。在这汁多味美的背后，很多时候我们忽略了那些漂亮的表皮，其实，高浓缩的营养成分都凝聚在葡萄皮上了，这些表皮上都含有强大的抗氧化剂，叫花青素，而且，绿色的葡萄比深紫色的、深红色的等含的花青素要少，也就是说抗氧化的能力不如深色的葡萄，对宝宝的益处不如深色的葡萄大。如果去掉了皮，也就把这些营养都去掉了，看来民间常说的吃葡萄不吐葡萄皮是很有道理的。早在《神农本草经》曾有葡萄能"益气，倍力强志，令人肥健，耐饥，忍风寒。久食，轻身不老延年。"的记载，可见远古时期人们就已经充分认识到了葡萄的妙处。

葡萄这个强力抗氧化剂的好处在于，当宝宝大一些的时候，给宝宝喝有植物奶之美誉的葡萄汁，能够帮助宝宝对抗食物细菌感染。也就是说花青素能帮助宝宝杀死肠道内坏的细菌，保留好的益生菌，促进宝宝的消化和吸收。还能够帮助宝宝从小保护机体免受心脏病及癌症的侵袭。它们也包含丰富的维生素 C、B 族维生素、钾、锰等，帮助宝宝的机体充分利用脂肪酸，和从碳水化合物及蛋白质中获取能量。

葡萄的挑选和贮存：正是基于上述的原因，给宝宝购买葡萄，红色的会比白色的好，深色的要比浅色的好，不仅是因为抗氧化剂的原因，还因为深色的葡萄会更甜些。如果给宝宝买绿色的葡萄，那么绿色中夹着黄色的话，会比单纯的绿色的葡萄要甜。给宝宝选择无核的葡萄也是很重要的方面。成熟的葡萄看上去是饱满的、圆润的，不成熟的葡萄含有更少的抗氧化剂，等待成熟也需要一个过程。同时需要避免购买过熟的葡萄，看是否过熟，拎起葡萄串，如果葡萄一个个往下掉，说明过熟了。买回家的葡萄要及时放入冰箱保存，吃的时候再清洗，葡萄可以保存几天。如果清洗之后放入冰箱保存，那么葡萄还是比较容易坏的。

清洗葡萄小窍门：我们买回家的葡萄表皮都会有一层透明的白色，好像让葡萄蒙了层灰似的，这层白色是保护葡萄的，还特别不容易清洗干净。然然妈妈有绝招，就是用面粉清洗葡萄。取一个水盆，在盆中加入适量清水，放入一勺面粉（什么面粉都可以，然然妈妈一般会使用过期的面粉），让面粉和水混合均匀。静置 2 分钟之后，用手拎着葡萄的柄，在水中轻轻摆动。等到面粉水变混浊时，葡萄就洗干净了，将葡萄取出，再用清水冲一下，就可以放心地食用了。

然然妈妈对葡萄的喜爱之情真的是无以言表，充分体现在她给然然的食谱中了。她能把葡萄和鸡肉、和小米、和蔬菜、和鱼搭配做给然然吃，只有她想不到的，还没有她不做的呢！

葡萄鸡肉（适合8个月以上宝宝）

【材料】

1块无皮、无骨的鸡胸肉，3/4杯鸡汤，10颗无籽的红色葡萄，1个胡萝卜，1个小的西红柿。

【做法】

第一步：将鸡胸肉去皮去杂骨，洗净，剁碎备用。

第二步：胡萝卜去皮切薄片，西红柿去皮切片。

第三步：将上述食材一起放入锅中，加入适量鸡汤，大火烧开，转小火，烧30分钟左右，直到西红柿煮烂，和鸡肉融为一体即可。

葡萄鸡肉

然然妈妈说，小的时候然然可喜欢吃了，酸酸甜甜的，还有肉香味，在然然8个月的时候就先吃的这道食谱，鸡胸肉剁得比较细，蓉状的，小宝宝比较好消化，大一些的时候鸡胸肉再剁得大一点，绿豆大的颗粒状。

接着，她又兴致勃勃地向我推荐了她的拿手食谱：

葡萄小米饭（适合12个月以上宝宝）

【材料】

蒸熟的小米饭适量，葡萄6~8个，苹果汁适量，杏干2颗。

【做法】

然然妈妈直接用蒸熟的小米饭适量，将新鲜的葡萄去皮去籽剁碎，杏干用苹果汁或白开水泡软，剁碎，一起混入小米饭中，搅拌均匀，入微波炉热一分钟，然后淋上酸奶即可。然然妈妈认为这样的食谱又简单又好做，味道还好吃。淋上酸奶，她认为这样营养更全面。因为她出差的时候曾经吃过将小米炒熟，放入酸奶中食用的例子，所以回家自己改良了一下，没有想到，味道还不错。

葡萄胡萝卜南瓜食谱（适合 12 个月以上宝宝）

【材料】

胡萝卜 1 个，小南瓜 1 个，橄榄油 2 小勺，红色葡萄 3/4 杯。

【做法】

第一步： 将烤箱预热到 230℃。

第二步： 把胡萝卜及南瓜洗净、去皮切成大小一口可以吃下的形状，均匀沾上橄榄油，摊开放入烤箱烤 10 分钟。

第三步： 葡萄也均匀沾上橄榄油，和胡萝卜、南瓜混合，放入烤箱再烤 10 分钟左右，直到胡萝卜、南瓜烤软即可。

为了给然然多补充些 DHA，然然妈妈听说吞拿鱼对宝宝智力好，于是就经常去超市购买 1 盒吞拿鱼罐头，别出心裁地把红色葡萄剁碎；先把 1 个香梨磨碎后和一勺橄榄油混匀，再加入吞拿鱼及葡萄碎，一起搅拌均匀即成了葡萄沙拉。

维生素 C 之王——猕猴桃

明明今年 2 岁，是个长得非常漂亮的小男孩，他的妈妈 30 多岁怀了他，对他极珍爱，听说猕猴桃营养高，自明明 6 个月起就一天一个猕猴桃，而且购买的还都是进口的，即使 1 个猕猴桃要 7、8 块，妈妈也毫不吝啬。

猕猴桃真的这么好吗？

在宝宝眼里猕猴桃像个带毛的绿色蛋，因其维生素 C 含量在水果中名列前茅，被誉为"水果之王"，是抵抗疾病的强抗氧化剂，可以帮助宝宝预防哮喘。猕猴桃的纤维含量很高，能帮助宝宝缓解便秘。**猕猴桃还有一个特别之处，就是含有一种特别的酶，叫猕猴桃碱，这种酶能分解蛋白质，它就像肉的柔软剂一样，让肉在宝宝体内更容易被消化和吸收。**能帮助宝宝减低脂肪的摄入，预防动脉硬化。

这样有益宝宝的食物，但对于何时添加它，存在着不同的观点。英国人建议在宝宝6个月以后就能尝试猕猴桃了，美国人则建议在宝宝8个月以后尝试猕猴桃。至于我们何时给宝宝添加上猕猴桃，没有定论。**作者建议在宝宝8个月以后添加猕猴桃。**但不建议作为宝宝第一阶段添加的食物，因为猕猴桃含酸比较高，一些宝宝吃了可能会出现尿布疹，口周起疹子，肚子不舒服。给宝宝添加猕猴桃的时候，还要注意观察宝宝是否会出现过敏反应。比如出现过敏性鼻炎，口疮，唇、舌、脸肿胀，甚至呕吐，严重者会出现哮喘和呼吸困难（需要紧急医疗救助）。如果家族有过敏史的情况，更需要格外小心。如果宝宝对胶乳、木瓜、菠萝和芝麻等过敏，那么也有可能会对猕猴桃过敏。

刚才我们也提到了猕猴桃特别之处的猕猴桃碱，虽然优点多多，但也有个缺点，就是会破坏蛋白质中的明胶，那么想拿猕猴桃做果冻的话，就不太容易了。可也有解决的办法，就是先煮一下猕猴桃，破坏掉猕猴桃中的那种酶。如果想拿猕猴桃和牛奶混合，猕猴桃也会分解牛奶中的蛋白质。

猕猴桃的挑选和贮存：明明妈妈虽然经常购买猕猴桃，但她也曾有自己的苦恼——不会挑选猕猴桃。国产的猕猴桃看上去个儿挺大的，硬硬的，结果回家一吃特别的酸，就算摆放几天，还是不软，等软的时候又烂了。进口的也同样存在类似问题，明明妈妈也曾经买过一次进口的、硬硬的猕猴桃，结果总也摆放不软，吃起来特别的酸。购买猕猴桃，无论个头大小，营养价值是一样的，要挑就挑表面没有斑的、没有皱褶的、不是太软的猕猴桃。如果猕猴桃没有成熟，可以将猕猴桃和香蕉放在一起，一两天以后就成熟了。冰箱保存的猕猴桃能保存4周左右。给宝宝购买的不要储存时间太长了。

对于如何制作猕猴桃，明明妈妈觉得没什么太多的做法，不就是洗干净外皮，切开，用勺子把果肉挖出来，喂宝宝吃吗，还有什么可吃的方法啊？！

吃法很多啊！只要妈妈开动脑筋，就会有无数的花样出来呢！

猕猴桃小吃（适合 8 个月以上宝宝）

【材料】

1 个小的猕猴桃，1/2 杯原味酸奶。

【做法】

猕猴桃去皮切碎放入一个小碗中，倒入 1/2 杯原味酸奶（自制方法在零食章中介绍），搅拌均匀即可。如果希望小吃的滋味更为香甜，可以滴入少许香草汁。

猕猴桃沙拉（适合 8 个月以上宝宝）

【材料】

1 个小的猕猴桃，半个酪梨或香梨，一牙哈密瓜，半个香蕉。

【做法】

猕猴桃去皮切碎，半个酪梨或香梨或其他品种的梨，去皮切碎，一牙哈密瓜，去皮切碎，半个香蕉，去皮切碎，然后将上述食材混合捣碎，具有热带风情的水果点心就制作好了。

猕猴桃沙拉

猕猴桃馅（适合 8 个月以上宝宝）

【材料】

1 个小的猕猴桃，半个成熟的桃子，2 勺奶酪。

171

【做法】

将 1 个小的猕猴桃去皮捣碎，半个成熟的桃子去皮捣碎，两者混合，加入 2 勺奶酪，混拌均匀。

现在开始涂抹在面包上、馒头片上、花卷里吧！也许宝宝会用手指蘸着吃，请允许宝宝吧，他小手蘸着吃的滋味更香呢！

猕猴桃式早餐（适合 12 个月以上宝宝）

【材料】

半杯燕麦，2/4 杯水，1/4 杯苹果汁，1 个小的成熟的香蕉捣碎，1 个小的猕猴桃去皮切碎，半杯牛奶。

【做法】

锅里先放入适量的水烧开，转小火，放入猕猴桃及燕麦搅拌均匀，烧 10~15 分钟左右，慢慢煮沸，然后加入香蕉，调均匀，最后倒入牛奶即可。如果想别有滋味，可以水中放点苹果汁，果香味更浓郁。

超级水果——蓝莓

月月妈妈是东北人，老家在小兴安岭附近，每到蓝莓收获季节，一家人无论在国内什么地方，都要赶回家去，赶时机抓紧时间收获野生蓝莓。蓝莓多产于北美，在我国是个新兴的食物，多产于小兴安岭附近。盛产季节在 5~10 月。

近年来人们发现了蓝莓的种种营养益处（比其他浆果及葡萄含有更多的营养成分），特别是蓝莓的强抗氧化剂作用，深受瞩目。抗氧化剂在人体的作用是各式各样的。诸如抵抗消化性溃疡、青光眼、痔疮、静脉曲张等，预防心脏病及癌症等。蓝莓中的花青素给了蓝莓特征性的颜色——蓝色，它们能保护宝宝的大脑在未来的日子里免受老年性痴呆等疾病的危害。

新鲜蓝莓对宝宝还有轻微的缓泻效果，所以能帮助宝宝预防及缓解便秘。干的蓝莓，恰好相反，它们能帮助宝宝坚实大便，特别是在宝宝腹泻之后。另外还有一点是蓝莓还能帮助宝宝预防泌尿系感染。

浆果类水果一般会建议在宝宝 12 个月以后添加，但蓝莓并不用遵循这

个规则，一般建议在 6~9 个月的时候就可以给宝宝添加了，因为蓝莓和草莓、覆盆子等水果不一样，**它极少引起过敏反应**。但宝宝吃了蓝莓之后，仍需要妈妈仔细观察：如果宝宝出现充血、哮喘、咳嗽、疲乏、眼睛肿胀、嘴唇肿胀、皮肤皮疹瘙痒等症状时，说明宝宝对蓝莓是过敏的。

月月妈妈还有这样的经验，都知道蓝莓好，自己舍不得吃，也要让月月尝尝新鲜的蓝莓，结果吃多了，月月的大便变成了黑色，吓坏她了，以为怎么了呢！后来停了蓝莓，月月的大便也没事了，才知道是蓝莓吃多了。

蓝莓的挑选和贮存：在蓝莓的挑选上，月月妈妈也很有经验，挑蓝莓，要挑表皮带一层灰白色的，那样的蓝莓新鲜，那灰白色的物质是保护蓝莓免受损伤的，但在吃之前要清洗干净。而且好的蓝莓呈均匀一致的蓝色或紫黑色，有结实感。蓝莓特别容易受伤，如果已经被挤压了，品质就不那么好了，最好不要买。

月月妈妈接着讲到，蓝莓比较娇气，所以新鲜的蓝莓要放入冰箱保存，尽量在 2~3 天之内吃完。如果一下子吃不完，就要冷冻保存，最好是单独一层，用包装袋装好，不要挤压，挤压了就不新鲜了。

新鲜的蓝莓价格很贵，月月妈妈也舍不得让月月多吃，因为能卖好价钱，所以会给月月一些当地的罐装蓝莓吃，认为都是蓝莓，营养应该差不多吧！

这个可不是差不多！罐装的蓝莓要比新鲜的少营养。许多宝宝食品都说含有蓝莓成分，实际上，在工业化加工过程中，最宝贵的营养成分——花青素基本已经损失了。这就是说，凡是加工过的蓝莓比新鲜的蓝莓都少营养成分，包括宝宝食品。

蓝莓的吃法也是多种多样的。做成水果汁（泥）、蛋羹、薄饼、炖猪肉等都是可以的。

蓝莓水果汁（泥）（适合 6 个月以上宝宝）

【材料】

1 个小的甜的苹果，去皮去核切碎；半个成熟的梨，去皮去核切碎；半杯新鲜的蓝莓。

【做法】

第一步：将蓝莓洗净收拾干净，苹果、梨分别去皮去核切碎。

第二步：上述食材均放入锅中，加入适量的水，大火烧开，转小火，烧5分钟左右，水果变软后，取出，放入食品加工机里搅拌均匀即可食用了。

蓝莓蛋羹（适合6个月以上宝宝）

【材料】

蛋黄2个，1杯全脂牛奶（母乳或配方奶粉），半杯新鲜的、磨碎的蓝莓。

【做法】

鸡蛋取蛋黄（如何取蛋黄的方法见鸡蛋那一节），将蛋黄打均匀，再倒入牛奶（母乳或配方奶粉）拌匀，加入磨碎的蓝莓混合均匀，上锅蒸15~20分钟即可，一碗香喷喷的蓝莓蛋羹就蒸好了。

蓝莓煮猪肉（适合7个月以上宝宝）

【材料】

猪里脊肉1小块，自制鸡汤1杯，小苹果1个，蓝莓1/4杯。

【做法】

第一步：把猪里脊肉洗净，切丁倒入锅中，加入自制鸡汤，煮10分钟左右。

第二步：加入苹果丁（苹果去皮切丁如骰子大小）及蓝莓丁（洗净）一起煮10分钟左右，直至猪肉及水果都煮软、煮熟，香喷喷的蓝莓炖猪肉就做好了。

水果香气的蓝莓米粉（适合6个月以上宝宝）

【材料】

小个桃1个，新鲜蓝莓半杯，米粉适量。

【做法】

第一步：把桃洗净，切碎后放入锅中，加入适量水（没过桃子即可）煮5分钟左右。

第二步：然后加入半杯切碎的蓝莓再煮5分钟左右，直至桃子和蓝莓都柔软滑腻。

第三步：再和已经准备好的米粉混合均匀即可。

蓝莓不仅可以煮粥、炖肉，还可以制成薄饼，给 12 个月以上的宝宝当正餐或是点心都可以。

蓝莓薄饼（适合 12 个月以上宝宝）

【材料】

1 杯全麦面粉，1/2 勺酵母粉，1 杯牛奶（母乳或配方奶粉），1 个鸡蛋，适量植物油，半杯新鲜的蓝莓。

【做法】

第一步：准备两个碗，将湿的材料混合在一个碗里，将干的食材混合在另一个碗里，然后再将两个碗混合成一个，加入蓝莓，搅拌均匀。

第二步：不粘锅里放少许油，挖一勺混合物倒入不粘锅里，两面煎金黄色即可。

小贴士　如果你用的是冷冻的蓝莓，在使用之前不要解冻它们，直接用就可以，如果解冻的话，蓝莓的颜色会渗入到面粉里，使食物变了颜色。如果苏打和蓝莓混合，蓝莓会变成绿色，不要紧，那对身体没有害处，那是苏打和蓝莓中的黄色色素直接反应的结果。

香气诱人的甜瓜、天然白虎汤——西瓜

甜瓜因味甜而得名，由于清香袭人故又名香瓜。盛产在 3~11 月份。水分充足，含有大量的酶，能帮助宝宝强化抗氧化系统。还能消暑热，解烦渴，利小便。**从宝宝 6 个月开始就可以添加了。**

西瓜味甜多汁，清爽解渴，有极佳的清热解暑功用，包含宝宝所需的各种营养成分，特别是内含的番茄红素（番茄红素在自然界食物中少之又少，含有的水果比如西红柿、石榴、粉红葡萄柚等为数不多），是极强的抗氧化剂，能活化宝宝的免疫细胞，增强宝宝的免疫系统，从小预防心血管疾病，降低各种癌症（肺癌、胃癌、前列腺癌等风险），因此是适合宝宝食用的、富含营养的、纯净的、安全的食物，帮助宝宝清凉一夏。

五花八门的甜瓜、西瓜的吃法令人目不暇接。西瓜和各种水果相配制作各种饮料，比如和香梨相配，做成西瓜香梨汁，和西红柿相配，做成西瓜西红柿汁等等。这里我们介绍几个食谱，供妈妈们参考。

西瓜沙拉（适合 8 个月以上宝宝）

【材料】

西瓜一牙，小香蕉半个，小苹果半个，原味酸奶 1 杯。

【做法】

第一步：西瓜、香蕉、苹果分别去皮、切碎。

第二步：原味酸奶 1 杯（自制酸奶见零食制作），将上述食材混合均匀即可。

西瓜薏米粥（适合 12 个月以上宝宝）

【材料】

西瓜一牙，薏米 2 勺。

【做法】

第一步：西瓜去皮切碎。

第二步：薏米洗净，泡水 30 分钟，下锅煮 30 分钟左右，煮软烂，晾凉，加入西瓜碎，搅拌均匀即可食用。

将西瓜做饼，怎么说都是很新鲜的事情，曾有个妈妈向我介绍了制作的

西瓜薏米粥

方法，而且她不仅自己爱吃，她的宝宝也特别爱吃。

西瓜煎饼（适合 12 个月以上宝宝）

【材料】

小西瓜半个，鸡蛋 1 个，面粉适量。

【做法】

第一步：将西瓜的果肉挖出放入一个碗中，用勺子碾碎，不喜欢带果肉的，可以直接用西瓜汁。

第二步：另取一个碗，加入适量面粉，打入一个鸡蛋液，搅拌均匀，再加入西瓜汁或连果肉一起加入，揉成面团，分成大小均匀的剂子，用手按扁就成饼状。

第三步：煎锅上火，倒少许植物油，放入西瓜饼，用小火煎至两面金黄，模样诱人、味道可口的西瓜饼就上桌了。

香瓜虾仁（适合 12 个月以上宝宝）

【材料】

香瓜半个，胡萝卜半根，香芹少许，虾仁 4 个。

【做法】

第一步：香瓜、胡萝卜、香芹洗净去皮切碎备用。

第二步：虾仁洗净，冷水下锅，开水捞出，冷水洗干净，切碎备用。

香瓜虾仁

第三步：先把胡萝卜、香芹切碎下入锅中，加入适量水（注意水不要太多，没过食材即可）中火煮 5 分钟，再放入已备好的虾仁碎一起煮，加入小香瓜碎，煮 5 分钟即可。如果水多了，就大火煮煮，收收汁，让汤汁浓些，也可以用自制鸡汤煮。

鸡肉香瓜（适合 8 个月以上宝宝）

【材料】
鸡胸肉 1 小块，香瓜半个，小黄瓜半根，1 杯鸡汤。

【做法】
第一步：鸡胸肉洗净切碎，放入锅中，加入鸡汤，大火煮开，转小火煮。
第二步：香瓜洗净去皮切碎、黄瓜洗净去皮切碎，一起放入鸡汤中，煮熟即可，可以把汤汁收浓些。别有一番风味，不仅味道好，而且还能帮助宝宝消化。

热带水果园——芒果、木瓜、椰子、菠萝

伟伟是个 3 岁的小男孩，老家在南方，盛产芒果、木瓜、椰子、菠萝等，伟伟爸爸也经常会出差回老家，只要一回老家，就会给伟伟带地道的热带水果回来。还在襁褓中的时候伟伟曾在南方生活过一段时间呢，所以，伟伟是特别喜欢吃芒果、椰子、木瓜、菠萝等水果。但妈妈也有担心，不知道这些水果是否适合年幼的伟伟食用，会不会影响伟伟的消化。

素有"热带果王"之美誉的芒果不仅美味，而且营养价值高。其所含有的维生素 A 的前体——胡萝卜素成分特别高，是所有水果中少见的，能够强化宝宝的免疫系统及帮助宝宝从小预防癌症等疾病。维生素 C 含量也不低，能帮助宝宝从肉及食物里吸收更多的铁。也就是说，芒果和肉搭配或其他含铁丰富的食物搭配，效果会更好。这种自然的增加铁的吸收和利用的方式，可以让宝宝铁的水平保持在稳定的水平。

伟伟妈妈的考虑是对的，**芒果**虽然好，但纤维含量高，容易造成宝宝的腹泻，特别是胃肠道功能不够成熟的宝宝。所以**添加上建议在宝宝一岁以后添加**。再有芒果有过敏的现象，比起苹果、梨、香蕉来，对宝宝来说不够安全。个别父母还发现芒果会引发宝宝尿布疹。因此，添加的时候需要妈妈格

外小心些。

尽管芒果不是容易过敏的食物，但还是有极少数宝宝会出现过敏反应。芒果过敏主要是因为芒果的表皮，表皮上有种物质叫漆酚，这种物质在漆树及野葛树上也有，人们接触后，会出现接触性过敏症状（皮肤发红，口周瘙痒脱皮，面部肿胀，严重的会咽喉肿痛、流涕、哮喘、呕吐、腹痛等）。

芒果的挑选和贮存：伟伟的爸爸生长在热带水果丰盛的南方，从小就会挑选热带水果。他告诉我说：芒果是无法通过肉眼看出是否成熟的，有的表皮虽然是青色的，但已经成熟了；有的表皮是红色的，却还没有成熟。所以，挑的时候要先闻闻，如果整个芒果散发着香甜的气味，是成熟的。如果没有，就是没有成熟。如果芒果散发着煤油味或是松节油的味道，不要选择它，也许芒果是添加了化学香气。再用手轻轻压压芒果，有一轻度的压痕，说明成熟了。无论买哪种芒果，皮质细腻且颜色深的，是新鲜熟透的。对于果皮有少许皱褶的芒果，不要觉得不新鲜而不挑选，恰恰相反，这样的芒果才更甜。虽然放置了一段时间，多余水分得到了蒸发，但糖分都留在果肉中了，所以这个时候的芒果最香甜且口感最润滑。

一旦芒果成熟了，最好把它们放入冰箱储存。如果将其去皮切块，可以冷冻储存6个月。但我们建议给宝宝选择储存时间在1个月以内的食物食用。不要把不成熟的芒果放入冰箱里，那样它们永远都不会成熟了。把它们放入一个纸袋里，成熟得会快些。

芒果去皮去核小窍门：芒果带皮又带核，虽然美味，但吃起来非常不方便，不好去核。伟伟爸爸也有窍门。他会将芒果洗净后，横着放在砧板上，在紧贴芒果核的地方平行下刀，切下。另一边也是，刀尽量贴紧芒果核。全部切完后，芒果会分成三部分：两片芒果肉，一片芒果核。如果还要芒果去皮，先用小刀在芒果肉上画十字小方块，画好之后，用两手的拇指和示指轻轻掰开，果肉就从果皮上脱落下来了。

芒果是经常入馔的水果之一，可吃的食谱太丰富了。无论是和鸡肉配，还是和米粉、梨、苹果、香蕉、甜瓜等搭配都独有风味。

芒果鸡丁（适合 12 个月以上宝宝）

【材料】

1 个小芒果，鸡胸肉一小块，胡萝卜半根，芹菜半条。

【做法】

第一步：将芒果照上法去核，挖出果肉；鸡胸肉洗净切碎；胡萝卜洗净去皮切碎；芹菜洗净切碎。

第二步：把切碎的鸡胸肉放入锅中，加入适量的水或原味鸡汤煮 5 分钟，再加入胡萝卜碎、芹菜碎，煮软，放入芒果，煮 3 分钟即可。

1 岁以上的宝宝可以将鸡胸肉切成小碎块，放入锅中过一下油，然后再烹调，调味可以适当加盐、料酒调味。

伟伟爸爸曾经因伟伟不吃豆腐而犯愁，不管怎么做，伟伟都不爱吃，让伟伟爸爸很苦恼。后来他根据别人的菜谱自制了西蓝花芒果豆腐给伟伟吃，没有想到，竟然得到了伟伟的喜欢。这让伟伟爸爸喜出望外。

芒果鸡丁

西蓝花芒果豆腐（适合 12 个月以上宝宝）

【材料】

小芒果 1 个，西蓝花 4 小朵，嫩豆腐 1 小块，原味鸡汤 2 杯。

【做法】

第一步：将芒果洗净去核去皮切成小块，西蓝花开水焯过，切碎，嫩豆腐开水煮一下去豆腥味。

第二步：锅里放入鸡汤，加入小块的嫩豆腐煮 5 分钟左右，放入西蓝花再煮 5 分钟，最后放入芒果稍微煮一下，收汁即可。

1 岁以上的宝宝可以先将豆腐过一下油，适当放调味品。

芒果酸奶也是伟伟爱吃的，酸奶里面加了芒果之后，风味更浓郁了，有奶香味，有芒果香气，令人留恋。

将 1 个芒果去皮，切碎；放入食品加工机中打碎弄细滑，再倒入 3/4 杯原味酸奶搅拌均匀即可。想别有风味的，或是更香的，可以加点香草，也可以加点小麦胚芽，都可以让芒果酸奶的滋味更独特。

芒果红薯泥可算是伟伟爸爸的创举，那天家里只剩下芒果和红薯了，想给伟伟做个小吃，伟伟爸爸想都是黄色的，而且都很甜，混合起来也许另有风味呢！于是，伟伟爸爸把那个小红薯煮熟，把仅有的一个芒果洗净去皮切碎，将两者混合均匀，桌子上还有罐椰汁，他又倒了些椰汁入芒果红薯泥中，混合均匀，自己拿勺子尝了一口，味道很香啊！该看看伟伟的表现了，伟伟先拿小鼻子嗅嗅，似乎很香，又用小手沾了些，放进小嘴里呷吧，若有所思似的，伟伟爸爸那个紧张啊，生怕伟伟不吃。伟伟停顿了一下之后，很欢喜地吃完了芒果红薯泥。

椰子

椰子是非常健康的食物，世界上许多地方还把椰子当主食来吃。伟伟爸爸也记得曾听老人讲过，那时候家里穷，就拿椰肉当粮食吃。在二次大战期间，受伤的士兵因葡萄糖短缺，就拿椰汁代替葡萄糖使用的（因为密封的椰汁是无菌的）。

椰肉芳香滑脆，提供 B 族维生素、蛋白质、硫、铁等营养素。它除可作为水果食用以外，还可以做成菜肴或蜜饯。**过去专家认为椰子油是不健康的，现在的研究却发现椰子油对我们大有裨益。椰子油里含的叫月桂酸，是母乳里最主要的脂肪酸之一。月桂酸使得母乳更容易消化和吸收，保护宝宝远离炎症，增强免疫力。**它和商业化精炼的椰子油是完全不同的。椰汁"清如水，甜如蜜"，饮后清凉、甘甜、可口，风味独特，营养价值高，是解暑的最佳饮品。新鲜的椰汁要在 24 小时内饮用完毕。

因椰子引起的过敏极少，但在给宝宝椰子之前，还是要谨慎的。先添加其他水果和蔬菜之后，再给宝宝添加椰子，添加椰子的时候也不要和其他新添加的食物一起添加。如果发生过敏，不容易分清到底是哪种食物。

椰子的挑选： 一般人看到椰子厚厚的外壳，都会望而却步，不知如何打得开，也不知如何购买椰子。伟伟爸爸很有办法，他说买椰子要买外皮呈深棕色的，晃晃里面椰汁满满的，这是优质的椰子。如果晃晃很轻，里面可能已经没有椰汁了，很可能表皮已经有裂痕了。这种椰子不仅少椰汁，里面的果肉也可能已经开始坏了。

很多人都不会打开椰子，因此好好的椰肉也是吃不到的，最多的是购买已经被商家开好口的椰子，用吸管喝喝椰汁。伟伟爸爸不同，他有很多的窍门取出雪白清甜的椰汁，留住椰肉。

打开椰子的小窍门： 他讲可以先找到椰子的"眼"，一般椰子上都有"椰眼"（在椰子的顶部），用钻子（打开红酒的开瓶器）或不锈钢的尖刀打开椰眼，倒出椰汁就好了。想把椰肉取出，就拿着椰子，找块砖头或是楼梯有棱的地方，连续敲，不一会椰子就自然开裂了，成了两半，将果肉取出即可。

也可以用烤箱加热打开椰子。烤箱预热到93℃，把取出椰汁的椰子放入烤箱，烘烤15分钟，然后取出，冷冻15分钟，然后用锤子敲开椰子，马上一分两半，很容易就取出椰肉了。

伟伟爸爸为什么特别不厌其烦地取椰汁，制作椰肉呢？他对我讲：椰子口感不是很甜，有淡淡的香气，有淡淡的甜味，很适合给小宝宝吃呢！伟伟就喜欢用椰汁拌香蕉吃，也喜欢椰汁炖鸡汤喝，还喜欢喝用椰汁煮的粥。所以，伟伟爸爸经常用椰汁给伟伟制作食物食用，很受伟伟的欢迎。

椰子鸡肉汤是伟伟爱吃的经典食谱。 取一块鸡肉，1岁以下的宝宝用鸡胸肉，洗净，切成小块，下入锅中，倒入原味鸡汤适量（鸡汤没过鸡肉），煮20分钟，再放入新鲜的椰子肉及椰汁，熬15分钟，清香甘甜的椰子鸡肉汤做好了。好喝又好吃！

椰子鸡肉蒸饭（适合11个月以上宝宝）

【材料】

新鲜的椰汁1杯，煮熟的鸡胸肉粒半杯，大米1杯。

【做法】

将大米洗净，加入新鲜的椰汁和煮熟的鸡胸肉粒，上锅蒸熟即可。

椰香南瓜羹（适合 6 个月以上宝宝）

【材料】

南瓜 1 块，新鲜的椰汁 1 杯。

【做法】

第一步：南瓜去皮去籽切成小块，上锅蒸 10 分钟，筷子能戳透南瓜即可，蒸熟冷却一会儿。

第二步：从新鲜的椰子中取出椰汁。

第三步：把蒸熟的南瓜及椰汁一起放入粉碎机打成细腻的糊状，倒入杯中。

椰子鸡蛋饼（适合 12 个月以上宝宝）

【材料】

新鲜的椰汁半杯，牛奶少许，鸡蛋 1 个，面粉 1½ 杯。

【做法】

第一步：面粉里加入椰汁、牛奶和鸡蛋搅拌均匀成糊状。

第二步：平底锅放油，倒入适量面糊，两面煎金黄色。

木瓜

有"百益果王"之称的**木瓜**，也是**适合 6 个月以上的宝宝添加的水果**。一般作为水果食用的多为番木瓜，是岭南四大名果之一。一看木瓜美丽的颜色，从橘黄色到粉红色，我们就知道木瓜含有丰富的 β－胡萝卜素和番茄红素，是很强的抗氧化成分，能保护宝宝的机体，抵抗严重疾病的侵袭（比如心脏病、癌症等）。再有，木瓜中的抗炎性成分，能够强化宝宝机体的免疫力，减轻哮喘的症状。这是一种自然帮助宝宝预防感冒及其他炎症感染的好方法，使宝宝从小强壮。有意思的是，木瓜还含有一种促进消化的物质叫木瓜蛋白酶，能够分解蛋白质，还是商业上经常使用的肉类柔软剂。这可以帮助宝宝清洁肠道，去除有毒物质，有益于降低宝宝胃酸的浓度。木瓜对宝宝的胃肠有双重作用，既能缓解宝宝的便秘，也可能引起宝宝腹泻。所以，对脾胃功能不好的宝宝添加要小心些。

　　木瓜引起宝宝过敏的情况并不是太多，如果宝宝对胶乳过敏或是有胶乳过敏的家族史，那么木瓜的添加就要晚些时间了（建议在 1 岁以上）。

　　伟伟曾经吃木瓜，皮肤发黄过，把伟伟爸爸、妈妈吓坏了，不明所以，看过医生后，知道了，是因为木瓜中含有丰富的 β - 胡萝卜素，如果给宝宝过食，宝宝皮肤会呈现一过性的黄色。这是无害的，停止食用木瓜后，过几天就好了。

　　木瓜的挑选：在木瓜的挑选上，伟伟的爸爸是行家里手，他说挑选木瓜要看怎么吃。如果一个木瓜想吃几天，就选择木瓜表皮带黄色斑块的，那表明木瓜马上要完全成熟了。想木瓜快点成熟，可以将其放入纸袋中和香蕉混放在一起，这样就成熟得快了。

　　如果想回去就吃，就挑表皮颜色发红的、闻起来很香的、按一按有弹性的。但闻起来太香了，按一按又太软了，说明快要坏了，不要购买了。

　　不要购买完全是绿色的和硬的木瓜。如果完全是绿色的，是不会成熟变甜的，木瓜只有在出现黄色斑块之后才会成熟。也有一些人会拿生木瓜煮汤喝、做菜吃，但不要给宝宝吃。

木瓜芒果燕麦粥（适合 6 个月以上宝宝）

【材料】
1 杯鲜奶或母乳或配方奶粉，煮熟的燕麦粥半杯，芒果 1 块，木瓜 1 块。
【做法】
第一步：煮熟的燕麦粥用鲜奶调匀，小火稍煮 2~3 分钟。
第二步：将木瓜和芒果块切丁，倒入锅中，煮 2 分钟后即可。

　　如果宝宝小，木瓜和芒果要成泥状，8 个月以上的宝宝可以如豌豆粒大小丁状。

木瓜椰汁蒸鸡蛋（适合 8 个月以上宝宝）

【材料】
木瓜 1 块，鸡蛋 1 个，椰汁 1 勺，1 杯牛奶或母乳或配方奶粉适量。

木瓜椰汁蒸鸡蛋

【做法】

第一步：木瓜洗净去皮切丁（丁的大小根据宝宝的月龄）。

第二步：鸡蛋打均匀，倒入椰汁和牛奶，搅拌均匀。

第三步：撒入木瓜丁，上锅蒸 8~10 分钟即可。

木瓜炖奶酪（适合 12 个月以上宝宝）

【材料】

木瓜 1 块，鲜奶 1 杯，鸡蛋白 2 个，冰糖 1 小块，醋 1 小勺。

【做法】

第一步：鲜奶煮沸，加入冰糖煮至融化，放凉备用。

第二步：蛋白打散，加入冷却后的牛奶和一小勺醋拌匀。

第三步：把第二步过滤下，装入小碗，蒙上保鲜膜。

第四步：入锅隔水蒸 10 分钟即成奶酪。

第五步：木瓜切块，用搅拌机打成泥，食用的时候淋于奶酪上。

菠萝

菠萝是很不错的热带水果，是膳食纤维的良好来源，还有良好的抗炎作用，内含的酸性物质能有效地帮助宝宝的消化功能。这种酸性物质叫菠萝蛋白酶，能够分解蛋白质。也就是说宝宝喝了新鲜的菠萝汁，菠萝汁中的菠萝蛋白酶会让宝宝吃进去的肉食变软变嫩，更容易消化和吸收。

但菠萝不是宝宝第一类要添加的食物。一是菠萝中纤维的含量非常高，容易让宝宝噎到，所以给食的时候要特别当心。二是尽管菠萝极少引起宝宝过敏，但还是有新鲜的菠萝或菠萝汁引起宝宝的尿布疹，甚至是菠萝罐头。另外也有些个别的例子，菠萝中的酸性物质引起宝宝口周痒疹。这和过敏是两回事，是因为宝宝对菠萝中的强酸物质不适应，即使是大人也会有这样的情况。

正是因为这些原因，菠萝不适合做宝宝第一类的辅食。**在宝宝 9 个月以后**，消化系统功能更完善些了，能更广泛地接受更多的食物了，**可以考虑给宝宝添加菠萝**。刚开始添加的时候速度要慢，给的量要少，让宝宝有个适应的过程，确保宝宝避免强酸物质的影响。

此外，罐装菠萝不含有菠萝蛋白酶，因为在加工过程中被破坏掉了。所以如果想给宝宝做果冻的话，用罐装的更好。新鲜的菠萝会把明胶破坏掉。

菠萝的挑选：在菠萝的挑选上要选择表皮呈淡黄色或亮黄色的，闻起来香气馥郁，按一按挺实微软，这样的菠萝是成熟度好的菠萝。如果表皮呈铁青色，按之发硬，闻之无香气，说明菠萝没有成熟。如果按之过于凹陷，闻之浓香扑鼻，说明成熟过度，这样的菠萝不要购买。不要给宝宝吃不成熟的菠萝，容易引起宝宝腹痛、腹泻、咽喉肿痛等。

菠萝和香蕉、梨、红薯、奶酪、椰汁搭配风味独特。

简单的菠萝酸奶（适合 9 个月以上宝宝）

【材料】
1 块菠萝，枫糖浆，原味酸奶。

【做法】
第一步：将菠萝表面均匀沾上枫糖浆。

第二步：煎锅加热，然后放入菠萝，烤热，翻一面，再烤热，趁热放入食品加工机中打碎，取出，倒入原味酸奶，混合均匀即可。

超甜菠萝红薯豆奶（适合 10 个月以上宝宝）

【材料】
1 个小的甜的红薯，去皮切丁；1/2 杯豆浆；1 块菠萝，剁碎。

【做法】

将红薯丁用小火加豆浆煮开至软，倒入碗中，混合菠萝碎即可。

菠萝猪肉（适合 8 个月以上宝宝）

【材料】

1/2 杯里脊肉剁碎，1 杯低盐的鸡汤，1 个小的红薯去皮切丁，1 块菠萝剁碎。

【做法】

将里脊肉和红薯混合放入锅中，倒入鸡汤，大火烧开，转小火烧 5~10 分钟。加入菠萝，一直煮，煮到肉熟，红薯变软即可。

鸡肉菠萝（适合 8 个月以上宝宝）

【材料】

1/2 杯鸡肉剁碎，1 杯自制鸡汤，1 块菠萝剁碎。

【做法】

将鸡肉放入锅中，倒入鸡汤，大火烧开，转小火烧 5~10 分钟。加入菠萝，一直煮，煮到肉熟即可。

南瓜菠萝（适合 8 个月以上宝宝）

【材料】

1 块南瓜去皮切丁，1 块菠萝剁碎，自制蔬菜汤适量。

【做法】

将南瓜和菠萝一起放入锅中，倒入自制蔬菜汤，大火烧开，转小火烧至菠萝及南瓜软烂为度。

春天第一果——草莓

草莓是世界上最常见的浆果之一，众多宝宝都喜欢吃，那鲜美红嫩的颜色，呈心形的形状，酸酸甜甜的味道，沁人心脾的清香，无不吸引着宝宝的眼球。芳芳就是其中的一个爱吃草莓的宝宝，芳龄 8 个月，但芳芳和其他爱吃草莓的宝宝不太一样的是，只要芳芳一吃草莓，口周就会发红发痒，甚至会出疹子，这让芳芳妈妈很无奈，不知道她的芳芳为什么会这样，难道是对草莓过敏吗？

芳芳妈妈的怀疑是没错的，芳芳是对草莓过敏。尽管草莓是如此的诱人，**但遗憾的是草莓经常会引起宝宝过敏**。特别是年幼的宝宝。轻者，像芳芳一样出现口周痒疹，重则会出现喉头水肿。也有些宝宝出现的是荨麻疹。如果宝宝有哮喘，吃了草莓之后有可能哮喘症状会加重，如果宝宝身上有湿疹，也可能湿疹的症状会加重。还有的宝宝出现的是尿布疹。

为什么草莓会引起宝宝过敏呢？至今尚未研究清楚。一些研究认为，可能是与草莓表皮的红色有关，会让宝宝的机体出现过敏反应，实验发现一些吃白色草莓的人就没有过敏的现象出现。遗憾的是白色的草莓微乎其微。

正因为过敏的原因，所以在宝宝 12 个月之前不建议给宝宝添加草莓。也有一些专家有不同的意见，认为在宝宝 6 个月之后就可以给宝宝草莓吃了。对于这样的争议，妈妈需要谨慎对待。如果家族中有食物过敏史，如果宝宝本身长了湿疹尚未痊愈，如果宝宝有过敏性哮喘等过敏性疾病，那么就不要在宝宝 12 个月之前给宝宝添加草莓。如果没有，可以小心地尝试着给宝宝添加，观察宝宝的反应，宝宝没有不适，那么可以放心地添加草莓了。

芳芳妈妈也提出了个极重要的问题。她说：我曾经给芳芳吃过含草莓的婴儿食品啊，芳芳并没有过敏啊？为什么婴儿食品中的草莓，我们芳芳就不过敏，新鲜的草莓就会过敏呢？是这样的，婴儿食品里含有的草莓经过消毒加工后，能引起过敏反应的因素降低了，反而不怎么会引起宝宝过敏了，所以可以给宝宝吃的。

草莓中的维生素 C 含量极高，不仅能帮助宝宝增强消化功能，还能润肺止咳，健脾补血，是宝宝强身健体的佳品。

草莓的挑选和贮存：说到给宝宝吃草莓，挑选可是门学问。现在市面上草莓的种类特别多，有的个头特别大，叫奶油草莓；有的长得奇形怪状的；有的颜色呈深紫红色了……挑选草莓的时候要挑选果实中等大小，呈长圆锥形、香气浓、鲜红有光泽的、蒂头上带有鲜绿色叶片的为佳。不要购买个头过大、奇形怪状的草莓，也许添加了激素。

新鲜的草莓买回家，要做彻底的清洗，因为草莓的表皮会带有一定的杀虫剂，需要流水反复冲洗，洗过之后还可以浸泡一会儿，取出，再制作给宝宝食用。如果不放心草莓表皮的杀虫剂，可以选购有机草莓。

吃不完的草莓，找个浅的容器，将草莓蒂头向下存放，因为草莓容易损伤，千万不要叠着放，放在冰箱中的草莓也要尽量在 1~2 天内吃完。给宝宝吃，不必要一次购买很多，买少点，够一天吃的就行。想吃了再买。

草莓手指食物（适合 12 个月以上宝宝）

【材料】

1/4 杯新鲜的草莓切片，1/2 个鸡蛋，1/3 杯苹果汁，1/8 杯黄油，1 杯面粉，1/2 小勺小苏打，1/2 小勺酵母粉。

【做法】

第一步：烤箱预热到 180℃。

第二步：半杯草莓捣碎，倒入苹果汁，搅拌均匀。

第三步：倒入鸡蛋、香草、黄油，一起搅拌均匀。

第四步：加入面粉，苏打粉、酵母粉，完全混合。

第五步：加入剩余的草莓片，倒入烤盘中，烤盘底部先擦油。

第六步：烤制 20~30 分钟，直至烤熟，取出，晾凉，切成宝宝可手拿的大小。

草莓手指食物

草莓牛奶（适合 12 个月以上宝宝）

【材料】

2 杯成熟的甜草莓，1 杯牛奶。

【做法】

洗净草莓，用食品加工机将草莓打碎，倒入牛奶混均匀即可。

草莓干酪饼（适合 12 个月以上宝宝）

【材料】

1/8 杯草莓碎，1/2 杯奶酪，1/2 勺香草，烤制过的小麦胚芽。

【做法】

将草莓碎和奶酪完全混合均匀；把烤制过得小麦胚芽放在一个碗里，取 1 勺草莓碎奶酪混合物放入小麦胚芽碗里，滚均匀即可。

草莓布丁（适合 12 个月以上宝宝）

【材料】

1 杯新鲜的草莓，琼脂 5 克，2 杯鲜奶，枫糖浆适量。

【做法】

第一步：草莓洗净剁碎；加入牛奶搅拌均匀，加入枫糖浆。

第二步：锅里加入 1 杯水，将琼脂煮至溶解。

第三步：熄火加入草莓牛奶、枫糖浆后，倒入模型中，放入冰箱中冷藏即可。

贴心提示：12 个月以上宝宝吃果冻类食物，要在爸爸妈妈的关注下食用，避免被噎住。

七、模范生——蛋类

蛋类食物包括鸡蛋、鸭蛋、鹅蛋、鹌鹑蛋、鸽蛋等，均含有丰富的胆碱，在宝宝的大脑发育中扮演着重要的角色，让宝宝更健康。内含的 DHA 是一种好的脂肪酸，对宝宝大脑的发育益处更深远。蛋中的蛋白质叫完全蛋白质（蛋类的蛋白质氨基酸组成和人体组织的蛋白质最接近，几乎全部都能被宝宝吸收），即使是宝宝不吃肉，也能从鸡蛋中获得完全蛋白质。蛋中的叶酸能为宝宝制造新的细胞，蛋是除了动物肝脏，极少的维生素 D 来源的食物。蛋中的叶黄素能保护宝宝的眼睛免受阳光的伤害，帮助从小预防其他眼疾。而且蛋类中提供的叶黄素的形式还特别容易被人体吸收利用。此外，还有铁、锌、硒等有益宝宝的矿物质。

高胆固醇的鸡蛋会升高宝宝的"坏胆固醇"吗

也有些妈妈会认为蛋类食物中胆固醇的含量高，会升高宝宝"坏胆固醇"，请不要把患心脏病的责任归咎于蛋类。蛋类是提供给宝宝优质蛋白质的健康食物，可谓是宝宝营养的"模范生"。相比较蛋黄和蛋白的营养，蛋黄的营养更集中更全面，因此，即使不能够在 1 岁之前吃蛋白，那么吃蛋黄还是非常有益的。

像这样一个健康的食物，什么时候给宝宝添加合适却是个极有争议的话题。我们国人是最热衷给宝宝添加蛋黄的，一般在 4 个月的时候就纷纷给宝宝添加了，还有些爸爸妈妈甚至会更早添加，这样的添加真的合适吗？

鸡蛋什么时候给宝宝添加才合适

直到最近，**医学专家一致推荐蛋黄可以在宝宝 12 个月之前尝试添加，蛋白要等宝宝过了 1 岁生日之后添加。**这是因为蛋白部分比蛋黄部分更容易诱发过敏反应，而且可能会更严重。当然，也有些不同的意见。有些专家认为延迟添加蛋黄、蛋白，对宝宝没有什么明显的益处。但更多的专家仍然坚持在宝宝 6 个月之前不要给宝宝添加蛋黄、蛋白，即使是没有家族过敏史。

无论如何，我都强烈建议不要过早给宝宝添加蛋黄。我们国人传统的 4 个月就给宝宝添加蛋黄的习惯是到了该改改的时候了。因为一旦发生鸡蛋过敏反应，情况会非常严重的。也有很多的妈妈不以为然，认为我给宝宝添加过，我的宝宝也没有什么问题啊！其实不然，蛋黄也好，蛋白也好，大分子的蛋白质是宝宝娇嫩的脾胃不容易消化和吸收利用的，也许宝宝的确没有过敏，但很可能出现其他的消化问题，比如消化不良或便秘等问题。

还会有更多的妈妈疑惑了，不给宝宝添加蛋黄，那我的宝宝如何补铁啊？我的宝宝不是会缺铁吗（这个问题参见补铁一章内容）？

蛋类过敏问题参见过敏一章。

萱萱如今 8 个月了，见人一脸笑，是一个可爱的小姑娘。妈妈也曾经听人讲，过早添加鸡蛋不好，宝宝接受不了，因此一直没有给萱萱添加，如今觉得到了该让萱萱尝试的时候了，毕竟鸡蛋是那么有营养的食物啊！萱萱妈妈的想法没有错，如果宝宝已经长大了些，脾胃的消化吸收能力发育得较好了，是该给宝宝尝试尝试美味的鸡蛋了。

如何挑选鸡蛋？土鸡蛋和市售红皮或白皮鸡蛋营养有差别吗

萱萱妈妈一直认为土鸡蛋营养价值要比市售的一般鸡蛋营养价值高，因为土鸡都是散养的，吃的杂，所以她就打算给萱萱购买土鸡蛋。**事实是，鸡蛋无论是白壳的还是红壳的，其营养价值相当**。只有一种例外，就是有机鸡蛋。有机鸡蛋无论是在味道上，还是在营养价值上，都远在非有机鸡蛋之上。因此，有条件可以为宝宝选择有机鸡蛋。

听了我的解释，萱萱妈妈说：敢情我一直认为对的事情，也有误区啊！那我喜欢买大个的鸡蛋没有错吧？**鸡蛋的营养和鸡蛋个子的大小关系不大哟！和鸡蛋是否新鲜关系更大些啊！**可我看不出来鸡蛋是否新鲜啊！都一模一样，有日期标签的还好，买最近日期的鸡蛋就好了，没有日期标签的鸡蛋我怎么能知道新鲜与否啊？

超市购买的鸡蛋多已经打上日期了，购买最近日期的鸡蛋就好。另外，要挑选离光源远的鸡蛋，这样的鸡蛋更新鲜。如果买的是农贸市场的鸡蛋或是没有日期的鸡蛋，买的时候一要看看鸡蛋外壳是否完整无破损，有裂口的鸡蛋很容易滋生细菌，不要购买给宝宝食用。二要用手触摸鸡蛋的表面，新鲜的鸡蛋外壳较粗糙，不光滑。

如何检测鸡蛋是否新鲜

买回家的鸡蛋，有两个方法可以检测鸡蛋是否新鲜，一种是打开一个看看，如果是 3 天之内的鸡蛋会有浑圆的蛋黄和两层蛋白。12 天的鸡蛋，蛋黄开始变得扁平，两层蛋白也不易区分了。21 天的鸡蛋有着扁平的蛋黄，两层蛋白已完全分不清了。给宝宝选用最新鲜的鸡蛋烹调。

另一种简单的检测方法就是把完整的鸡蛋放进一杯水里，新鲜的鸡蛋会直接沉入杯底，然后就不再动了，稍微过期但仍然可以食用的蛋会停留在杯子中间，而必须丢掉的变质蛋会浮在水面上。鸡蛋买回家之后，冰箱储存，储存的时候要尖头朝下放在冰箱鸡蛋盒内，并且在 28 天之内吃完。

如何轻松分开蛋黄和蛋白

萱萱妈妈听到此，惊讶了，一个小小的鸡蛋还有这么多学问啊！是啊，那我就给宝宝吃蛋黄，不吃蛋白，有没有好的方法把蛋黄和蛋白分开啊？三种方法啊，一种方法是将鸡蛋煮熟，剥开外壳，掰开蛋白，取出蛋黄；另一种方法是，将生蛋顶部磕一个小洞，取一个碗，慢慢倒入鸡蛋清，留住蛋黄；再有一种方法，就是用分蛋器来分蛋黄和蛋白，非常轻松就可以分开蛋黄和蛋白了。

如何把鸡蛋煮熟还嫩

很多新手妈妈经常怕鸡蛋煮不熟，时间久了，煮的鸡蛋又非常老，蛋黄很干又噎人，有没有办法能让蛋黄变得嫩些，不噎人，还煮熟了？有一种方法很好使，可以让鸡蛋既熟了，还保持嫩的程度。将鸡蛋放入锅中，倒入冷水没过鸡蛋，烧开 2 分钟，用小火再煮 2 分钟，关火，焖 15~20 分钟捞出泡冷水。这样，剥出来的蛋又光又滑，切开后看似凝固未凝固，无论怎么做都美味可口。原因很简单，鸡蛋中的蛋白质在 60~70℃时就会凝固，不需要长时间煮就能得到煮好的鸡蛋了。煮熟的鸡蛋要在 48 小时之内吃完。

萱萱妈妈兴冲冲地回了家，用新学的方法尝试鸡蛋的制作。没几天，她就给我打电话说：方法真不错，鸡蛋煮出来之后真的是又好剥又光滑还特别嫩，怎么做都好吃，萱萱很喜欢吃呢。我问萱萱妈妈，都给萱萱做了什么吃？萱萱妈妈说：鸡蛋多好搭配啊，和什么食物搭配都行啊！蒸鸡蛋羹，做鸡蛋卷，炒饭什么的不都行吗？真的不错，加油！鸡蛋确实百搭，无可挑剔！

蛋类食谱

胡萝卜蛋羹（适合 8 个月以上宝宝）

【材料】

1/3 杯煮熟的胡萝卜泥，1/2 杯牛奶（全脂、母乳或配方奶粉），1 个生蛋黄。

【做法】

将煮熟的胡萝卜泥倒入锅中，打入蛋黄和牛奶，搅拌均匀；中火烧，不停搅拌，直至黏稠，关火，倒入，晾凉。

蔬菜鸡蛋羹（适合 8 个月以上宝宝）

【材料】

鸡蛋黄 1 个，洋葱 1 汤匙，青椒半汤匙，红椒半汤匙，1/4 杯水。

【做法】

第一步：鸡蛋黄充分搅打后加水搅拌均匀。

第二步：洋葱去皮后切成豌豆粒大小，捣碎甜椒。

第三步：把第一步和第二步的材料倒入同一个碗中，搅拌后放蒸锅里蒸 10 分钟即可。

番茄水果鸡蛋卷（适合 12 个月以上宝宝）

【材料】

1/3 杯土豆粒，苹果 1/4 个，中等大小的香蕉半根，捣碎的番茄 2 汤匙，鸡蛋 1/2 个，1/3 杯牛奶，少量橄榄油。

【做法】

第一步：土豆蒸熟后去皮，捣碎，苹果和香蕉切成豌豆粒大小。

第二步：把苹果、香蕉和土豆一起炒一会儿后，加入捣碎的番茄继续炒熟即可。

第三步：另取一平底不粘锅，放几滴橄榄油，倒入用牛奶搅拌好的鸡蛋液，小火煎成薄薄的一层鸡蛋饼。

第四步：把第二步炒熟的苹果、香蕉等混合材料放在鸡蛋饼上，包裹后上蒸锅蒸 5~10 分钟即可。

奶酪鸡蛋饭（适合 12 个月以上宝宝）

【材料】

软一点的米饭小半杯，中等大小的虾仁 3 个，胡萝卜片 2~3 片，洋葱 1 片，婴儿用奶酪 1/2 片，鸡蛋 1 个，少量黄油，少量盐。

奶酪鸡蛋饭

【做法】

第一步：虾仁、胡萝卜、洋葱、奶酪切成豌豆粒大小。

第二步：鸡蛋搅拌均匀后用盐调味。

第三步：锅里放黄油炒胡萝卜、洋葱、虾仁或加软饭充分搅拌，最后加婴儿用奶酪再炒一次。

第四步：锅里加鸡蛋液，半熟后加第三步的饭炒熟。

豆腐炒鸡蛋（适合 12 个月以上宝宝）

【材料】

豆腐小半杯，鸡蛋半个，洋松茸 1 勺（可用蘑菇代替），油菜半棵，洋葱 1 片，少量蚝油，核桃粉适量，少量橄榄油。

【做法】

第一步：洋松茸去掉下半截后切成豌豆粒大小，油菜用开水烫一下后挑菜叶切成豌豆粒大小，洋葱去皮，切成豌豆粒大小。

第二步：豆腐去水分后捣碎，然后加第一步充分搅拌。

第三步：向加食用油的热锅里放入第二步和鸡蛋，边搅边炒，直到无水分。

第四步：蔬菜熟到一定程度后加蚝油调味，最后撒点核桃粉。

鳕鱼油菜鸡蛋卷（适合 12 个月以上宝宝）

【材料】

鳕鱼肉小半杯，鸡蛋半个，油菜叶 5 片，少量盐，少量橄榄油。

【做法】

第一步：鳕鱼肉以 3 毫米厚度切成肉片再用刀背敲打。

第二步：鸡蛋打碎后放入少量盐。

第三步：油菜用开水烫一下后去掉水分。

第四步：把第二步倒入加有橄榄油的煎锅里，然后等鸡蛋煎熟后放入第三步的油菜和第一步的鳕鱼肉后卷成鸡蛋卷。待鸡蛋卷凉后，切成 1.5 厘米的小段。

八、肉 类 食 物

强强是个看上去长得壮壮实实的小男孩，有 2 岁了，自 6 个月开始，妈妈就经常给强强用鸡汤或是排骨汤煮饭吃，不是煮粥，就是煮面片。随着强强的长大，妈妈每天都给强强肉吃，鸡肉也好，猪肉也好，牛肉也好，总之不能少。因此，强强特别爱吃肉，红烧肉、猪蹄髈、炖排骨等等都是他的最爱，吃起肉来那个香啊，别提多美了。强强妈妈非常自豪，认为正是这样的喂养（天天饭后一碗排骨汤或鸡汤，每天都有肉吃，每周还要吃 1~2 次鱼），所以强强才很少生病。但他不爱吃青菜，妈妈也不以为然，还认为强强还小，吃青菜咀嚼不了那么长的纤维，等他再大些了，自然就会吃菜了，不用管。爱吃肉，喜欢吃肉是好事，小男孩可以长得特结实，特健壮，那多好啊！尽管强强经常腹胀，大便时干时稀，妈妈也没有意识到自己的喂养方式需要调整了，还认为是跟自己月子里没有吃好有关系。

像强强妈妈这样的喂养不在少数。我们传统的经验是，很早的时候就给宝宝添加肉类食物，甚至很多是在 6 个月之前，比如肝泥、肉末、骨头汤等等。这样的添加真的是适合宝宝的吗？

妈妈们想的没有错，宝宝健康的生长发育是离不开蛋白质的，没有蛋白质的营养，宝宝也不能得到良好的健康生长发育。所以，及时、适当给宝宝吃各种肉类是必须的，也是宝宝健康成长的基础。但很多妈妈忽视了重要的一点，蛋白质的代谢产物是要由肾脏排出的，而过量给宝宝各种肉类食物，容易造成宝宝体内摄入的蛋白质过量，加重宝宝肾脏的负担，甚至会导致严重的肾脏疾病。因此对宝宝而言，过早添加肉类食物，大分子的蛋白质可能会增加宝宝过敏的风险；过早添加肉类食物，还可能引起宝宝的消化问题，就像强强一样，会经常腹胀，大便时好时差，如果长此以往，反而会伤了宝宝的脾胃，影响宝宝的生长发育。所以，每位妈妈为了宝宝更健康，要慎重对待蛋白质。

肉类食物一般分为畜肉和禽肉两大类，畜肉以牛、羊、牛肉为主，禽肉包括鸡、鸭、鹅等，能为宝宝提供优质的蛋白质，而且也是容易被宝宝吸收利用的健康食物，是宝宝生长发育的必需物质，可以增强宝宝的记忆力。丰富的 B 族维生素（B_1、B_2、B_6、B_{12}）、铁质等营养素促进宝宝神经系统的发育，预防贫血，让宝宝充满活力。

但并非宝宝多吃肉是多多益善的，适量的摄取，适时的添加，对宝宝来说更是健康的选择。尽管有些最新的研究建议，肉类食物甚至可以作为宝宝的第一个辅食，建议在 6 个月的时候就可以考虑添加了，特别是母乳喂养的宝宝。原因是母乳里含有很少的铁质，6 个月的时候，已经不能满足宝宝迅速生长发育的需要了。肉类食物中含有丰富的铁质，而且生物利用率相对比较高，可以满足宝宝对铁质的高度需要。况且，肉中的铁质也让宝宝比较容易吸收。

但更多的专家认为宝宝在 7 个月左右开始添加肉类食物更好，一是宝宝胃肠的消化吸收能力比以前强了，二是宝宝的肾脏系统也比前几个月发育得更加完善了。即便是如此，**给宝宝添加肉类食物，也要从白肉开始，而且是瘦肉、少脂肪的肉开始**。虽然宝宝的消化能力在逐步完善，但宝宝仍然不能够很好地消化脂肪，过食脂肪，会影响宝宝的脾胃功能，**所以要晚一步给宝宝添加脂肪含量高的肉类食物（红肉）**。

红肉与白肉的区别源于肌红蛋白在肉中的含量不同。家畜肉中肌红蛋白含量高，所以肉质呈现红色，因此称为红肉。家禽肉含量低，所以称为白肉。红肉中脂肪含量比较高，且以饱和脂肪酸为主，白肉类多数由不饱和脂肪酸组成。所以，给宝宝肉类食物，先从鸡胸肉、里脊肉、牛柳等开始。鱼类添加也是从白色鱼肉开始。

如何给我的宝宝准备肉类食物

尽管肉类食物营养丰富，但相比较而言，还是比蔬菜水果要难消化，所以给宝宝制作肉类食物时要把肉剁碎，并且在剁碎之前去掉肉眼可见的脂肪。也有些妈妈认为单独煮肉给宝宝吃，又没有任何调味品，味道不够香，那么妈妈们可以尝试把肉类食物浸泡在苹果汁里，会得到意想不到的欣喜。一般给宝宝制作肉类食物多采用炖、烧、煮、蒸等烹调手法，这样制作肉比较容易熟、烂，且味道香。如果能搭配菜类食物一起制作，营养会更全面，因为蔬菜中的维生素 C 能促进肉类食物中铁质在宝宝体内的吸收率。

给宝宝吃肉，也需要注意：不要给宝宝吃夹生的畜肉或家禽；不要用微波炉化冻，因为微波炉化冻时，可能周边已经解冻了，可是中间还没有解冻。如果没有马上使用，很可能细菌会繁殖，这样对宝宝来说是不安全的。

关于肉类食物的过敏问题，妈妈也是需要注意的，任何食物都会引起宝宝过敏，同样，肉类食物也会。如果发生肉类食物过敏，一般多出现在皮肤上（比如皮炎等）。牛肉和鸡肉似乎比羊肉过敏的要多。尽管烹调会减低肉类食物过敏性，但是不完全。如果宝宝对其他食物有过敏的现象，或是家族有过敏史，添加的时候要特别小心。

冰箱里冷冻的肉类食物，拿出来给宝宝制作时，为了最大限度地留住肉类食物中的营养，解冻的方法参见母乳解冻的方法。

鸡肉

一般最先给宝宝添加的肉类食物是从鸡肉开始的，多数人建议在宝宝7个月左右可以添加了。为什么会首选鸡肉呢？不仅是因为鸡肉是极好的蛋白质来源，还因为鸡肉也是烟酸和磷的良好来源（帮助蛋白质、脂肪及碳水化合物在新陈代谢中释放能量）。富含的维生素 B_6 和硒有极好的抗氧化能力。如果跟其他肉类食物相比，鸡肉还少脂肪，且所含的脂肪还很少饱和脂肪（妈妈们都知道饱和脂肪是不健康的，越少摄取越好）。但是鸡皮里所含的脂肪却是鸡肉的 2 倍以上，且少益处。因此，给宝宝食用鸡肉时，要先去鸡皮，鼓励宝宝吃无皮的鸡肉。鸡胸肉就是妈妈们不二的首选啰！

鸡肉的挑选和贮存：妈妈在选购鸡肉时，要看鸡肉的肉质是否粉嫩、结实、有光泽；鸡皮是不是呈淡黄色或黄色、光亮有弹性、毛孔突出；鸡冠是不是为淡红色，软骨是否白净。如果是，说明是新鲜的鸡肉。

要是购买全鸡，一看鸡皮，避免鸡皮上有不透明的斑点；二看鸡形，要买圆圆鼓鼓比较饱满的全鸡，不要购买瘦骨嶙峋的鸡。但鸡不能过于圆圆鼓鼓，过于圆鼓，很可能是添加了过量的激素。有条件的话给宝宝选择有机鸡。如果买的是冷冻鸡，要看看包装上是否有冷冻的液体，如果有，说明鸡是反复被冷冻过的，不要购买。无论是购买新鲜的还是冷冻的鸡，最好选择当地的鸡，经过长途运输的鸡，比起当地的鸡，会有较多营养损失。

如果冷藏鸡肉，要把包裹好的鸡放在冰箱最冷的一层，且远离门口，确保没有其他食物的水从上一层滴到鸡肉上。放在冰箱里新鲜的鸡最好在 2 天之内吃完。

解冻鸡肉时要在冰箱冷藏层解冻，不要在室温下解冻。也不要用微波炉解冻。因为，一部分鸡肉已经解冻，还有一部分需要些时间才能解冻，这段时间里细菌会迅速繁殖。

当准备鸡时，不要和其他食物混放，避免交叉污染。因为很多家禽类动物的肠道中都含有沙门菌和弯曲杆菌，特别是在生的和夹生的鸡肉中。不合理的处理和储存鸡肉，会引起食物中毒。

准备好的鸡肉食物，冰箱放置24小时内食用。如果不在 24 小时内食用，要放入冷冻层储存。

至于鸡肉的处理，要选个干净的砧板，如果鸡胸肉上有不消化的油脂或筋，要去掉，去的时候一手拿着筋的一端，一手用刀沿着筋按压后，一拉就很容易去净，之后洗净鸡胸肉，根据宝宝年龄的大小，切碎鸡胸肉。

香菇鸡肉粥（适合 7 个月以上宝宝）

【材料】

大米（或糙米或燕麦或大麦均可）1 杯，煮熟的鸡胸肉茸半杯，香菇碎1 汤匙，油菜碎 1 汤匙。

【做法】

第一步：将大米洗净，香菇用温水泡软剁碎，一起下入锅中煮粥，可以加香菇水或鸡汤或蔬菜汤煮粥，也可以加苹果汁煮粥，随妈妈的意，看宝宝的喜好。变化着花样制作会让宝宝更喜好吃。

第二步：粥煮熟透后加入油菜碎，稍煮一下，即可出锅。

鸡肉汤小馄饨（适合 10 个月以上宝宝）

【材料】

鸡肉茸 1/3 杯，煮熟的小馄饨 3~5 个，洋葱、胡萝卜、西芹碎各少许，鸡汤适量。

【做法】

第一步：鸡肉茸和洋葱碎、胡萝卜碎、西芹碎拌匀成鸡肉酱。

第二步：锅里倒入适量自制鸡汤，放入拌好的鸡肉酱，边搅拌边用大火加热至汤滚，转小火，保持微滚，切忌再搅拌。用小火将汤煨烧 30 分钟左右，用滤布滤出清汤。

第三步：煮熟的小馄饨倒入清汤即可食用。

基础鸡肉丸子（适合 10 个月以上宝宝）

【材料】

瘦的鸡肉馅 1 杯，葱姜水 1 汤匙，淀粉半勺，盐少许（可选），胡椒粉少许，半杯水。

【做法】

第一步：将瘦的鸡肉洗净去皮去油脂，切成小块状再剁碎成馅，放入大碗中，加葱姜水，少许盐，胡椒粉，往同一方向搅拌，边搅拌边加适量水，直至搅拌肉馅有黏性，加少许淀粉拌匀，再摔打摔打，让肉馅有紧实感。

第二步：取一锅，加入适量水，用中火烧至锅底冒水泡，转小火；用手捏出丸子状，将鸡肉丸子放入锅中，煮至丸子浮至水面，即可捞起过凉水。

第三步：可以用鸡肉丸子给宝宝做菜、煮汤或做手指食物食用。

鸡肉饭团（适合 12 个月以上宝宝）

【材料】

软米饭 1 杯，鸡肉丁半杯，胡椒粉、米酒、盐（可选）、黑芝麻（可选）适量。

【做法】

第一步：一种是用煎锅加少许油，将鸡肉丁煎熟，一种是先将鸡肉煮熟（可用鸡汤或蔬菜汤煮熟，收汁），然后切丁。

第二步：洗净双手，戴上手套，将新鲜的软米饭和鸡肉丁拌匀，然后握成宝宝一口可以吃下的饭团，1 岁以上的宝宝可以在芝麻粉里滚一滚即可。

鸡肉丁的大小根据宝宝的月龄，如果是 10 个月的宝宝，鸡肉丁切成豌豆大小，1 岁以上的宝宝切成骰子大小，加入盐（可选）、糖（可选）、米酒、胡椒粉腌制两分钟。

鸡肉饭团

猪肉

猪肉维生素 B_1 含量是肉类冠军，能够促进宝宝神经系统的发育，且助宝宝消化和吸收。这些肉类适合给 7、8 个月以上的宝宝添加。

制作的时候先要去净脂肪和筋膜，放凉水里浸泡 20 分钟，去掉血水；然后切成 3 毫米厚度的薄片后放水里煮，需要和其他材料一起重新煮时，用开水烫一下即可。

自制猪肉松（适合 10 个月以上宝宝）

【材料】

有机瘦猪肉 250 克（1¼ 杯），葱小段，橄榄油 20 毫升（2 汤匙），姜末少许，八角 2 个，花椒少许。

【调料】白糖 1 汤匙，生抽 1 汤匙，盐一点（1 岁以下宝宝可不选或少选）。

【做法】

第一步：瘦猪肉洗净去除筋膜，沸水煮 5 分钟后捞出，冲凉水。

第二步：八角、花椒、葱用豆包布包好与猪肉块一起放入高压锅中，加入适量水，煮 20 分钟至猪肉完全软烂，轻易可用筷子串过。

第三步：将煮好的猪肉稍稍放凉后用叉子撕成超级细的丝，越细致均匀越好。

第四步：平底锅加热倒入橄榄油，放入肉丝，中小火加热，不停地翻炒收干水分，放入糖，继续翻拌至水分进一步收干后加入生抽，继续翻炒约 30 分钟至肉丝完全变干。

第五步：稍凉后放入食品粉碎机继续搅打成相当之细腻的肉松，入保鲜盒冰箱保存。

南瓜猪肉饭（适合 8 个月以上宝宝）

【材料】

洋葱碎 1 汤匙，胡萝卜碎 1 汤匙，煮熟的猪里脊肉丁半杯，熟米饭 1 杯，

南瓜猪肉饭

煮熟的南瓜泥半杯，汤适量（蔬菜汤或鸡汤或牛肉汤或猪排骨汤等）。

【做法】

第一步：煎锅中加几滴油，将洋葱碎、胡萝卜碎翻炒一下，加入软米饭、煮熟的猪里脊肉丁一起炒匀。

第二步：倒入适量高汤，继续炒2分钟左右，再加入煮熟的南瓜泥混匀，稍煮3分钟左右即可。

苹果焖猪肉（适合8个月以上宝宝）

【材料】

猪里脊肉1杯，苹果1杯，鸡汤（或蔬菜汤或排骨汤）4杯，洋葱碎1汤匙。

【做法】

第一步：将猪肉洗净后切薄片，放入冷水中浸泡20分钟去血水，加适量葱姜水腌制备用；苹果去皮、去核、切薄片。

第二步：煎锅加几点油炒洋葱碎及苹果片，炒至洋葱碎变软后和猪肉一起放入焖锅，加入鸡汤，大火烧开，转小火焖至肉软烂（用筷子一戳就碎）即可。

雪梨猪肉汤（适合8个月以上宝宝）

【材料】

梨1个，瘦猪肉1杯，高汤适量（蔬菜汤或鲜榨苹果汁即可）。

【做法】

第一步：猪肉洗净切骰子大小的丁，梨洗净去皮切骰子大小的丁。

第二步：先将猪肉丁加入蔬菜汤或鲜榨苹果汁煮15分钟左右，加入梨丁再煮15分钟左右即可。

牛肉

牛肉锌的含量在肉类之中名列前茅，古人云"牛肉补气，与黄芪同功"，因此对宝宝的生长发育有极佳的促进作用。

番茄土豆炖牛肉（适合 12 个月以上宝宝）

【材料】

煮熟的牛肉丁 1 杯，番茄 1 个，土豆半个，洋葱半杯。

【做法】

西红柿经开水烫后，去皮，切成小块；放入锅中，加入适量的水或高汤，放入煮熟的牛肉丁，切碎的土豆丁，洋葱碎一起煮，大火烧开，转中火煮 15 分钟左右即可出锅，酸甜嫩滑的西红柿烧牛肉好了。

黑木耳黄瓜（西葫芦亦可以）牛肉汤（适合 12 个月以上宝宝）

【材料】

煮熟的牛肉丁 1 杯，泡发好的黑木耳 2 朵，切碎，黄瓜半根切丁，牛肉汤 3 杯。

黑木耳黄瓜牛肉汤

【做法】

锅中放入牛肉汤，倒入煮熟的牛肉丁，大火煮开，放入黑木耳碎一起煮 5 分钟左右，加入黄瓜丁，一起煮熟即可，可以加香菇粉或其他天然调味粉调味即可。

滑蛋牛肉粥（适合 11 个月以上宝宝）

【材料】

煮熟的牛肉丁 1 杯，蛋黄 1 个，煮好的稀粥 1 杯。

【做法】

将煮好的稀粥放入锅中，加适量牛肉汤或蔬菜汤或香菇汤稀释开，一边在火上加热，一边放入煮熟的牛肉丁，稍煮 3 分钟左右，把蛋黄搅拌均匀，倒入粥中，煮熟搅匀即可出锅。

萝卜炖牛肉（适合 8 个月以上宝宝）

【材料】

白萝卜丁 1 杯，煮熟的牛肉丁 1 杯，蔬菜汤适量。

【做法】

锅中放入适量的蔬菜汤，加入牛肉丁及白萝卜丁，一起煮熟，白萝卜煮软即可。

羊肉

羊肉较其他肉类更容易消化，时常给宝宝食用，可增加消化酶，促进宝宝的消化和吸收。古人认为羊肉有人参之作用。

山药羊肉汤（适合 10 个月以上宝宝）

【材料】

嫩羊肉 2 杯，山药 1 段，生姜 1 片，葱白 1 小段。

【做法】

羊肉去尽筋膜，汆去血水，山药用水闷透，切成薄片，将姜、葱拍破，胡椒打细。将所有食材投入锅中，加适量水武火煮开，继用文火将羊肉炖烂，可再调味。喝汤吃肉。

胡萝卜羊肉汤（适合 8 个月以上宝宝）

【材料】

嫩羊肉 1 杯，胡萝卜 1 杯，橙皮或橘子皮 1 小块，生姜 1 片，清水或自制高汤 3~4 杯。

【做法】

第一步： 嫩羊肉洗净切成小块，放入开水锅中汆烫，然后取出控去水切成豌豆大小的丁；胡萝卜洗净，去皮，切成豌豆大小的丁。

第二步：锅里放入少许油，先炒姜片和橙皮，炒锅烧热，然后放入羊肉，倒入适量清水或自制高汤炖煮（水没过羊肉为宜）15~20分钟。

第三步：15分钟后，倒入胡萝卜丁，继续炖煮，至汤汁收稠，胡萝卜酥软出锅（最后的汤汁不要完全收干）。

羊肉荸荠饺子（适合 12 个月以上宝宝）

【材料】

羊肉馅 1 杯，荸荠、韭黄、蘑菇（鲜蘑）粒 1 杯（总共 1 杯就可以，各种材料根据自己的宝宝的情况酌情），鲜虾仁少许。

【做法】

第一步：鲜虾仁洗净切碎末，荸荠洗净去皮切碎末，蘑菇洗净沥干水分切碎末，韭黄洗净沥干水分切碎末备用。

第二步：将虾仁、荸荠、羊肉、蘑菇、韭黄混合均匀，加入少许酱油、盐、香油、自制香菇调味料、米酒拌匀，饺子馅就做好了。

第三步：将馅心包入饺子皮，包成饺子。

第四步：将包好的饺子入沸水锅中煮熟即可。

鱼

西葫芦鱼肉煎饼（适合 12 个月以上宝宝）

西葫芦鱼肉煎饼

【材料】

西葫芦 1 个，白色无刺的鱼 1 条（鲈鱼、鳕鱼等均可），胡椒粉、盐少许，鸡蛋 1~2 个，面粉适量。

【做法】

第一步：西葫芦切成薄片，鱼肉捣成鱼泥用少许胡椒粉、盐略腌。

第二步：将一片西葫芦上糊上一层鱼肉泥，鱼肉泥上再加一层西葫芦片，然后一起沾上薄薄一层干面粉，再裹上一层蛋液。

第三步：用不粘锅加少量油双面煎熟即可。

鱼肉菜粥（适合 12 个月以上宝宝）

【材料】

大米 1 杯，无刺鱼肉半杯，嫩油菜叶碎 1/3 杯，盐少许。

【做法】

第一步：大米淘洗干净，加入适量凉水，大火煮开，转小火熬至九成熟（粥呈黏稠状）。

第二步：鱼肉清洗干净，仔细去除鱼肉中的小刺，剁成鱼末，加少许黄酒去腥。嫩油菜叶清洗干净，切成碎末。

第三步：锅内倒入少许油，放入剁好的鱼末炒散，加入青菜末炒均匀。

第四步：将炒好的鱼肉青菜末倒入米粥中，继续熬煮 3~5 分钟即可。

薯泥鱼肉糕（适合 12 个月以上宝宝）

【材料】

土豆（马铃薯）1 个，鳕鱼 1 块。

【做法】

第一步：土豆清洗干净去外皮切成丁，放入蒸锅中大火蒸至熟软（10 分钟左右）。

第二步：鳕鱼清洗干净，放入小煮锅中，加入适量冷水（水量以没过鱼肉 1 指），大火煮熟，捞出。

第三步：将蒸熟的土豆和煮熟的鱼肉放入碗中，用勺背均匀地压碎成泥或用粉碎机搅拌成泥糊状（可加少许煮鳕鱼的鱼汤倒入泥糊中）即可。

南煎鱼丸（适合 12 个月以上宝宝）

【材料】

白色无刺鱼 1 条（鲈鱼、鳕鱼、梭鱼等），荸荠 3 个。

【做法】

第一步：将鱼洗净去鳞去内脏去鱼刺，剁成鱼泥，荸荠洗净去皮剁碎，与鱼泥混合均匀，加入适量淀粉，少许米酒、盐调味。

第二步：锅中少许植物油，将鱼挤成丸子放入锅中，煎至两面发黄。

第三步：加适量自制高汤稍煮 5 分钟，用中火收干汤汁，香喷喷的南煎鱼丸就出锅了。

第四章　手指食物与健康零食

一、手指食物

嘟嘟 7 个月了，长得胖胖乎乎的，总是喜欢笑，已经长出 2 颗下门牙了，上牙也有点露尖尖了。嘟嘟属于那种吃嘛嘛香的宝宝，在妈妈的精心照顾下，已经尝试了不少辅食（米粉、豌豆、胡萝卜、土豆、南瓜、菠菜、苹果、梨等等）。现在都出牙了，妈妈琢磨着要添新的食物了，但又不知再添点什么好，姐妹们觉得该吃磨牙饼干了，小孩子到了这个时候，都吃的。嘟嘟妈妈思量着也对，大家都是这么喂宝宝的，于是外出采购，原以为小孩子吃的磨牙饼干不含糖什么的，结果发现很多厂家的磨牙饼干、什么小馒头等都含有蔗糖等添加剂。嘟嘟妈妈什么也没有买，她不愿意给自己的宝宝吃含有很多添加剂的食物。于是，她给我打电话，问我：像嘟嘟这么大的宝宝能吃磨牙饼干吗？

我建议她给嘟嘟自制各种手指食物吃，她听了非常惊奇：什么手指食物啊？没听说过。

当宝宝一天天长大的时候，自己能够用自己的小手握住东西，也就是说拿他自己的大拇指和食指夹住东西的时候，大概是在宝宝 8 个月左右，我们就该考虑给宝宝尝试一种新的食物形式了——手指食物，就是手拿着吃的食物。

为什么要给宝宝手指食物呢

宝宝和大人不一样，还不会用筷子、勺子吃饭，也没有掌握这项技能，**手就是他们的勺子、筷子，让宝宝学习用手拿食物吃东西，不仅可以锻炼宝宝手指的活动能力，还锻炼宝宝手指到嘴的协调能力。手指食物还能帮助锻炼宝宝的咀嚼能力，促进牙齿的萌出和愉悦宝宝自己。同时培养宝宝对食物的兴趣**，让宝宝参与到吃饭这项活动中，自己体会到吃饭是件快乐的事情。

什么时候给宝宝手指食物呢

因为每个宝宝都是不一样的，所以没有统一衡量的标准。有的宝宝喜欢块状的食物，有的不喜欢；有的宝宝喜欢丝状的食物，有的不喜欢。有的宝宝能从妈妈的手里抓盘子、抓碗，有的根本没有兴趣……所以，不要拿自己的宝宝和别人的宝宝相比较。相反，要相信自己的直觉和对宝宝的观察力，发现宝宝对食物的兴趣点所在。一般来说，宝宝对手指食物感兴趣是在 6~9 个月，更多的宝宝趋向于在 8 个月左右。

当宝宝已经能够独立坐着，不需要任何支持的时候，可以考虑给宝宝制作手指食物了。如果宝宝坐着的时候还需要爸爸、妈妈的支持或者靠垫垫着，那说明宝宝尚不适合给手指食物，因为有可能会呛到宝宝。

也有些爸爸、妈妈会认为宝宝还没有出牙，怎么能给手指食物呢？实际上，爸爸、妈妈的担心是多余的，这个时候宝宝的牙床已经非常结实了，宝宝吃手指食物就如同宝宝喝母乳一样，感觉是非常舒适的。

嘟嘟妈妈听到这里，来了兴趣，也有了担忧：让宝宝自己拿着吃，干净吗，是不是不讲卫生啊？不会啊！每次吃之前，都把宝宝的小手洗干净了，怎么会不卫生呢？！那，哪些食物能制作手指食物呢？

制作手指食物的原则

选择健康、有营养的食材，比如香蕉、烤苹果块、软梨、切薄片的猕猴桃、豌豆、胡萝卜、绿菜花、烤面包、馒头、炒蛋、煮熟的豌豆大小的鸡肉粒、自制简单的磨牙饼干等等，**制作成宝宝可以自己用手握住，且非常软，还容易被宝宝咬成碎末、容易吞咽或入嘴即化的食物。**同时，可让宝宝自己得到极大的娱乐，培养宝宝对食物的兴趣。

嘟嘟妈妈恍然大悟道：哦，原来手指食物就是让宝宝自己学习吃饭啊！任何食物都可以做手指食物，就是要做得小，软，宝宝既好手拿，又好吃，还不会被噎到，吃到肚子里还容易消化，对吗？是的，看来你入门了。

为什么要自制磨牙饼干

因为自制的磨牙饼干妈妈知道整个制作过程，了解都使用了什么食材，避免各种食品添加剂，能给宝宝提供更健康的食物。

什么时候给宝宝磨牙饼干

每个宝宝牙床发育及牙齿发育的时间都是不一样的，有的出牙早，有的出牙晚。每个妈妈都要根据自己宝宝牙床发育的情况及咀嚼的能力来决定是否给宝宝磨牙饼干。一般来说在 8 个月左右的时候，宝宝的牙床发育得比较硬了，可以把磨牙饼干咬成碎末了，并且吞咽下去。**这个时期是开始锻炼宝宝牙齿及牙床、咀嚼能力、吞咽能力的最佳时期，是让宝宝逐步从液体食物向固体食物过渡的转折期。**

制作磨牙饼干时应注意些什么

在制作宝宝的磨牙饼干时，有些食材暂时不要给宝宝添加。比如**蛋白**，因为很多宝宝会对蛋白过敏，因此，很多妈妈会选择在宝宝一岁以后添加蛋白。当然，如果宝宝不过敏，也是可以考虑添加的。**砂糖**，糖会让宝宝的饮食有其他的偏好，喜欢甜食，拒绝其他辅食，也会让宝宝正在发育的牙齿埋下龋齿的伏笔，还可能为宝宝潜伏下肥胖的风险。所以，在宝宝一岁之前，要避免选择砂糖或蔗糖等，可以选择枫糖浆、大麦麦芽、糙米糖浆代替糖。不要在饼干里添加蜂蜜（关于蜂蜜问题参见蜂蜜一节）。**盐**：我们常看见在一些饼干配方里需要些盐，盐能使面更筋斗或者使面发起来更蓬松等等。但对宝宝来说，是不需要盐的。饼干里也会加些**奶酪**，奶酪也含有一定量的盐，如果给宝宝加，需要加低盐的或是无盐的。**牛奶**：任何新鲜的牛奶对一岁以内的宝宝都是不太适合的，可以选择母乳或配方奶粉调制。

各种手指食物

香草磨牙饼干（适合对牛奶过敏的宝宝，其他宝宝也可以食用）

【材料】

1 个鸡蛋打碎，1~2 勺枫糖浆，半勺香草，1 杯面粉。

【做法】

第一步：烤箱预热到 160℃。

第二步：把鸡蛋打碎放入碗中，倒入枫糖浆和香草，搅拌均匀，和面粉充分混合，揉成面团，醒 12 个小时。

第三步：然后将面团擀成片状，做成宝宝喜爱的样子，放入烤箱烤制，直至金黄色即可。

意大利饼干（适合 11 个月以上宝宝）

【材料】

2 个小鸡蛋，1 杯冰糖，1 杯面粉，半勺发酵粉。

【做法】

第一步：使用电动打蛋机，把鸡蛋加糖搅拌 10 分钟，直至变稠。

第二步：面粉里放入发酵粉，搅拌均匀，然后缓缓倒入鸡蛋里，增加鸡蛋的黏稠度。

第三步：把面团揉好，放入盆中醒 12 个小时。

第四步：然后预热烤箱 190℃。

第五步：烤盘中放入烤纸，把面团切成想要的饼干形状，放入烤盘中，入烤箱烤制 20 分钟至饼干成金黄色。

肉桂磨牙饼干（适合 12 个月以上宝宝）

肉桂磨牙饼干

【材料】

1 杯面粉，1/4 杯脱脂奶粉，1 勺酵母粉，1 勺肉桂粉，一点盐，1/3 杯糖，1/3 杯植物油，1 个打碎的鸡蛋，1/4 杯浓缩的苹果汁，小麦胚芽 1 勺。

【做法】

第一步：混合面粉、发酵粉、小麦胚芽、奶粉、肉桂粉及盐。

第二步：单独混合植物油及糖，打入鸡蛋。

第三步：搅拌苹果汁，倒入面粉，揉成面团，冰箱静置 2 小时。

第四步：烤箱预热 190℃，将面团切成想要的形状，烤盘中放入烤纸，放入饼干，然后烤制 15 分钟左右至金黄色。

苹果味磨牙饼干（适合 8 个月以上宝宝）

【材料】

1 杯纯的苹果汁，1 杯面粉，3/4~1 杯宝宝米粉。

【做法】

第一步：烤箱预热到 175℃。

第二步：将面粉、米粉、苹果汁混合均匀，轻揉成面团，切成所需形状。

第三步：烤制 20~30 分钟。

无鸡蛋配方枫糖浆饼干（适合 10 个月以上宝宝）

【材料】

1¾ 杯面粉，半杯红薯淀粉，1~2 勺发酵粉，1 勺肉桂粉，1/4 杯枫糖浆，1/4 杯植物油，半杯纯苹果汁，1 勺香草。

【做法】

第一步：烤箱预热到 175℃。

第二步：把所有干的材料混合到一个碗里，把所有湿的材料混合到一个碗里；再把两者混合搅拌均匀。

第三步：用一大汤勺挖一勺，放在烤纸上，放入烤箱中烤制 10~15 分钟。

无鸡蛋小麦胚芽饼干（适合 12 个月以上宝宝）

【材料】

3/4 杯牛奶，4 勺融化的无盐奶酪，1 杯面粉，1 勺红糖，1 杯小麦胚芽（没有烤制过的更好）。

【做法】

第一步：烤箱预热到 175℃。

第二步：把牛奶、奶酪、红糖放入一个碗里搅拌均匀，加入小麦胚芽及面粉成面团。

第三步：揉面团 10 分钟左右直至面团光滑。

第四步：切成想要的形状，放入烤箱烤制 30~45 分钟，直至金黄色。

胡萝卜磨牙饼干（适合 8 个月以上宝宝）

胡萝卜磨牙饼干

【材料】

1/3 杯无糖的苹果酱，2 勺植物油，1½ 个鸡蛋，1/3 杯原味酸奶，1/2 杯红糖，1/2 杯胡萝卜泥，1 杯全麦粉，1 勺苏打粉，1 勺发酵粉，1 勺肉桂粉，1 勺盐。（可以换成桃子泥、南瓜泥等）

【做法】

第一步：烤箱预热到 180℃。

第二步：用些油脂涂抹 9 寸烤盘，并且撒些干面粉。

第三步：混合苹果沙司、油、鸡蛋、酸奶、糖和胡萝卜在一个大碗里，并且静置 15 分钟。

第四步：同时，将干的食材混合在一个碗里，再将干的和湿的混合到一起，并且倒入烤盘里，烤制 25 分钟。

各种水果蔬菜都可以制作成手指食物，比如苹果切成骰子大小的方块，开水煮软，蘸原味酸奶给宝宝食用（其他如梨、桃子、胡萝卜、土豆等都可以这样制作。也可以蘸小麦胚芽粉给宝宝食用。1岁以上的宝宝还可以给芝麻粉等）。

香蕉手指食物（适合6个月以上宝宝）

【材料】

1个熟香蕉，切成拇指形状，原味酸奶适量，小麦胚芽适量。

【做法】

将香蕉涂抹上酸奶，然后放在一个装有小麦胚芽的盘子里，蘸均匀就可以吃了。也可以将其冷冻，冷冻前在盘子底部垫张纸，冷冻坚固即可拿出食用了。其他食物如苹果、桃等都可以先切块煮熟或者烤熟或蒸熟，然后蘸酸奶，滚小麦胚芽食用。

蓝莓和香蕉冰淇淋（棒棒糖）（适合6个月以上宝宝，最好长牙）

【材料】

1/2杯蓝莓，1块明胶，1杯香草酸奶或原味酸奶，加一点香草香精，1/2杯新鲜的蓝莓，1个中等大小的熟的香蕉切片。

【做法】

用一小锅均匀加热蓝莓汁，搅拌明胶，当明胶完全融化后，倒入食品加工机中，加入酸奶，蓝莓、香蕉，搅拌直至柔滑，倒入棒棒糖模型，或冰淇淋模型，冷冻即可。

猕猴桃冰棒（适合8个月以上宝宝）

【材料】

1个大的香蕉切碎，1个猕猴桃去皮切碎，1杯原味酸奶，纯的枫糖浆。

【做法】

用食品加工机将香蕉、猕猴桃、酸奶搅拌均匀，加点枫糖浆调味，不放也可以，成熟的香蕉足够香甜。将其均匀放在冰格里，放入冰箱冷冻即可。

蔬菜鸡蛋卷（适合8个月以上宝宝）

【材料】

鸡蛋1个，胡萝卜丁1勺，红（或青）柿子椒丁1勺，少量橄榄油。（也

可以用鱼肉、其他蔬菜同样方法制作）

【做法】

第一步：胡萝卜洗净去皮后切小丁，红柿子椒洗净去籽后切小丁。

第二步：鸡蛋打碎，将胡萝卜丁、柿子椒丁放入，一起拌匀。

第三步：煎锅里放入少许橄榄油后，加入一半量的鸡蛋液铺成一层。

第四步：等鸡蛋开始熟后轻轻卷一下，至一半时再倒入剩余的鸡蛋液卷完，翻面煎熟即可。

第五步：出锅后切成小块，宝宝可以手拿的大小。

香蕉椰子蛋糕（适合 12 个月以上宝宝）

【材料】

鸡蛋 2 个，黄油半杯，砂糖 2 勺，香蕉 2 根，柠檬半个，椰肉切丝半杯。

【做法】

第一步：将鸡蛋和糖一起放入碗里，用打蛋器打至白色起泡。

第二步：逐次筛入面粉、香蕉、椰丝，打匀，最好加入已经煮溶的黄油彻底打匀。

第三步：烤箱预热 175℃，将打匀后的面粉糊及柠檬汁倒入模型中，然后放入已预热的烤箱内烤 35~40 分钟，取出冷却即成。

烤苹果全麦面包（适合 8 个月以上宝宝，1 岁以下宝宝不放盐和糖）

【材料】

面粉 1 杯，苹果半个，盐 1/2 勺（可选），肉桂粉 1/2 勺，少量白糖水（可选），适量水，橄榄油 1 勺。

【做法】

第一步：面粉里加盐拌匀，一边放入水一边和面，至面成团，盖上保鲜膜，醒置 30 分钟。

第二步：取出面团，揉揉光滑，均匀分 3~5 份，擀成几张薄片状，苹果切片后浸泡白糖水中捞出来。

第三步：用擀好的面裹上苹果，做成面包状后加到放橄榄油的热锅里，小火两面煎熟，最后用桂皮粉和盐调味。

面包圈（适合 12 个月以上宝宝）

面包圈

【材料】

40~50℃的水 3/4 杯，1 勺酵母粉，1 勺蜂蜜（可选），1 杯全麦粉，1 杯普通面粉，少许盐（可选）。

【做法】

第一步：将酵母粉放入 40℃左右水中，加入蜂蜜，拌匀，静置 5 分钟。

第二步：盐混入面粉中，拌匀，将混合好的酵母粉水慢慢倒入面粉中，边倒入边搅拌成面团状。如果过稀，再加点面粉，如果过干，再加点水。

第三步：揉面团 10 分钟左右至面团表面光滑有弹性。把面团放在盆里，盖上湿布或保鲜膜，醒置 1 小时。

第四步：取出切成 10 等份，做成球形，放置 15 分钟。

第五步：锅中加适量水，水中放入 2 勺糖，烧开，并且一直保持烧开的状态。同时将烤箱预热到 200℃。

第六步：将面团做成面包圈，一种方法是搓成香肠状，两头揪在一起。一种方法是从面团中间挖个洞，两手制成面包圈即可。

第七步：做好的面包圈 2~3 个一组放入烧开的水中，煮 4 分钟，再翻一面煮 2 分钟。用漏勺捞出，用纸巾控干水分。

第八步：放在烤纸上，入烤箱烤制 20~25 分钟成金黄色即可。吃的时候掰一小块一小块给宝宝。

山药胡萝卜小花卷（适合 11 个月以上宝宝）

【材料】

面粉 1 杯，山药泥 1/4 杯，胡萝卜泥 1/4 杯，酵母 1 勺，橄榄油半汤匙。

【做法】

第一步：山药、胡萝卜去皮切片包入保鲜膜，入微波炉高火 3~5 分钟，取出后用勺子压成泥备用。

第二步：面粉和酵母放入盆中，分次加入山药胡萝卜泥揉成团，使面团着色均匀，加入橄榄油继续搅拌成为光滑的面团，发酵至原来的两倍大时备用。

第三步：把发酵好的面团揉均匀，醒 10 分钟。

第四步：然后擀成长方大片，卷成长条切成等份小面团。

第五步：取一份面团用筷子在中间压出一道痕迹，然后抓着两头翻转一下成花卷生坯，做好放入蒸笼再次发酵 15 分钟。

第六步：大火蒸制 15~20 分钟焖至 5 分钟即好。

刺猬豆包（适合 12 个月以上宝宝）

【材料】

面粉 2 杯，酵母粉 1 勺，黑芝麻粉 1 勺，鲜牛奶 1 杯（或配方奶粉或母乳），红豆馅适量。

【做法】

第一步：面粉里加入牛奶、酵母（用温开水化开）和面，用保鲜膜盖住放置温暖处发酵，发酵至原面团 2 倍大时拿出充分挤出气泡揉匀。

第二步：分出一小块，加入黑芝麻粉揉匀，擀成片，用水滴形模具压出刺猬的眼睛。

第三步：面团分成 5~6 个面团，擀皮，包上红豆馅。

第四步：收口后口朝下整理成圆形，捏成刺猬形状（做成兔子形状、小狗形状、熊猫形状等都行，随妈妈创意），静置片刻进行二次发酵，至 2 倍大时，上锅蒸 15~20 分钟。焖几分钟就可以取出来了。

各式饭团（适合 12 个月以上宝宝）

【材料】

熟米饭 1 杯，煮软的胡萝卜半根，煮软的西葫芦一块，鸡蛋饼 1 张，海苔 1 张（或其他蔬菜均可，形状随宝宝意，愿意做成足球形状、心形、各种小动物等都可以。）

【做法】

第一步：将煮软的胡萝卜、西葫芦等蔬菜切成碎末。

第二步：把胡萝卜、西葫芦碎末和米饭搅拌均匀。

第三步：戴上保鲜手套，取一小块米饭团握成想要的形状 。

第四步：用海苔包裹好或用鸡蛋皮包裹，大功告成。**必须要用刚蒸好的软米饭才好。**

红薯原味酸奶三明治（适合 8 个月以上宝宝）

红薯原味酸奶三明治

【材料】

面包 2 片，红薯泥半杯，熟鸡胸肉碎 1/3 杯，黄瓜丁、胡萝卜丁、西蓝花碎 1/3 杯（总共 1/3 杯，各种材料多少随妈妈的意），原味酸奶 2 勺。

【做法】

第一步：红薯放入蒸锅里蒸熟趁热碾成泥。

第二步：鸡胸肉放入开水里煮熟横丝撕碎，再捣碎。

第三步：黄瓜、胡萝卜、西蓝花洗净用开水烫一下，煮软，切成小丁。

第四步：把前三步的材料和原味酸奶倒入碗里充分拌匀。

第五步：去掉面包发硬的边缘，上铺一层第四步食材后，再铺一层面包，然后切成适当大小的块。

红薯比萨（适合 12 个月以上宝宝）

【材料】

红薯半个，青柿子椒、红柿子椒、洋葱 1/3 杯（各种材料多少随妈妈的意，总共 1/3 杯即可），黄油 1 勺，意大利奶酪 2 勺。

【做法】

第一步：煎锅中先将黄油溶化，放入洗净去皮切成片的红薯两面煎黄。

第二步：在煎好的红薯上，放适量洗净捣碎的青、红柿子椒、洋葱碎，淋上适量意大利奶酪。

第三步：烤箱预热 180℃，将其放入烤箱，烤 15~20 分钟即可。

黑芝麻豆腐汤圆（适合 12 个月以上宝宝）

【材料】

嫩豆腐 1 块，糯米粉 5 汤匙，黑芝麻 2 勺。

【做法】

第一步：嫩豆腐用流水洗净，切成适当大小，然后撒点糯米粉放置 1~2 分钟。

第二步：糯米粉吸净水分后捣碎嫩豆腐。

第三步：用手和第二步食材，直到柔软而有光泽为止。

第四步：把第三步的材料捏成适当大小的汤圆。

第五步：将汤圆放入开水里煮，漂浮水面后再煮 1~2 分钟后捞出来放入凉水中。

第六步：把汤圆放在黑芝麻上滚一下，均匀蘸上黑芝麻即可。

煎豆腐（适合 8 个月以上宝宝）

【材料】

豆腐半块，鸡蛋 1 个，植物油适量，盐少许（可选），面粉少许。

【做法】

第一步：豆腐切成 1 厘米的厚度后，两面撒点盐放置 3 分钟。

第二步：用纸巾去除第一步的水分。

第三步：将豆腐两面蘸面粉并轻轻抖动一下，滚入鸡蛋液，用小火煎两面金黄即可。

豆腐饼干（适合 12 个月以上宝宝）

【材料】

低筋面粉（或富强粉）半杯，豆腐 1/4 块，鸡蛋 1 个，白糖 3 勺，水 2 勺，花生 2 勺，核桃 2 勺，发酵粉 1 勺，适当的橄榄油。

【做法】

第一步：豆腐放入麻布后去掉水分，然后捏碎。

第二步：碗里加豆腐泥和低筋面粉、鸡蛋、白糖、发酵粉、水、捣碎的坚果充分搅拌，盖上布发酵 2~3 小时。

第三步：把第二步的材料捏成一口大小的饼放在加橄榄油的煎锅里小火煎熟，也可以入烤箱烤熟。

豆腐汉堡（适合 12 个月以上宝宝）

豆腐汉堡

【材料】

豆腐 1/4 块，洋葱 1 勺，捣碎的牛肉 1/2 杯，胡萝卜 1 汤匙，甜椒 1 汤匙，少量盐（可选），少量橄榄油，蜂蜜 1 勺（可选），原味酸奶 2~3 汤匙。

【做法】

第一步：捣碎洋葱、胡萝卜、甜椒。

第二步：豆腐去掉水分跟捣碎的牛肉及第一步的蔬菜、盐一起拌匀。

第三步：把第二步的材料捏成圆形扁状后放加橄榄油的煎锅里煎熟。

第四步：在第三步上面加原味酸奶和蜂蜜。

猪肉蔬菜丸子（适合 10 个月以上宝宝）

【材料】

嫩猪肉 1/2 杯，莲藕或山药或芋头或其他蔬菜 1/2 杯，豆腐 2/3 杯，洋葱 1 勺，葱 1 段，酱油半勺，少量食用油。

【做法】

第一步：猪肉捣碎后用酱油腌制。

第二步：用麻布包裹豆腐滤去水分捣碎，莲藕去皮用搅拌机搅碎。

第三步：洋葱去皮切丁，葱也切丁跟第一步和第二步的食材一起搅拌均匀。

第四步：煎锅里加食用油，然后挖一勺第三步食材，煎成圆形即可。

烤鸡肉串（适合 18 个月以上宝宝）

【材料】

鸡胸肉 1 杯，少量芝麻，烤肉酱（番茄汁 1 汤匙，酱油 1 勺，白糖、料酒、捣碎的葱、蒜、生姜汁各 1 勺，少量香油）。

【做法】

第一步：适量的材料搅拌后做烤肉酱。

第二步：鸡胸肉切成片状用刀背敲打，然后入烤肉酱腌制。

第三步：把第二步的鸡肉穿成串后放置烤网上烤熟或用微波炉烤熟或用烤箱烤熟或煎熟均可。

第四步：把鸡肉串撒点芝麻即可。

香菇虾仁饼（适合 12 个月以上宝宝）

【材料】

香菇 4 个，捣碎的虾仁 1 勺，鸡蛋 1 个，捣碎的青柿子椒半勺，捣碎的洋葱半勺，全麦粉或韩国做饼用的面粉适量，适量食用油。

【做法】

第一步：搅拌碗里加入捣碎的蔬菜和虾仁、盐后揉面。

第二步：香菇去掉茎部后用开水烫一下。

第三步：第二步的香菇伞部内侧加满第一步中和好的面后，表面抹做饼用面粉。

第四步：打碎鸡蛋做蛋液后浸泡第三步的食材，然后用食用油煎黄后切成适当的块。

二、宝宝的健康零食

宝宝为什么要吃零食

零食在宝宝的生活里扮演着重要的角色，有时候单纯的饮食不能完全满足宝宝对食物的需要，适当给宝宝添加些可口可心的零食，不仅能够引发宝宝对食物的兴趣及喜爱之心，更能满足宝宝对食物的需求及欲望。健康合理的零食可说是宝宝每日生活的调味剂，就如同各式芬芳的开胃小菜一样，让宝宝的饮食生活变得多姿多彩。

每个宝宝都喜爱零食，对零食都恋恋不舍。可现实是市售的各类零食尽管是色彩缤纷，诱人眼球，但多不同程度添加了反式脂肪、糖类、食品添加剂等，让妈妈们对零食"想说爱你不容易"，可宝宝们不关心这个，他们喜爱零食，渴望零食，会哭着喊着央求着妈妈要零食，这可让妈妈为了难。如何去挑选健康的零食，给宝宝食用健康的零食成了妈妈心中的一个结。

什么是健康的零食

目前国内对于健康的零食没有一个完整的定义。以《中国儿童青少年零食消费指南（2008）》认为，低脂、低糖、低盐的零食就是比较健康的零食。比如说：水煮的鸡蛋、水煮的玉米、红薯等等。如果再添上纯天然，无污染，有益于宝宝身心健康发展的，那应该是非常健康的零食了。

什么时间吃零食，吃多少合适

建议一般吃零食的时间在饭后一个半小时左右。孩子半饿不饿的时候，适量给孩子零食。一般来说，一天不超过3次，最好是1~2次。

如何为宝宝选择零食

《中国儿童青少年零食消费指南（2008）》将零食分为三类：可经常食用、适当食用、限量食用。妈妈们可以根据指南指导自己为宝宝选购零食。

零食类别	可经常食用		适当食用		限量食用	
	零食特点	举例	零食特点	举例	零食特点	举例
糖果类	—	—	巧克力	黑巧克力、牛奶纯巧克力等	糖果	奶糖、糖豆、软糖、水果糖、果冻等
肉类、海产品、蛋类	低油、低盐、低糖	水煮蛋、水煮虾等	添加中等量油、盐、糖	牛肉片、松花蛋、火腿肠、酱鸭翅、肉脯或肉干、卤蛋、鱼片、海苔片等	油、盐、糖含量较高	炸鸡块、炸鸡翅等
谷类	低油、低盐、低糖	燕麦片（无糖或低糖）、煮玉米、全麦面包（无糖或低糖）、全麦饼干	添加中等量油、盐、糖	蛋糕、饼干等	油、盐、糖含量较高	油炸膨化食品、油炸方便面、奶油夹心饼干、奶油蛋糕等
豆及豆制品	低油、低盐、低糖	豆浆、烤黄豆、烤黑豆等	添加油、盐、糖	豆腐卷、怪味蚕豆、卤豆干等	—	—
蔬菜、水果类	新鲜蔬菜、新鲜水果	香蕉、西红柿、黄瓜、梨、苹果等	拌糖的新鲜水果、低盐、低糖蔬菜干	拌糖水果沙拉、葡萄干、香蕉干、苹果干等	水果罐头、水果蔬菜蜜饯	罐头、蜜枣脯、萝卜脯、苹果脯等
奶及奶制品	纯牛奶或纯酸奶	纯鲜牛奶、纯酸奶等	以奶为主、低糖	奶酪、奶片等	奶油高糖	全脂炼乳等
坚果类	低油、低盐、低糖	花生米、核桃仁、松子、榛子等	非低油、低盐、低糖	琥珀核桃仁、鱼皮豆、花生蘸、盐焗腰果、瓜子等	—	—
薯类	蒸、煮的红薯、土豆等	蒸、煮的红薯、土豆等	添加中等量油、盐、糖	甘薯球、地瓜干等	油、盐、糖含量较高	炸薯片、炸薯条等
饮料类	不添加糖的鲜榨水果汁、蔬菜汁	不加糖的鲜榨橙汁、西瓜汁、芹菜汁、胡萝卜汁等	含糖少且含果汁、蔬菜汁等	果汁含量超过30%的果（蔬）汁饮料：杏仁露、乳酸饮料等	含糖高	高糖分汽水、可乐等果汁含量小于30%的果味饮料等
冷饮类	—	—	含糖高及人造奶油等较高	鲜奶冰淇淋、水果冰淇淋等	含糖高奶油等较高	雪糕、冰淇淋等

零食中的反式脂肪酸

反式脂肪酸在宝宝的零食中无处不在，令众多妈妈"闻之色变"。认识反式脂肪酸，对正确选购宝宝的饮食非常有益。

脂肪家族中的"坏分子"

脂肪是我们人体三大产能营养素之一，人是一天也离不开脂肪的。特别是宝宝，他们对脂肪的需要比成人更重要。宝宝的生长发育、坐卧行走，包括睡眠，身体的任何一项活动都需要脂肪提供能量；我们体温恒定在37℃左右，宝宝的皮肤湿润有弹性，也是脂肪在起着保护作用；还有爸爸妈妈们最看重的宝宝大脑的发育及生长，时刻都离不开脂肪中的必需脂肪酸，如大家耳熟能详的DHA。

只是在脂肪这个大家族里，我们可以人为地把它分为天然脂肪和人工脂肪两大类。

天然脂肪包括饱和脂肪和不饱和脂肪，饱和脂肪多见于动物类食品，含有饱和脂肪酸，比如猪油、牛油、羊油等，虽然这类油脂赋予了食品良好的风味，增进了食欲，但同时会增加动脉粥样硬化的风险，因此我们不提倡过多食用，当然宝宝也是要尽量避免食用的，因为宝宝的消化功能尚未完善，还不能够消化这类油脂。不饱和脂肪多见于植物性食品，含有不饱和脂肪酸，其中有单不饱和脂肪酸（如橄榄油、红花油、山茶油等）和多不饱和脂肪酸（如花生油、葵花籽油、玉米油等）。这类油脂，特别是单不饱和脂肪酸，更有益于我们心血管系统，是我们提倡食用的，但也不是多多益善，要控制食用的总量，还需要隔一段时间换着食用，宝宝每天需要量10~15g，也就是喝汤的汤匙两平勺。我们所说的这些油脂都是天然存在的，是大自然赋予我们的。

人工脂肪就是我们"闻之色变"的反式脂肪，含有反式脂肪酸。它不是一种天然的脂肪酸，不存在于任何一种天然的脂肪当中，而是人们为了某种目的加工合成的一种人造脂肪酸。它的的确确是脂肪家族中的"坏分子"。

反式脂肪酸为什么是"反式"

100多年前，西方国家为了便于植物油的运输和保存，制造各种口感诱人的食品原料，研制了让液态植物油变成固态油脂的"油脂氢化"技术，这种技术使天然的脂肪由顺式结构（U型）变成了反式结构（线型）。经过氢化的植物油价格便宜，做出的食品口感好且保质期长，比使用黄油和精炼牛油更合算；同时由于人们对胆固醇深恶痛绝，想当然地认为植物奶油和植物起酥油不含胆固醇，对健康更有好处，因此备受推崇，因而被广泛使用，延及至今。

对健康有百害而无一利的反式脂肪酸

然而经过长期的研究发现，反式脂肪酸大量进入人类食物的历史，正好与欧美国家的心脏病发病率增长趋势相吻合；在对心脏病患者和健康人的体脂取样中发现，心脏病患者体内的反式脂肪酸的含量明显高于健康人。于是人们开始对这个口感良好、成本低廉的反式脂肪酸做进一步研究。研究结果令人惊讶：反式脂肪酸会增加人体血液中的低密度脂蛋白含量。这种脂蛋白会增加我们血管内"垃圾"的堆放，增加动脉粥样硬化的风险，同时它也会降低高密度脂蛋白含量。与低密度脂蛋白相反，高密度脂蛋白会帮助运输我们血管内的"垃圾"回肝脏，降低发生动脉粥样硬化的风险。除此之外，研究进一步证实，反式脂肪酸还与乳腺癌等其他疾病的发病相关。如果宝宝从小就经常吃含反式脂肪酸的食物，那么长大以后罹患心血管疾病的风险肯定会大大增加。

慧眼识别反式脂肪酸

既然大家都觉得反式脂肪酸这个名字不好听，那么为了让大家首先从心理上接受，于是人们将其改名换姓，用各种好听的名字来包装它。所以，宝爸、宝妈们还真得练就一双慧眼，如果看到食品标签中有下面的字眼，你可得当心了，它们不是别的，正是反式脂肪酸的伪装，这些伪装大抵如下：人造黄油、起酥油、淡奶油、精炼植物油、植脂末、棕榈油、椰子油。而目前市场上大部分饼干、焙烤食品（如薯片）、蛋黄派或草莓派、面包、方便面、薄脆饼、油酥饼、麻花、奶油蛋糕等都含有反式脂肪酸；各种洋快餐如炸薯条、炸鱼、洋葱圈等，以及珍珠奶茶、冰淇淋、巧克力、沙拉酱、咖啡伴侣或速溶咖啡等等都不同程度地含有反式脂肪酸。

宝爸、宝妈们也许觉得，是不是拒绝这些食品，就可以避免宝贝们摄入反式脂肪酸了呢？其实也不尽然，如果你们给宝宝烹调食物时方法不当，也会导致食物中含有反式脂肪酸哦。

因为中国人的习惯，炒菜时不仅喜欢放大量的油，而且还习惯高温烹调。但正是过高的温度，使得原本对人体有益的不饱和脂肪酸转化成为反式脂肪酸。比如橄榄油、山茶油、红花籽油等，这些植物油燃点比较低，超过100℃就容易被氧化成为反式脂肪酸。因此此类油脂更适合用于凉拌菜，或是热锅冷油炒菜，这样才能用尽其利而避其弊。

限制反式脂肪酸的摄入

在认识到反式脂肪酸的危害之后，世界卫生组织和联合国粮农组织在《膳食营养与慢性疾病》（2003年版）中建议"为了增进心血管健康，应该尽量控制膳食中的反式脂肪酸，最大摄取量不超过总能量的1%"。世界发达国家也都积极响应WHO的指导，各自制定了本国的指南。比如丹麦要求"凡是反式脂肪酸含量超过2%的油脂不能用于食品加工"。美国、加拿大、日本等国则要求食品标签上必须标注反式脂肪酸的含量。

如何避免反式脂肪酸的摄入

首先是尽可能地不选含有反式脂肪酸的食品。其次，宝爸、宝妈们可以尝试自己动手，让回家吃饭成为一种智慧。比如自制酸奶、自制饼干等，这些自制的食品可以最大限度地减少反式脂肪酸。

为什么要自制各种零食

零食中含有各种添加剂（可参见食物过敏中添加剂一节），对宝宝来说是不安全的因素，而自制零食没有添加剂的烦恼；零食中多多少少都含有糖、盐、油，而自制零食可以自主掌握糖、盐、油的加入量；零食中含有反式脂肪酸，反式脂肪酸对人体百害而无一益，而自制零食可以远离反式脂肪酸的危害，给宝宝更健康的饮食选择。自制零食也可让宝宝参与进来，使宝宝体验到制作食物的乐趣，不仅可以娱乐，还可以培养宝宝对食物的喜爱之心，亦是最佳的亲子互动游戏之一。

自制酸奶

几乎所有的宝宝都喜欢酸奶，因其酸酸甜甜细腻爽滑的滋味，因其营养丰富，富含各种肠道有益菌（嗜热链球菌、保加利亚乳杆菌、双歧杆菌等）。消化不好的宝宝喝了它，可促进胃酸分泌，助消化；钙、铁、维生素 D 等营养素吸收不好的宝宝喝了它，可提高钙和磷的利用率，促进钙、铁和维生素 D 的吸收；添加了双歧杆菌的酸奶，能在肠道内代谢出醋酸，降低肠道的 pH，抑制有害菌，腹泻的宝宝喝了它，促进腹泻的痊愈；因某些乳酸菌在体内能合成维生素 C，所以酸奶中的维生素 C 含量较高，经常爱感冒的宝宝喝了它，能增强宝宝的免疫能力，预防感冒；酸奶中的乳酸菌除产生有机酸外，还能产生抗菌物质，在肠道中能抑制腐败菌的繁殖，减少腐败菌在肠中产生毒素，爱生病的宝宝喝了它，能增强宝宝的抗病能力……因此，酸奶是百吃不厌的健康零食首选。无论宝宝是单喝酸奶，还是用酸奶拌蔬菜、水果，饮用酸奶制作的水果优酪乳……吃法可以是千变万化！

外购的酸奶多含有各种添加剂，比如增稠剂、明胶、阿斯巴甜、乳化剂、蔗糖等等。而自制酸奶无需添加蔗糖及各种添加剂，拥有完美的口感，还简单易做，比妈妈想象的要简单多了，更给宝宝健康的选择，何乐不为呢？！

琳达是我的一个好友，她喜欢有空在家时鼓弄些新鲜的食物。前些日子她买了酸奶机，打算在家中制作酸奶。我给了她一个制作酸奶的小方法，让她试试看。

1. 自制酸奶的方法

第一步：酸奶机有 1 升和 2 升的，想一次多做些，可以选择 2 升的酸奶机，一般 1 升的酸奶机就够 3 口之家使用。

第二步：我们以 1 升为例，1 升的酸奶机能得到 1 升的原味酸奶，或 2 杯稠厚的希腊酸奶。

第三步：把 1 升的牛奶（大约需要 4 袋 250 毫升的鲜奶）倒入一个深一些的大锅里（目的是防止加热牛奶时，牛奶冒泡溢出来），置火上，加热牛奶到 80℃（看到四周锅边开始冒泡即为 80℃左右），或者购买一个食品温度计，直接可以放在锅里测温度的。

第四步：关火，移开锅，把牛奶晾凉到 40℃左右（滴一滴牛奶到手背上，类似皮肤的温度。为了能迅速晾凉，可以将鲜奶倒入大碗里，放入不锈钢大盆，盛有鲜奶的大碗外周倒入适量冷水或放适量的冰块）。一边晾凉，一边搅拌牛奶约 10 分钟。

第五步：一旦牛奶晾凉，倒入 1 袋乳酸菌或 1.5 杯原味酸奶（也可以选有机酸奶），充分混合。

第六步：再把混合物倒入酸奶机的内置盒（一般是塑料的）中，盖上内置盒的盖，将其放入酸奶机中，盖上酸奶机的盖，打开酸奶机的开关，恒温加热 7 小时，之后就得到稠厚爽滑可口的酸奶了。

琳达兴致勃勃地尝试了几次之后，给我打电话说：你说的这方法根本不行，做出的酸奶特别酸，我儿子、老公根本不喝，都倒掉了。我说：不可能啊，我试了很好使的啊。于是，我又重复着做了几次，照旧味道很好。那琳达制作酸奶到底问题出在哪里了呢？我给她打电话，她说：酸奶机我都闲置了，没再用了。反正是按你说的做的，不就一直放在酸奶机里吗？我是搁在厨房的。放冰箱后，表面都一层水。听到这里，我有些明白了，对她说：你这周末再试试，**一是鲜奶要加热**，尽管买回来的鲜奶已经经过消毒处理，但为了宝宝吃得更安全，还是要加热一下，**加热会杀死有害的细菌。二是冷却的温度在 40℃左右**，这个时候把乳酸菌或原味酸奶引子放进去，发酵是最好的，因为有益菌温度太高或太低都不会很好地发酵，合适的温度才能产生对宝宝更多有益的菌群。**三是酸奶机要放在一个安静的地方，远离吵闹，**就好像是孵化小鸡一样，**安静会使酸奶发酵得更充分，能得到更稠的酸奶。**不要放在油烟机旁边，油烟机一开吵得很。**四是不要一直放在酸奶机里，**7 个小时之后就放入冰箱保存。经过实践发现，7 个小

时是酸奶发酵最好的时间。酸奶在酸奶机中搁置过久，味道会变酸。五是放入冰箱后，出现一层水，很正常，那是渗出来的乳清，或搅拌匀或倒掉都行。对了，别忘了酸奶内置盒要消毒一下啊。琳达周末还是抽空又试了一次。第二天听到电话铃急促的声音，我猜一定是她。果然，一听声音，就知道琳达成功了。她喜滋滋地问我：味道还真不错呢！有什么办法能变稠些吗？有点稀啊！

有啊，放冰箱保存后再取出食用，酸奶味道更好也更稠些啊。还可以在制作的时候加一杯配方奶粉进去，搅拌均匀，这样制作出的酸奶也会更稠厚些。另外，还有个好办法就是：用豆包布自制一个滤干袋，3~4 层缝制个长方形布口袋（约 25cm × 20cm），将酸奶放入滤干袋中，挂在冰箱里，下面放一个大碗（滤过的水分流进来）。8 小时之后，酸奶会更黏稠的。如果滤干12~16 小时，可以得到希腊酸奶。

自从学会了自制酸奶，琳达来了兴致，开始尝试各种酸奶食谱的制作。瞧，她能做酸奶水果沙拉、酸奶蔬菜沙拉、酸奶奶昔、酸奶饮料等等。让我们也一起来看看她的简单易做的酸奶食谱吧。

2. 酸奶拌水果（适合 10 个月以上宝宝）

【材料】
猕猴桃 1/4 个，苹果 1/4 个，圣女果 5 个，自制酸奶半杯。

【做法】
第一步：猕猴桃、苹果去皮切丁，圣女果洗净，切成 4 半。

第二步：将所有材料放入碗中，加入酸奶拌匀即可。可以让 3 岁以上的宝宝帮忙拌匀，宝宝会很乐意帮助妈妈的，而且还可分享彼此的亲密，多好啊！

注：8 个月以上，1 岁以下宝宝食用，可将水果先煮一下，切成骰子大小，然后制作即可。本书中介绍的各种水果都可以尝试。

3. 哈密瓜酸奶（适合 10 个月以上宝宝）

【材料】
哈密瓜 2 牙，酸奶 1 杯。

【做法】

第一步：哈密瓜洗净去皮，切成小块，放入果汁机，倒入酸奶打成汁即可。

第二步：1岁以上的宝宝可以加点柠檬汁和砂糖，不愿意让宝宝多吃糖的妈妈可以选择枫糖浆。

4. 草莓奶昔（适合12个月以上宝宝夏天食用）

【材料】

酸奶半杯，草莓3颗，鲜奶半杯，香草冰淇淋2球（冰淇淋也可以自制）。

【做法】

将草莓洗净去蒂，切成小块，放入果汁机中打碎，再将酸奶、鲜奶、香草冰淇淋一起放入打匀即可。

5. 酸奶拌蔬菜（适合11个月以上宝宝）

酸奶拌蔬菜

【材料】

小黄瓜1根，小西红柿4颗，全麦面包1片，莴苣1小段，碎蒜泥少许，酸奶半杯。

【做法】

第一步：小黄瓜、小西红柿、莴苣洗净，去皮，切成骰子大小，水煮一下变软即可。

第二步：全麦面包切成骰子大小备用。

第三步：将上述食材放入碗中，淋上酸奶，碎蒜泥拌匀即可。如果稍微放点黑胡椒粒和橄榄油更别有滋味。

琳达使用酸奶机的体会是，有了自制的酸奶，自己的食谱菜肴丰富起来了，可以做出很多的花样。

自制面包

市面上购买的面包大都会添加蔗糖及反式脂肪酸，对于年幼的宝宝来说，不如自己亲自制作各种面包能给宝宝更多健康、更多安全、更多营养。自己制作面包也没有想象的那么难。尝试过一次之后，会更想尝试多次。

雨晨就是这样一位热衷自制食物的妈妈。她崇尚自然，崇尚回家吃饭的生活。她曾经按照网上的食谱自制过面包，但总是没有制作好，不是太硬了，就是介绍的方法太麻烦。有的还需要使用面包机才能制作。她问我：就没有简单些的做法吗？当然有了。

【材料】

2勺干酵母，4~5杯面粉，2杯温水，1勺盐，蜂蜜或糖可选，油脂（黄油或植物油可选）。

【做法】

第一步：把水倒入面盆中，加入干酵母，搅拌干酵母，直至溶解。等10分钟，让酵母起泡，和啤酒起泡类似。

第二步：加入一杯面粉（总面粉量的1/5左右）和盐，搅拌均匀。可以同时加入植物油或者黄油、蜂蜜或糖（蜂蜜、糖可加可不加，愿意面包口感更甜一点，可以加一点）。

第三步：继续加入面粉，直至面粉黏稠混合成团。

第四步：面板上撒些面粉，放上面团，揉面团成球形。

第五步：反复揉面团，可以让孩子一起帮着揉，拉伸面团、滚面团，大

232

约需要 10 分钟。

第六步：醒面团时要盖上半干不湿的布，面团发到原来的两倍大即可，大约 1 小时左右。利用这个时间可以把厨房收拾一下。

第七步：发好的面团里有好多气泡，再揉揉面团，把气泡压出来，然后就可以做形状了。

第八步：制作面包胚——想把面包做成什么形状，就弄成什么形状。这时候让宝宝也参与进来吧，充分发挥宝宝的想象力，他想把面包做成什么样的就做成什么样的，汉堡似的、麻花状的、猫脸样的……都可以啊！妈妈和宝宝还能一起享受亲子游戏的美妙时光。

第九步：做好的面包胚再醒置 40 分钟左右，同时将烤箱预热到 200℃，然后把生面包胚放入烤箱，烘烤 30 分钟左右。面包看上去呈棕黄色，听到有空空的声音。好嘞，新鲜的面包出炉啦！

雨晨觉得这个方法不错，很简单，她回家后又试了试，还是不成功，面包烤得像馒头似的，还是硬馒头。但雨晨不甘心，又把做面包的步骤温习了几遍，反复尝试，结果，她终于做出了蓬松的面包，和外面卖的几乎没有差别。

原来问题出在揉面这个环节，**面包想要做得松软，面团一定要揉得充分，揉得越充分，面团的弹性就越好，做出来的面包就松软可口**。由于刚制作面包，手上劲道不够，可能妈妈已经累得不行了，面团还是揉得不够充分，可以考虑买个**面粉搅拌机来帮助揉面**。面团揉成什么样算是揉好了呢？要揉到一摁有一个坑，表面像皮肤一样光滑就算揉好了。

这是其一。**其二，烤箱一定要先预热，预热的目的就是让面包受热的程度是均匀一致的**。这样烤出来的面包会效果更好，这个过程是必需的，否则面包容易烤得外面熟了，里面还没熟。在制作过程中，雨晨也慢慢摸索出经验：烤制面包的温度不一定非得是 200℃，200~250℃之间都可以，温度太低，面包不容易熟，温度过高，面包容易烤煳。根据面包的形状、厚薄等，温度可能会有所区别，要灵活变动。在刚刚尝试的时候，面包烤 30 分钟左右就可关火看看，如果没有完全熟透，就适当延长些时间，多做两次，熟练了经验就丰富了。

其三，为了让面包的风味更好，在揉面的时候可以加些黄油，适合 1 岁以上的宝宝。如果宝宝是 1 岁以下的，可加无盐或低盐的黄油。**也可以在面包表面刷一层蛋液，这样看上去和外面购买的一样。**

想在家中自制出和外面购买的一样好吃的面包，妈妈需要多多地尝试，也可以根据自己和家人的喜好，变换花样，加点果料、加点蔬菜什么的，且比外面购买的更健康，更安全，还有些小知识也是妈妈需要了解的。

做面包要选用高筋面粉：面粉里有一种面筋蛋白的蛋白质，如果其含量在 11% 以上，就叫高筋面粉。我们经常说这面条真筋斗，这个"筋斗"就是指面筋蛋白含量高。高筋面粉弹性比较好，更适合面包的制作。全麦面粉就属于高筋面粉（全麦面粉是包括麸皮在内一起研磨成粉的；小麦里的营养素基本上都涵盖了，因此全麦面粉营养价值是最高的）。富强粉、雪花粉是中筋面粉，且在加工过程中把麸皮、胚芽、胚乳都加工掉了，虽然可以做面包，但效果要差一些，营养也不如全面面粉。自发粉里面掺有蓬松剂，不是干酵母，它是属于中筋面粉，做面包效果也会差一点。

选择合适的发酵粉：常见的发酵剂有泡打粉、小苏打、碱面、酵母粉等。泡打粉是一个人工的化学蓬松剂，小苏打就是碳酸氢钠，是一个单一的化学蓬松剂，选择使用带有活性的干酵母更好。想知道干酵母是否有活性，就把它放在水里面，如果其溶解了，且在溶解过程中冒泡的话，就说明这个酵母是带有活性的，这样才会使面包又松软又蓬松。但是，如果宝宝对酵母过敏，那么就要选择其他的发酵剂了。

如何为宝宝选择合适的黄油：常见的黄油有两大类，第一类就是奶油，第二类就是黄油。奶油和黄油的区别就是奶油的脂肪含量比较低，而且奶油专门是以奶作为原料，分离出脂肪的部分，这是奶油。

奶油分几种：半鲜奶油，它含的脂肪的量大概有 12%。这种奶油是不适合搅拌用，可做汤、做调料。淡味鲜奶油，脂肪含量是 18% 左右的，这种奶油加热以后会分解，所以适合于凉拌菜。浓味鲜奶油，脂肪含量是 48% 左右。

黄油：黄油是以奶和稀奶油作为原料制作的。黄油脂肪的含量一般在

80% 以上，现在也有低脂黄油，40% 左右的脂肪的。无水黄油脂肪含量在 99.8%。做面包可根据自己的需要，用哪种黄油都可以。

黄油有加盐和不加盐的两种。不加盐的就是我们说的甜味的黄油，由于它口感比较淡，应用得比较少。相反，咸味的黄油用得比较多。黄油为什么要加盐？因为在古代没有冰箱，为了保存方便，所以黄油加点盐，结果发现加盐的黄油口感更好，再加上它保质期比不加的又长，所以这种习俗就一直沿袭下来了。但是这种黄油对年幼的宝宝是不太合适的。所以，对 8 个月以上的宝宝要用黄油的话，应选择无盐的黄油或低盐的。

自制冰淇淋

炎炎夏日，冰淇淋可是宝宝的最爱，冰爽滑腻的滋味，让甜蜜将宝宝萦绕。如果自己在家中也能制作出可口的冰淇淋该多好啊！每个妈妈都有这样的期盼。

自制冰淇淋方法 1（用包装罐制作冰淇淋）

【材料】

1/2 升鲜奶，1/3 杯砂糖，4 勺巧克力粉，10 杯冰块，1/2 杯粗盐，2 个咖啡罐（空的、清洗干净的），一个大的，1 个小的，大的要能套进去小的，还要有富余。

【做法】

第一步：取一个中碗，用打蛋器混合奶、糖和巧克力粉，充分混合均匀。

第二步：把混合好的奶倒入小罐中，把小罐套入大罐中，周围放上冰块。

第三步：小罐的盖子是能密封的。小罐周围是 5 杯冰和 3/4 杯盐。将大罐密封。

第四步：来回滚动罐子，10 分钟后，取出打开看看冰淇淋是否均匀，如果不够均匀，用塑料勺子混匀，接着滚动即可。妈妈可以让宝宝一起来滚动罐子，既是娱乐时间，又是等待享受美味的时光，一举多得啊！

没有巧克力粉，也可以用香草香精代替，那么就是香草口味的冰淇淋！

自制冰淇淋方法2

利用塑料袋自制冰淇淋（塑料袋是能密封的，而且品质要好）

【材料】

1/2 杯糖，1/4 勺盐，1 杯牛奶，3 个打碎的鸡蛋黄，1 勺香草香精，2 杯浓奶油（可选的：2 杯新鲜的草莓和 1/2 杯糖）。

【做法】

第一步：选择 2 层蒸锅：糖、盐、牛奶一起放入蒸锅的上层锅里，蒸锅最下层是水，用小火烧水，把水温控制在未烧开的程度，大约 60℃左右，可见小水泡，水不沸腾。

第二步：把三个蛋黄搅拌均匀，倒入盐、牛奶中。

第三步：将水烧开，煮第二步混合好的牛奶蛋黄糊，直到锅内侧边缘的蛋黄开始黏稠，舀一勺，呈糊状。关火，冷却至室温。

第四步：把香草和浓黄油倒入牛奶蛋黄糊中，搅拌均匀。

瞧，好玩的过程现在才真正开始了。来吧，亲爱的宝贝，一起制作冰淇淋吧！

第五步：把牛奶蛋黄糊放入塑料袋中，塑料袋是有拉链的。可以一勺一勺放，一勺就是一个球。

第六步：另找个袋子，要比冰淇淋袋子大，放冰块和粗盐。然后把冰淇淋袋子放入，密封好。

第七步：可以用毛巾包好，来回摇晃冰袋，直到冰块变小，大约需要 10 分钟左右。这个摇晃的工作交给小朋友吧，他会玩得特别起劲的！等着妈妈夸真棒呢！

第八步：取出小袋子，挖出冰淇淋。好了，大功告成了！

各种口味的冰淇淋，香草的、草莓的、芒果的、抹茶的等数也数不清。用自制的冰淇淋做各种食物，也是非常受宝宝欢迎的哟！

比如说冰淇淋拌水果，做成各式冰淇淋水果沙拉；冰淇淋拌蔬菜，做成冰淇淋蔬菜沙拉，冰淇淋和各种水果、酸奶一起打汁，做成各种风味的奶昔，只要妈妈发挥想象力，就一定会有更多的巧思妙想！

电饭锅做蛋糕

美华是个心灵手巧的妈妈，有一次，她曾听别人说电饭煲也可以做蛋糕，就动了心思，琢磨着自己也试试看看，到底能不能制作出来。

【材料】

3杯面粉，鸡蛋4个，6汤匙牛奶，盐、糖、奶油适量。

【做法】

第一步：蛋清蛋黄分离：准备4个鸡蛋，拿起一个鸡蛋，轻轻磕破鸡蛋顶部一个小口，将蛋清倒入一个大碗中，蛋黄打入另一个大碗中。其他几个照此法。

第二步：用三根筷子打蛋清，打起泡，想甜味更突出些，可以少加一点点盐。加一汤匙糖放入鸡蛋清中，不停地打蛋清，蛋清变稠时，再放一汤匙糖，继续打，直至15分钟左右，看见蛋清变成奶油状，且粘在筷子上的奶油也不会掉下来即可备用。

第三步：蛋黄里放两汤匙糖，3汤匙冒尖的面粉，6汤匙牛奶，上下搅拌好，倒入一半奶油状的蛋清，搅拌均匀后再倒入另一半奶油状蛋清，上下搅拌好即可。

第四步：电饭煲按下煮饭键预热1分钟后拿出（锅微热就行），倒入少许油，均匀涂在锅内（以防粘锅）。

第五步：将搅拌好的蛋糕液倒入电饭煲内置锅里，然后用双手拿住锅两侧，往桌子上蹲几下，把气泡震出来。

第六步：按下煮饭键，2分钟左右转到保温挡，用毛巾捂住通风口，闷20分钟。然后再按下煮饭键，20分钟后即可。

美华刚开始也没有做好，不是太软了，就是干了，总是不合适。逐渐地，她自己摸出门道了。就是整个过程中，器皿都不能沾水，打蛋清是最重要的过程，蛋清打好了，蛋糕就成功了一半。如果妈妈自己打不动，可以用打蛋器直接打，一会儿蛋清就能打好了。这样才能制作出香喷喷的蛋糕！

自制发酵饼干

丽平是我的高中同学，前些日子买了台烤箱，刚买回来，兴致很高，自己觉得烤饼干最简单，易学易做，所以很用心地上网收集各种制作饼干的资料，然后开始大显身手了。每次烤好之后，她一定会留2~3块给我，让我品尝品尝，看看是否进步了。但近日她一直没有和我联系，我给她打电话：还烤饼干吗？烤了，烤得都不好，和起初给你的一样硬，就不好意思给你了，所以没有联系你。我建议她试试我推荐的发酵饼干制作方法，看看是否能有改进，盼望着送我的饼干不再是硬硬的了。

为什么我要选择发酵饼干推荐给丽平？是因为发酵饼干能提供更多的维生素、矿物质、酶等有益宝宝身心健康的物质。而且，酵母中含有的益生菌，能激活宝宝肠道内的益生菌，让宝宝体内本来不活跃的益生菌活泼起来，增强宝宝的免疫系统。

【材料】
2杯面粉，2勺发酵粉，4勺奶油，1/2勺盐，3/4杯牛奶。

【做法】
第一步：在面粉里加入发酵粉，加入适当的盐，然后过筛备用。

第二步：用擦丝器将奶油磨成面包屑状。

第三步：将奶油混入面粉中，慢慢加入牛奶搅拌均匀，直到生面粉变成了面团样。

第四步：轻轻地翻转生面团，揉30秒钟。

第五步：把面团做成12块1厘米厚、2厘米宽、4厘米长的形状。

第六步：烤箱预热到200℃，烤盘垫一张烤纸，将这12块饼干放入烤箱中，烤12~15分钟即可。

丽平听了我的推荐方法，说：和我看到的没有什么太大区别啊。说有区别，也就是不怎么揉面团，不揉面团，那饼干能成型吗？我还反复揉呢！你回去试试吧！千万不要使劲儿揉，来回揉10次就够了。

过了几天，丽平特意来找我，递给我一个小盒子，我打开盒子一看，是2块黄灿灿的饼干，拿起来尝了一口，很酥很香，和以前丽平给我吃的，真是天壤之别啊！丽平对我说：好吃吧？你说的话，**我回去琢磨了又琢磨，觉得我做饼干一直不成功，可能就是在揉面上。如果不使劲揉，面就比较松散，松散的话，烤出来就比较蓬松，不会那么硬了。**是吧？我为丽平鼓掌！丽平接着又说：还有，**烤制温度也不能太高了，在 200~230℃就好。太高了，容易没熟就糊了。烤制的时间也不能太长，10~15 分钟，**看到表面稍稍黄了就行。我以前生怕不熟，总喜欢烤的时间长些，结果颜色不好看，味道也不好，还硬邦邦的，真难为你每次都还说好吃。我笑了。

学会了发酵饼干，在此基础上，妈妈还可以尝试各种风味的饼干给宝宝，相信妈妈在实践中一定能成为宝宝的超级大厨师的。

自制饮料

各类果汁可是宝宝们的最爱之一，很多妈妈在宝宝尚未添加其他食物之前，就已经让宝宝享受了果汁的甜美味道。对于年幼的宝宝来说，自制各种鲜榨果汁，不添加任何蔗糖更适合宝宝生长发育所需，比如冰凉清爽的西瓜汁、酸酸甜甜的葡萄汁、明黄诱人的橙子汁等等，这些鲜蔬汁每个妈妈都能变化出无数个花样来，我们就简单推荐几个，供妈妈们参考。

1. 香瓜汁（适合 6 个月以上宝宝）

【材料】
香瓜 1 个，西芹 1 段（约 10 厘米长）。
【做法】
第一步：香瓜去皮去籽，洗净切成小块，西芹洗净切段，两者同时放入果汁机中，搅打成汁。
第二步：1 岁以上的宝宝可以适当加蜂蜜、柠檬汁调味。

2. 番茄香蕉奶（适合 8 个月以上宝宝）

【材料】
小番茄 6 个，香蕉半根，原味酸奶 1/4 杯，牛奶半杯（配方奶粉、母乳

番茄香蕉奶

均可）。

【做法】

第一步：番茄洗净去蒂切半，香蕉剥皮切成小块。

第二步：将番茄与香蕉用果汁机搅匀后，再加入原味酸奶、鲜奶搅打数次即可。

3. 西瓜泡泡饮（适合8个月以上宝宝）

【材料】

西瓜1/4个，菠萝1/4个。

【做法】

第一步：西瓜去皮切成小块，菠萝削皮切成小块。

第二步：将其放入果汁机中搅拌成汁。

第三步：1岁以上的宝宝可以先加雪碧¼杯，然后倒入果汁搅拌均匀。

4. 哈密瓜蔬菜汁（适合6个月以上宝宝）

【材料】

哈密瓜1大块，芹菜半根，卷心菜丝小半杯。

【做法】

第一步：哈密瓜洗净去籽，芹菜洗净切小段，卷心菜洗净切丝。

第二步：将所有材料放进果汁机中，搅打成汁。

5. 猕猴桃梨汁（适合 6 个月以上宝宝）

【材料】

猕猴桃 2 个，梨 1 个。

【做法】

第一步：猕猴桃、梨洗净，削皮切块。

第二步：将猕猴桃、梨、适量水放入果汁机中搅打后，倒入杯中即可。

6. 活力桃汁（适合 8 个月以上宝宝）

【材料】

桃子 1 个，蛋黄半个，鲜奶 1 杯（配方奶粉或母乳均可）。

【做法】

桃子洗净切块，再和其他材料一起放入果汁机中打碎成液状。

此外，利用药食两用的食物来为宝宝制作各种爱喝的健康饮料，不失为一种新颖、时尚、健康的选择。

7. 酸梅汤（适合 6 个月以上宝宝）

提及酸梅汤，无人不爱，老少皆宜。酸甜滋润，喝上一口，清凉解暑，消食开胃。

【材料】

乌梅 5 颗，乌枣或红枣 4 个，干山楂 4 个，甘草 3 片，干桂花 3 朵。

【做法】

第一步：乌梅，山楂，甘草，乌枣或红枣（凡中药店都可以买到），干桂花茶叶店可以买到。将上述材料洗净，凉水浸泡半小时后捞出沥干水分。

第二步：将上述材料放入砂锅中，加入适量水，水没过食材即可。

第三步：大火烧开后，转小火继续熬煮一小时左右即可。1 岁以上的宝宝可以加适量冰糖调味。如果没有干桂花，用桂花酱调味也可以。

自制中药饮料（适合 6 个月以上宝宝）

1. **二根汤**：预防宝宝感冒之饮料。

【材料】

白茅根 15 克，芦根 15 克。

【做法】

将白茅根、芦根清洗干净，放入砂锅中或是茶壶中，加入适量水大火烧开，转小火煮 15 分钟，滤出药汁即可。

2. **山药果汁**：有健脾开胃，助消化之功。四季皆可应用，特别适合胃口不好、食欲不佳的宝宝。

【材料】

鲜山药，苹果（梨或哈密瓜等），鲜奶半杯。

【做法】

将山药、苹果洗净，去皮，切成小块，放入果汁机内，倒入鲜奶，一起打碎成汁，搅拌均匀后饮用。

3. **川贝梨饮**：有润肺止咳化痰之功，特别适合秋季里宝宝鼻子干、口干、咳嗽、有痰的宝宝。

【材料】

川贝母 3 克，百合 10 克，橘子皮半块，梨 1 个，冰糖可选。

【做法】

川贝、百合洗净备用；橘子皮洗净切细丝；梨洗净，去皮后切块；把所有材料一起放进锅中，炖约 30 分钟即可。

4. **竹叶西瓜汁**：去热解暑，清凉止渴，特别适合夏季里口干、容易上火、小便黄的宝宝。

【材料】

竹叶 10 克，白茅根 10 克，西瓜带皮一片，甘草 2 片。

【做法】

将竹叶、白茅根、甘草洗净，连同带皮西瓜一起放入锅中，加入适量清

山药果汁

水，煮开，转小火约 20 分钟，去渣取汁即可。

5. **银花薄荷饮**：有清热解毒、疏散风热之功，可帮助宝宝预防感冒发热。已经感冒发热的宝宝，有缓解发热之效。

【材料】

金银花 10 克，芦根 10 克，薄荷 6 克。

【做法】

将金银花、芦根加水适量煮 10~15 分钟，起锅前加入薄荷煮 2~3 分钟滤去药渣即可。

第五章 如何给宝宝补充常见的关键营养素

一、给宝宝补钙是终生事情

我一个邻居今年过年喜得贵子，小家伙白白胖胖，甚是可爱。最让父母骄傲的是，小宝宝一生出来头发又黑又密，为此，家人特地做了胎毛笔留作纪念。然而，由于妈妈产后恢复不太好，母乳不足，加上3个月产假结束后就恢复了工作，宝宝一直是人工喂养。到孩子4个月的时候，家人发现，孩子吃奶和睡觉的时候，小脑袋特别容易出汗。一开始，家人以为是天热的缘故，但随着天气的转凉，宝宝出汗的现象不但没有缓解，反而更厉害。而且经过了一夏天，宝宝的头发几乎没怎么长，后脑勺也出现一道隐隐约约"发箍"。有一天，我偶然碰见她抱着孩子在小区里晒太阳，她向我说起孩子近来的情况。我告诉她，这可能是缺钙的症状，我再摸了摸孩子的肋骨，发现已经有些外翻了，就建议她带着孩子去医院做个检查。检查结果，宝宝已经是中度缺钙了。我这个邻居一下子着急了，跑来问我应该怎么补。由于这个妈妈之前从来没有给宝宝吃过钙片之类的东西，所以，我建议她从现在起就给宝宝补充上钙剂和鱼肝油，并且叮嘱妈妈两个要同时补充。另外，我也给我的邻居推荐了几道补钙食疗秘方，一段时间的调补以后，宝宝的肋骨外翻减轻了，头发也黑亮起来了，小脸粉扑扑的了，妈妈一颗悬着的心也放下了。

各式各样的补钙误区

缺钙是我国不同年龄阶段普遍存在的一个重要问题，从刚出生的宝宝，到发育期的青少年，从年轻的女性到孕期的女性，直至老年人，每个阶段都存在补钙的问题。妈妈们尤为关注的是宝宝的补钙。在宝宝补钙问题上，妈妈们存在着不同的理解。有一些妈妈认为自己是纯母乳喂养，已经给孩子足够的钙了，所以在 0~4 个月之内不需要额外给宝宝补充钙剂；还有一些妈妈认为吃鱼肝油会中毒，对宝宝不好，所以不能吃鱼肝油，但从宝宝出生 2 周后，我已经按保健要求给宝宝补充钙剂了，为什么我宝宝还缺钙呢？另外有些妈妈还认为我经常给宝宝晒晒太阳就够了，不需要补充什么钙剂和鱼肝油了。也有些妈妈说我已经按保健要求，从宝宝出生 2 周开始，就给宝宝补充上钙剂和鱼肝油了，而且给宝宝选择的奶粉也是最好的，甚至是从国外直接购买的，为什么我的宝宝还有一圈枕秃呢？难道缺钙不成？更有一部分妈妈相信，我的宝宝每次体检都正常，钙的指标非常合适，说明我的宝宝不缺钙，根本不需要补钙了。正是因为这些妈妈对补钙问题的认识不同，理解的不同，从而直接影响了宝宝钙质的有效补充。

为什么妈妈们常常关注补钙，也非常重视宝宝的补钙问题，可在实际补钙过程中我们的宝宝还是会出现这样或那样钙质不足的情况呢？每个妈妈似乎都知道钙对宝宝的重要性，但真正做起来，却又有这样那样的误区。

如何正确认识补钙对宝宝的重要性

爸爸、妈妈首先要对钙有明确的认识，补钙对宝宝未来的健康至关重要。人体内钙的总量有 1000~1200 克，其中 99% 的钙质都存在于骨骼及牙齿里，也就是说，骨骼及牙齿是否坚固耐用、身体是否壮实强健都与钙质是否充足密切相关。很多爸爸、妈妈更关注的宝宝个子高矮的问题，和钙质是否充足也有直接的关系。婴幼儿、青少年时期对钙质的需求高，特别是在孩子生长发育迅速的两个高峰时期，一个是婴幼儿时期（1~3 岁），一个是青春期（10~17 岁），如果这两个时期内钙质摄入不足，最终会影响孩子的身高及骨量峰值。钙质除了帮助我们的骨骼及牙齿健康外，另外 1% 的钙质在血液中发挥着不可忽视的作用，保持我们宝宝精神的平静，促进宝宝心血管系统的发育，预防心血管疾病的发生等等。

所以补钙一定要趁早，越早给宝宝补充足够的钙质，宝宝的钙库就越充足，将来宝宝的骨骼及牙齿就越健康，个子也就长得高。补钙不是一天两天的事情，而是需要长期坚持去做的一件事，是一辈子都要引起高度重视的关键点。

正确补充钙质和鱼肝油的时间和剂量

妈妈要知道如何给宝宝补充钙质，我国儿童保健建议从宝宝出生两周开始就要给宝宝补充钙剂及鱼肝油。因此，妈妈要牢记宝宝一出生，就要及时给宝宝补充上钙剂和鱼肝油。宝宝生长发育迅速，每一个不同的阶段对钙质的需求量都不一样，妈妈要知道宝宝对钙质需求的这一特点，让宝宝在生长发育迅速期不缺钙，随着需求的不同而提供给宝宝足够的钙质。0~6 个月的宝宝每天对钙质的需要量在 300 毫克左右，6~12 个月的宝宝的需求量增加了些，约 400 毫克一天，1~3 岁对钙的需要量又有变化了，600 毫克一天，4~11 岁每天大概需要 800 毫克钙质（附录中有如何计算宝宝一天食物中的含钙量，妈妈可轻松知道宝宝摄入的钙质够不够）。

学会挑选钙剂和鱼肝油

再者要学会挑选钙剂和鱼肝油。钙剂的选择主要看钙质在体内被吸收利用的效率，也就是说，被人体吸收利用率高的钙剂就是好的钙剂。目前市场上钙产品的种类非常丰富，比如我们常见的碳酸钙，它是第一代无机钙的代表，其特点是含钙量高，相对有机钙而言吸收率稍低。第二代钙剂的代表是乳酸钙、葡萄糖酸钙、柠檬酸钙等，属于有机钙，其特点是含钙量相对无机钙稍低，但是吸收率要比无机钙高。从价格上讲，有机钙的价格要比无机钙的价格高，因此妈妈在选择上，可以根据自己的经济情况酌情考虑。

鱼肝油是从鳕鱼、鲨鱼等肝脏中提取的脂肪，富含维生素 A 和 D，一般是 400 国际单位一粒，是帮助钙剂吸收和利用的好帮手。鱼肝油就像是打开补充钙质大门的钥匙，没有它的帮助，单纯补充钙剂是不能完全起到强健骨骼、充实钙库的作用的。这就是我们上面提到的为什么有的妈妈一直在给宝宝补充钙剂，没有同时给宝宝补充上鱼肝油，宝宝还是存在缺钙现象的重要原因。所以，妈妈给宝宝补充钙剂的时候，一定要同时补充上鱼肝油。

晒日光浴的小窍门

每天坚持带宝宝去享受一下日光浴，是个非常好的习惯。宝宝的皮下组织富含 7- 脱氢胆固醇，经过日光的照射，能转化成人体能够利用的具有活性的维生素 D，促进宝宝骨骼的发育及强壮。但皮下的 7- 脱氢胆固醇也娇气，如果遇到烟雾的天气，或者是把皮肤晒黑了，那么皮下的 7- 脱氢胆固醇就不起作用了。因此晒太阳要适可而止，既让宝宝晒太阳，又不要把宝宝晒黑了，天气不好的时候就不要带宝宝出去晒了。每天坚持 20 分钟的日光浴，就能让宝宝产生足够有活性的维生素 D。但是，单纯晒太阳还是不足够帮助宝宝的骨骼强壮结实的。是因为我们很多地方冬季时间长，天气寒冷，日照时间短，宝宝享受不到足够的阳光，这也就是我们前面提到的为什么单纯晒太阳宝宝还是会缺钙。

因此，妈妈要想得到理想的补钙效果，就要在以下这几个方面一起努力，①每天带宝宝坚持晒晒太阳，享受和煦阳光的温暖；②及时给宝宝补充钙剂及鱼肝油；③适当地帮助宝宝做做婴儿体操，加强运动，这也是有效加强钙质吸收的一个简单又行之有效的好方法；④利用我们饮食中含钙丰富的食物，让宝宝既享受食物的美味，又轻松从食物中获取充足的钙质，使宝宝的钙库更为充足，骨骼更为强健，犹如大力水手。

巧妙搭配的营养食谱更能充实宝宝的骨库

牛奶西蓝花（适合 8 个月以上宝宝）

【材料】
牛奶或配方奶粉或母乳 100 毫升（半杯），西蓝花 30 克，干淀粉少许。

【做法】
第一步： 把西蓝花洗净分成小朵，隔水加热蒸熟，大约需要 8~10 分钟左右，用勺子碾成泥状（8 个月以上宝宝可以用西蓝花碎），这里也告诉大家一个把食物碾碎的小窍门，可以把蒸熟的西蓝花放在保鲜袋（要购买商场里合格的产品）里，然后碾碎食物，当然，需要把用过的保鲜袋丢掉。

第二步：干淀粉加少量冷水调匀成为水淀粉备用。

第三步：把牛奶下锅小火加热不烧滚，倒入西蓝花泥，搅拌均匀，迅速放入淀粉勾芡即可，一道美味的牛奶西蓝花就成功了。

为什么要加淀粉呢，这个主要是使食物更润滑细腻，让宝宝吃的时候口感更爽滑，更喜欢吃。不添加任何糖和盐，是让宝宝尝到食物自然的味道。

这道辅食不仅适合宝宝在四季食用，更是春季食补的最佳食物之一。传统医学讲春季是万物欣欣向荣的季节，孩子如同初升的太阳一样，在春天里接受阳光雨露的滋润，迅速生长发育。西蓝花是秋冬春季生产的蔬菜，色泽深绿，有很好补益肝脏的作用，促进宝宝在春季里的快速生长发育。

肉汤豆腐（适合 6 个月以上宝宝）

【材料】

鲜豆腐2汤匙，牛奶4~5汤匙，肉汤4~5汤匙，小白菜末1勺（或者小油菜末）。

【做法】

第一步：先把小白菜择洗干净，放入开水锅内煮 5 分钟，捞出切成末备用。

第二步：将豆腐放入热水中煮开捞出（这样煮豆腐是为了去豆腐的豆腥味，让宝宝吃起来口感更好）。

第三步：把水煮过的豆腐放到锅里加入肉汤混合拌匀后上火煮，煮开锅后，倒入牛奶，放上小白菜末拌匀即可。

夏季是蔬菜最丰富的季节，这款肉汤豆腐中的蔬菜，可以用小白菜、小油菜，还可以选择夏季生产的苋菜。苋菜自古就是长寿菜，补钙补铁的效果非常突出，因富含赖氨酸，特别适合宝宝夏季生长发育的需要。

香蕉豌豆粥（适合 6 个月以上宝宝）

【材料】

大米或糙米 3 汤匙，香蕉 1 汤匙，豌豆 1 汤匙，胡萝卜 1 勺。

香蕉豌豆粥

【做法】

第一步：先把大米淘洗一下，淘洗的时候不要使劲揉搓大米，免得让米中的营养成分都流失掉，特别是 B 族维生素。放入半杯水，大火煮开，转小火熬煮，可以时不时地用勺子搅拌粥，能让粥更香滑黏稠。

第二步：在煮粥的同时，另起一锅，把豌豆煮熟去皮，捣碎，胡萝卜去皮切成豌豆大小的小丁，一起放入粥锅中熬煮，适时搅拌。

第三步：等粥煮到八成熟时，把香蕉去皮捣碎果肉，撒入锅中，搅拌均匀，稍煮几分钟，一道美味的香蕉豌豆粥就好了。

黑芝麻海带面片汤（适合 10 个月以上宝宝）

【材料】

全麦粉 1/4 杯，金针菇 1 小把，胡萝卜 1 汤匙，海带 1 汤匙（最好选韩国的裙带菜或煮汤的海带）。

【做法】

第一步：先将全麦粉加清水或鲜奶（消化不好的宝宝可以加点茯苓粉或白术粉或山药粉，参见消化不良章节）揉成软硬适度的面团，醒 15 分钟后，擀成大片。

第二步：面片折叠之后切成宽条，揪成指甲盖大小的面片。

第三步：锅里放少许油，把胡萝卜丁炒软之后，加入适量清水（或鸡汤或牛肉汤或蔬菜汤，参见各章节）煮开，放入面片、金针菇碎、海带同煮5~8分钟煮熟。盛好后，撒上黑芝麻粉即可。

如果选用的是韩国的干裙带菜5克左右，先要用温水泡15分钟左右，洗净，手撕成碎片，也可以切成碎片。如果是鲜海带，先用温水泡30分钟左右，然后用清水反复洗净表面杂质，之后按上法操作。

附录：自然界很多食物中都含有丰富的钙质，以奶及奶制品（牛奶、酸奶、奶酪、羊奶、干酪等）最为优质，奶及奶制品中的钙质不仅含量高，而且容易被人体吸收和利用，吃对了奶及奶制品，补钙的效果不亚于钙剂。我们国人喜爱的大豆及大豆制品（黄豆、红豆、芸豆、豆腐、豆腐干、豆腐丝、豆腐皮等）补钙的效果也不容忽视，大豆及大豆制品不仅钙质丰富，而且含有的大豆异黄酮是能促进钙质吸收的特别植物化学物质。还有经常会被妈妈们忽视的深绿色的蔬菜（菠菜、西蓝花、茼蒿、小白菜、油菜等等），那绿油油的菜叶中就富含钙质，如果被宝宝充分利用，强壮宝宝的骨骼及牙齿，还让宝宝喜欢上吃蔬菜，个个都成为大力水手，是又健康又省钱的选择啊！

补钙最佳食物大排名

最佳摄取排名	1	2	3	4	5	6	7	8	9	10
食品名	半块奶酪	1碗黄花菜	1袋牛奶250ml	1块4cm见方的卤水豆腐	1碗水发海带	1碗雪里红	1盒普通酸奶	1碗油菜	一汤匙黑芝麻	1碗菠菜
含钙量（mg）	337	301	300	253	241	230	200	153	88	66

上述数据出自《中国食物成分表2002版》

（温馨贴士：碗的大小就是普通2两米饭的碗）

轻松计算宝宝一天钙质的摄入量

以 1~3 岁的宝宝为例（钙质需要量 600 毫克）

1 袋（250 毫升）牛奶约含 300 毫克钙

25 克豆腐约含 34 毫克钙

50 克菠菜约含 33 毫克钙

1 盒酸奶约含 200 毫克钙

宝宝一天一袋鲜奶，如果是强化维生素 A/D 的更好，一盒酸奶，一小块豆腐，一小盘蔬菜，一天的钙质就满足了。

补钙应避免哪些事

当然，补钙有时候看似简单，实际上还是会让众多妈妈苦恼。如果有些该注意的地方妈妈们都注意到了，那么相信每个妈妈都可以帮助自己的宝宝建立强健的钙库的！

不要让自己的宝宝喝太多的碳酸饮料，特别是可乐、雪碧等。人体中组建骨骼的还有另外一种矿物质叫磷。钙质和磷在体内 2 ：1 的完美组合，是保证宝宝骨骼强健的基石。喝过多的碳酸饮料会破坏这种组合，甚至会让这种组合倒置，就像双打运动员，站位发生了错误，自然是要影响宝宝骨骼的发育及健康的。

不要忘记同时给宝宝补充鱼肝油，缺少了鱼肝油，钙质就像生了锈的老爷车，跑不快，而有鱼肝油的润滑作用，才能让老爷车欢快地跑起来，越跑越舒畅。

不要在宝宝补充钙剂时，给宝宝吃含草酸或植酸丰富的辅食（比如深绿色的蔬菜），深绿色的蔬菜虽然有补钙的作用，但和钙剂同时食用的话，容易在体内螯合成草酸钙或植酸钙，而这两种结合钙是不被宝宝吸收和利用的。

不要过量给宝宝补充钙剂。很多妈妈会想当然地认为，既然宝宝一定要补钙，只有充足的钙质才能让宝宝骨骼更健康，那么就给宝宝多多地补钙。实际上，过多地给宝宝钙剂，反而会降低钙质在体内吸收利用的效率。机体补钙的系统仿佛是自动天平一样，合适的补充，会加强钙质的消化、吸收、利用这个自然天平保持一个动态的平衡状态，过量的补充，让这个自动的天平失衡了。

二、让宝宝充满活力和专注学习的铁质

两年前我曾经遇见过一个 8 岁的男孩，外观上看是个很正常的孩子，只是好像不太爱和人讲话，有其他小朋友邀请他一起玩耍，他也不想去，而是躲在妈妈身后，自顾自地玩手指，对周围的一切比较淡漠。我问他妈妈："孩子怎么了？"妈妈说："在没有上学之前，孩子一直都很好，没有任何不适的表现，自从上学以后，老师经常反映孩子上学不专心，注意力不集中，和同学关系相处得不愉快，以至于成绩下滑严重，孩子不爱上学。老师建议家长带孩子去医院查查。带他去医院看了之后，才发现孩子患有严重的缺铁性贫血，而且不是一天两天了，有好几年了。血红蛋白低时只有 5~6g，经过一段时间的治疗，血红蛋白是上来了，缺铁性贫血也得到了改善，但是在学习的专注度上还是改变不明显"。

这是一个典型的缺铁性贫血患儿的表现，其表现已经影响到了孩子的智力发育了。是什么原因导致了儿童缺铁性贫血的发生呢？又会带给孩子什么样的严重影响呢？

正常情况下胎儿在母体内，准妈妈每天提供给胎儿的铁不但足够其生长之用，还有富余储存在胎儿的肝脏，以便出生后用。如果准妈妈在孕期患有严重的缺铁性贫血，宝宝就容易出现先天性储铁不足而贫血。

为什么婴幼儿是缺铁性贫血的高发人群

胎儿储存铁的获得主要是在孕期后 3 个月，所以早产儿体内储存铁少。双胞胎对铁的需求是一般胎儿的 2 倍，如果准妈妈营养不够，供应不足，那么双胞胎二体内储存铁就少。因此，早产儿、双胞胎容易出现缺铁性贫血。

生长发育速度快的宝宝，血容量增加的也快，对铁的需求也大，如果铁补充不足，就容易出现贫血。

某些疾病如慢性腹泻、反复感染、发热等都可以造成宝宝缺铁性贫血。

发生缺铁性贫血最主要的原因是在饮食中摄入铁量不足。如宝宝挑食、偏食、辅食添加不合理、厌食等都容易让宝宝发生缺铁性贫血。

尽管妈妈们给宝宝补铁的意识非常强烈，很多妈妈恨不能宝宝一出生，就给宝宝喂上蛋黄，以为这样的喂养，宝宝就不会发生缺铁性贫血，其实不然。尽管补铁的食物种类越来越多，预防缺铁的措施也越来越多，但缺铁性贫血在婴幼儿及儿童青少年中仍普遍存在。我国婴幼儿、儿童青少年的缺铁性贫血率高达 30% 左右。即使是在发达的美国，缺铁性贫血也是困扰着美国决策者的一个重点问题。

铁为什么对智力的发育那么重要呢

铁是血红蛋白的主要成分，在血液中负责携带氧气供应全身细胞及器官组织。能带给我们宝宝红润的肌肤、健康的免疫系统，并预防贫血症状。同时铁还在宝宝的大脑和神经里担当重要角色，能带给我们宝宝正常的行为、安宁的情绪、集中的注意力和超强的学习能力。换而言之，如果我们的宝宝在婴幼儿时期或儿童早期出现缺铁，会影响到宝宝的大脑发育，甚至大脑发育迟缓，或导致调节注意力的神经传导异常，而这一点对学习有着至关重要的意义。这也就是我前面举到的那个例子，那个虎头虎脑的男孩由于长期缺铁性贫血，导致了他的智力发育不良。

这种智力发育不良是不是只有在宝宝出现贫血的时候才会影响到宝宝呢？或者是在宝宝经过治疗改善后，宝宝的智力能够恢复到同年龄宝宝的智力呢？

事实是宝宝的大脑对铁浓度的轻微减少都非常敏感，在实验室诊断出贫血前，宝宝的大脑已经发生变化了。这种表现主要体现在能集中注意力的时间短，宝宝的动力不够，从而在整体水平上智力表现不佳。到了儿童时期，甚至会出现易怒、攻击性强、不合群或者忧郁、孤僻的症状。而且，**即使是通过补铁等一系列的治疗，孩子缺铁性贫血得到了很好的改善，但对孩子智力造成的影响是不可逆的，也就是说孩子恢复不到同**

龄儿童的平均智力水平。致使很多宝宝上学以后经常爱走神，注意力不集中，学习松散等。这也许不是习惯的问题，而是缺铁性贫血，即使是轻微的缺铁性贫血，影响了宝宝的学习能力。因此，**预防缺铁性贫血比等发现了缺铁性贫血再进行治疗更重要，是保证宝宝拥有聪明头脑的关键之所在。**

鸡蛋黄真的补铁吗

妈妈们都知道母乳里带有一定量的铁质，足够供应宝宝出生时到四个月的铁质的补充，四个月之后，母体带的铁质被宝宝利用殆尽，此后就需要额外补充铁质了。一般妈妈首选的是蛋黄，在宝宝 4 个月左右的时候，妈妈们热衷于煮鸡蛋，碾碎蛋黄，开始给宝宝补充铁。其实这样的补充真的是微不足道的。而且我强烈建议妈妈们不要采用这种补铁的方式来喂养我们聪明可爱的宝宝。

为什么呢？一是蛋黄里的蛋白质对于宝宝娇嫩的肠胃来说，是大分子物质，由于宝宝的肠道壁通透性非常大，就容易滤过蛋黄里的蛋白质，成为引起宝宝过敏的过敏原，造成宝宝的过敏反应；其二，铁质可分为血红素铁（红肉和鱼类等动物性食品中含有的）和非血红素铁（海藻、蔬菜、大豆等植物性食品中含有的）。**虽然蛋黄属于血红素铁，但蛋黄里含有一种叫卵黄高磷蛋白的物质，这种物质会干扰铁的吸收，因此，食用蛋黄不仅不补铁，还要冒着过敏的危险。**所以，当宝宝需要额外补充铁质时，妈妈首先考虑的应是让宝宝既能避免过敏，还能有效地补充铁质，提高铁质在宝宝体内被吸收利用的效率，有效地预防缺铁性贫血的食物。所以，我建议选择加铁的米粉和强化铁的配方奶粉（相关内容见配方奶粉一章）。

如何通过食物有效补充铁质

随着宝宝月龄的增大，可以选择的辅食也会越来越丰富，妈妈可选择的余地也就越来越宽了。下面让我们一起走进补铁的食谱世界。

蔬菜猪肝泥（适合 7 个月以上宝宝）

【材料】

研碎的猪肝 1 汤匙，土豆泥 1 汤匙，菠菜末 1 汤匙，胡萝卜末 1 汤匙，肉汤或蔬菜汤（分别参加肉汤或蔬菜汤制法一章节）少许，无核葡萄干少许。

【做法】

第一步：猪肝洗净，用米酒、少许咖喱粉腌制 15~20 分钟，然后将其放入开水中汆烫，汆烫时要多次翻动，可用手按触猪肝的中间，如果不软，且颜色变白，即表示好了，立刻捞出，冲冷水，降温后，控去水分，切成碎末。

第二步：菠菜择洗干净，用开水烫一下，捞出，切成碎末。

第三步：土豆半个、胡萝卜半个洗净，去皮，煮熟，碾成泥状。

第四步：将猪肝泥、土豆泥、胡萝卜泥混合均匀，放入锅中，加入少许鸡汤或蔬菜汤小火煮，同时放入菠菜泥，稍煮一下，成糊状即可。出锅时撒上无核葡萄干碎末。

苋菜蛋黄羹（适合 8 个月以上宝宝）

【材料】

煮熟鸡蛋黄 1/2 个，排骨汤适量，苋菜末 1 汤匙。

【做法】

第一步：取熟鸡蛋黄半个（煮鸡蛋的方法参见鸡蛋一章），碾碎成泥，加入少许鸡汤或排骨汤或牛肉汤或蔬菜汤，搅拌均匀。

第二步：苋菜 2 根（可换其他深绿色蔬菜），洗净，取叶及嫩茎，切碎，撒在蛋黄糊上，上锅蒸 3 分钟左右即可。

番茄鳕鱼（适合 8 个月以上宝宝）

【材料】

鳕鱼 1 小块，番茄半个。

【做法】

第一步：取鳕鱼一小块，切成 1~2 厘米的块，放入碗中，加少量米酒或鳕鱼汤（鳕鱼汤的做法参见辅食添加一章），上锅蒸 10 分钟左右，取出碾碎。

第二步：番茄半个去皮（去皮方法见西红柿一章），切碎丁，锅里加入少许橄榄油，煸炒番茄，边炒边用铲子或勺子碾成糊状。

第三步：将新鲜的番茄糊浇在鳕鱼泥上。

奶油香菇煮鸡胸肉（适合 8 个月以上宝宝）

奶油香菇煮鸡胸肉

【材料】

鸡胸肉 1 小块（处理方法见鸡肉一章），香菇 5 克，无盐鲜奶油 1 勺，面粉少许。

【做法】

第一步：将鸡胸肉洗净切丁，撒上少许胡椒粉及面粉，将多余的粉拍掉；将香菇切成碎末备用。

第二步：煎锅中加入少许橄榄油，将鸡胸肉碎煎至焦黄，翻炒后下香菇拌炒，加少许米酒、适量鸡汤炖煮，再放入鲜奶油，煮至汤汁浓稠后盛盘，撒上少许欧芹末即可。

如果是 6 个月以上的宝宝，可以选择煮鸡胸肉的方法制作此道菜谱（制作的方法参见鸡肉制作辅食章节）。

最佳补铁食物大排名

铁的食物来源非常丰富，血红素铁的良好来源主要在动物内脏、牛肉、猪肉、动物血、鱼类等等，植物性铁的来源主要在深绿色的蔬菜如菠菜、苋菜等，以及黑芝麻、葡萄干等。

最佳摄取排名	1	2	3	4	5	6	7	8	9
食品名	鸭血	鸡血	猪肝	黑芝麻	蛏子	蛤蜊	葡萄干	菠菜	苋菜
含铁量（mg/50g食品）	15	13	12	12	12	6	5	1.5	1.5

上述数据出自《中国食物成分表2002版》

中国营养学会推荐儿童铁的摄入量：0~6个月，6mg/d；6个月~1岁，10mg/d；1~6岁，12mg/d。

轻松计算宝宝一日的补铁量

1. 以6个月~1岁的宝宝每天10毫克铁的需要量计算：

强化铁配方奶粉：每100毫升强化铁配方奶粉含铁量在1毫克左右，6~12个月宝宝一天大概奶量在800毫升左右，从配方奶粉中得到8毫克的铁质，再从辅食中比如鸡肝20克中得到3毫克的铁质，那么一天10毫克的铁质就补充充足了。

2. 再看看1~6岁的宝宝12毫克铁的计算：

菠菜50克：1.5毫克

鸭血20克：7毫克

牛肉50克：1.5毫克

葡萄干10克：1毫克

其他食物中：获取1毫克，就能满足宝宝一天12毫克铁质的需要了。

补铁避免哪些事

和补钙一样，想有效预防宝宝缺铁性贫血，那么有几点是宝宝在补铁时需要特别注意的：

❶ 在给宝宝补充铁质的同时，适当地给宝宝喝些带酸味的果汁，如橙汁、猕猴桃汁、番茄汁等等，这些带酸味的果汁，富含维生素 C，能够促进宝宝体内铁质的吸收和利用，有效预防缺铁性贫血。同时提醒妈妈注意的，这种方法适合 7~8 个月以上的宝宝。

❷ 如果给宝宝制作辅食，可以选择使用铁锅，在制作辅食的同时，点几滴柠檬汁，会让铁锅本身所含的铁质渗透到食物中，从而增加食物的含铁量。

❸ 当食物以水煮的方式烹调时，容易造成铁质的流失，请妈妈们加以注意。所以水煮食物时，煮的时间不要过久。

❹ 喝牛奶的时候，不要同时补充含铁质的食物，因为牛奶会影响铁质在体内的吸收利用。妈妈喂养宝宝时，错开喝牛奶和补充含铁质食物的时间就好啦。

❺ 还有一点需要引起妈妈们重视的，铁质不是补充得越多越好，过量的铁不但会增加自由基的产生，甚至会产生铁中毒的现象。如果需要给宝宝额外补充铁剂，需要在医生指导下服用，不要自己擅自做主。

三、锌影响宝宝发育的每时每刻

珊珊 2 岁了，乖巧听话，安安静静，样样都让爸爸妈妈满意，就一件事，妈妈总是有点担心。珊珊吃东西不是很香，时好时差，有的时候很能吃，有的时候一口也不吃。妈妈带珊珊去医院检查，发现珊珊有点缺锌，于是，在医生的建议下，妈妈给珊珊补充上了锌剂。经过一段时间的补充，妈妈没觉得有什么明显的改善，珊珊吃饭还是老样子，时好时差。去医院复查，还是微量缺锌。这种情况反复有很长时间了。珊珊妈妈问我有事吗？

锌对宝宝的重要性不言而喻

锌是宝宝体内最重要的微量元素之一，体内有近 300 多种酶都含有锌，影响着宝宝生长发育的每一件事。锌对宝宝体内 DNA 及 RNA 的产生极其重要，就是说机体细胞的生长和修复都要有锌的参与；缺少了锌，宝宝的生长发育就可能会落后。宝宝神经系统及心理系统的协调也离不开锌的参与，缺少了锌，宝宝有可能易激惹、情绪不稳定等。锌还是宝宝生长发育的关键元素，锌供给不足，会让宝宝的生长发育停止（比如侏儒症）。宝宝之所以拥有水嫩的肌肤，娇嫩的黏膜组织，和锌的补给是分不开的。锌是维持宝宝皮肤正常生长的必需元素，缺了了锌，会使宝宝皮肤少光泽。锌是很多消化酶的组成成分，对宝宝的消化系统非常重要，充足的锌还能让宝宝吸收得更好。如果锌缺乏了，就可能会像珊珊一样，出现食欲缺乏。严重的还会出现厌食、偏食、腹泻等症状。充足锌的补给，也是宝宝强壮免疫系统的基础，如果缺乏锌，那么宝宝有可能就会反复感冒，皮肤起皮疹等。一提到骨骼，我们就会想到钙，殊不知锌也参与了骨骼的生长和发育。为什么宝宝出牙会那么困难或戏剧性地萌出，和锌密切相关。**我们有时会看到宝宝指甲上出现小白点，那宝宝是有可能缺锌了。锌影响宝宝生长发育的方方面面，但不影响宝宝智力的发育。**

如何通过食物有效补充锌质

一般情况下，我们所吃的食物中并不缺锌，但如果像珊珊那样出现了偏食的情况，合理调整饮食是非常有必要的。通过食物补锌是个不错的选择。

牛肉莲藕饼（适合 8 个月以上宝宝）

【材料】

牛肉 1/4 杯，莲藕 1/4 杯，豆腐 1/2 杯，洋葱 1 汤匙，葱 1 勺，少许酱油，少许橄榄油。

【做法】

第一步：取瘦牛肉洗净，泡水中 20 分钟，去血水，然后捣碎用酱油腌制。

第二步：用豆包布包裹豆腐滤去水分捣碎，莲藕去皮用搅拌机搅碎；洋葱去皮捣碎，葱也捣碎；和牛肉碎、豆腐碎一起搅拌均匀。

第三步：煎锅里加入橄榄油，然后挖一勺成圆饼状，小火慢煎，直至两面金黄，煎熟为止。

也可以根据宝宝喜欢制作形状。担心自己不容易煎熟，可以先将牛肉煮一煮，再剁碎，和其他食物一起拌匀下锅煎。1 岁以下的宝宝可以选择蒸的方式食用。1 岁以上的宝宝可以选择煎或蒸的方式。

牡蛎海带饭（适合 12 个月以上宝宝）

【材料】

大米 1/4 杯，牡蛎 2 汤匙，少量香油，海带汤半杯。

【做法】

牡蛎用盐水洗净后放入海带汤中烫一下捞出，过凉水后切成 1 厘米大小，和大米、海带汤一起倒入锅中煮成软饭后，加香油搅拌均匀。海带汤的制法参考蔬菜汤制作一章，软饭的程度参考"出生至 7 周岁儿童喂养表"。

南瓜核桃（适合 12 个月以上宝宝）

南瓜核桃

【材料】

南瓜 1/8 个，核桃 2 个，洋葱 2 汤匙，少量橄榄油，少量盐。

【做法】

第一步：南瓜去皮和籽后，切成1厘米大小后用开水烫一下；核桃去皮后捣碎；洋葱去皮后捣碎。

第二步：煎锅里放入橄榄油，把南瓜、核桃、洋葱一起放入，炒熟炒软即可。如果1岁以下的宝宝想吃，可以将其上火蒸熟，如糊状或泥状，不加盐。

蛤蜊汤（适合12个月以上宝宝）

【材料】

蛤蜊10个，土豆3汤匙，大葱1根，蒜泥少许，少量酱油，水1¼杯。

【做法】

第一步：蛤蜊用盐水浸泡1个小时左右，去海泥；土豆去皮后切成1厘米大小，捣碎大葱。

第二步：锅里放入花蛤、土豆、少许蒜泥，加入适量水（或汤汁），煮开，加入少许大葱再煮一小会儿即可。

含锌丰富的食物主要以牡蛎为代表的贝壳类食物为多，荞麦等全谷类食物，杏仁、核桃、榛子等坚果类食物，沙丁鱼、鸡肉等也是补锌不错的选择。

最佳补锌食物大排名

最佳摄取排名	1	2	3	4	5	6	7	8	9
食品名	小麦胚芽	牡蛎	黑芝麻	蛤蜊	大麦	虾仁	荞麦	河虾	核桃
含锌量（mg/100g食品）	23.8	9.39	6.13	5.13	4.36	3.82	3.62	2.24	2.17

上述数据出自《中国食物成分表2002版》

中国营养学会推荐半岁以内婴儿每人每天需锌3毫克，1岁以内5毫克，

1~10 岁儿童（儿童食品）每天 10 毫克。

轻松计算宝宝一天锌的摄入量

以 1~10 岁每天 10 毫克为例：

1 勺小麦胚芽：2.38 毫克

50 克虾仁：2 毫克

50 克大麦粥：3 毫克

从其他食物中获取 3 毫克，一天 10 毫克的锌摄入充足。

补锌应避免哪些事

和补铁、补钙一样，也有些因素影响了锌的吸收，是妈妈在给宝宝补充锌的时候要充分考虑的。

其中重要的一点是，如果土地里含有过高的过磷酸钙，那么上述食物中的锌含量会戏剧化地降低。如果土地或水中受到铅和镉的污染，锌就没那么容易被吸收了。高膳食纤维饮食也会影响锌的吸收（特别是含有钙，比如牛奶），所以吃含锌丰富的食物要和牛奶隔开一段时间食用。吸烟、铁质的补充，也可能影响锌的吸收。因此，爸爸妈妈至少要在家里给宝宝提供一个无烟的环境。

四、DHA 与儿童智力发育及视力的食谱

如今的妈妈最关注宝宝智力的发育，可以不管宝宝是如何喂养的，但不会不关注宝宝智力的开发。这其中，俗称"脑黄金"的 DHA，就备受妈妈们的推崇（关于 DNA 的叙述参见配方奶粉）。各类杂志、报纸的宣传，各种主流网页的介绍，让新手妈妈们头脑发热，争先恐后地要给宝宝添上 DHA，生怕自己宝宝比别人家的宝宝落后了。

为什么新手妈妈们如此重视 DHA 呢

为什么新手妈妈们如此重视 DHA 呢？是源于宝宝的大脑皮质里面特别是灰质部分含有大量的 DHA，大约占 20%，而宝宝大脑发育需要消耗大量的 DHA。所以，及时补充充足的 DHA 能为宝宝大脑的迅速发育提供良好的营养保障。但宝宝大脑的发育有特定的时期和阶段，宝宝大脑的发育一般有两个高峰期，第一个大脑发育高峰期是宝宝还在妈妈肚子里的时候，一般怀孕 4、5、6 个月胎儿的大脑发育是一个比较迅速的时期，特别是后三个月，更是集中、迅速发育的时期，会消耗大量的 DHA。宝宝在出生之后就迎来了第二个脑发育的高峰期，这个时间一般是从出生到 3 岁。这时候宝宝大脑的容量迅速发育到成人的 90%~95% 左右，就是我们常说的 "3 岁看大 7 岁看老"。说到这里，聪明的妈妈就会明白了，在这两个关键时期，及时给宝宝补充上充足的、能够促进宝宝智力发育的营养，那么宝宝大脑发育得就会迅速，敏捷性就会提高，当然聪明程度也会更高。

所以，**想让自己的宝宝更聪明，那么就在宝宝大脑发育的特定时期及时给宝宝大脑发育所需的特别营养吧！**

DHA 对宝宝的益处还不只这一点点，在宝宝眼睛的视网膜里，DHA 的含量也非常高，大约占 50% 左右，所以说孩子视力的 "好和坏" 也离不开 DHA 的促进作用。且有很多资料显示，经常吃鱼或者是适当补充 DHA 的宝宝，得哮喘疾病的概率远低于不吃鱼或不补充 DHA 的宝宝。

选 DHA 补充剂还是选含 DHA 的食物

很多妈妈会立马想到 DHA，一想到 DHA 就会想到 DHA 补充剂。其实，在自然界里，有很多食物中都含有丰富的 DHA，如母乳、鸡蛋、大虾，鸡胸肉、螃蟹、各种鱼（特别是金枪鱼、鲑鱼等）。其他如鲔鱼、鲣鱼、鲭鱼、沙丁鱼、竹荚鱼、旗鱼、黄花鱼、秋刀鱼、鳝鱼、带鱼、花鲫鱼等 DHA 的含量也不错。此外，干果类食物如核桃、杏仁、花生、芝麻等也富含能转化成 DHA 的 α-亚麻酸。

最佳补 DHA 食物大排名

食物	DHA（mg）
90g 粉红鲑鱼片，烘焙或烤	638
90g 白金枪鱼，清水罐头	535
90g 熏鲑鱼	227
90g 螃蟹，蒸	196
12 只大河虾，蒸	96
90g 金枪鱼沙拉	47
2 片鸡肉，油炸	37
1 只大的鸡蛋，煮熟	19

数据来源《营养学概念与争论》

因此，妈妈经常选择含 DHA 丰富的食物给宝宝食用，是促进宝宝大脑敏捷聪明的一个好方法。我们常说"爱吃鱼的宝宝更聪明"，就源于此啊！

如何通过食物有效补充 DHA

那么就给宝宝多选择以下介绍的食谱，经常换着给宝宝吃一吃，既营养美味，还能让宝宝更聪明。

金枪鱼南瓜沙拉（适合 8 个月以上宝宝）

【材料】
金枪鱼肉 1/4 杯，土豆 1/4 杯，南瓜 1/4 杯，蛋黄酱 1/2 汤匙。

【做法】
第一步：金枪鱼肉放入锅里，加少量水煮熟后取出切细碎。
第二步：土豆去皮，南瓜去皮和籽，一起入锅蒸 15 分钟左右，取出稍晾凉用刀切成豌豆粒大小，置于碗内，放入金枪鱼肉及蛋黄酱拌匀即可。

1岁以下宝宝不用蛋黄酱调味，可以用原味酸奶调味。1岁以上的宝宝两者皆可。

番茄酱洋葱煎鲑鱼（适合12个月以上宝宝）

番茄酱洋葱煎鲑鱼

【材料】

鲑鱼1片（50克），洋葱3~4片个，橄榄油少许，糖1汤匙，盐少许，蚝油1勺（2克），水1/4杯，原汁番茄酱2汤匙。

【做法】

第一步： 鲑鱼片均匀涂上盐，用刷子刷上层橄榄油，放入锅中以中火将鲑鱼煎熟，盛起置盘备用。

第二步： 洋葱切细丝放入锅内，以锅里剩下的鱼油将洋葱炒香；调味料混合拌匀，倒入有洋葱丝的锅中煮沸，再取出淋在煎好的鲑鱼上即成。

一岁以下的宝宝用原味酸奶调味，鲑鱼煎的时候不加盐抹鱼身。1岁以上的宝宝可以选用调味料，也可以用原味酸奶调味（自制酸奶参见零食制作一章）。

鲔鱼三明治（适合12个月以上宝宝）

【材料】

鲔鱼罐头1个，面包（全麦面包或燕麦面包等均可）1片，生菜1片，黄瓜1小段，千岛酱适量。

【做法】

将一片方面包，沿对角线切成三角形，挖出鲔鱼肉，置于碗中，加入适量千岛酱拌匀，再将拌匀的鲔鱼肉涂抹在三角面包上，撒上生菜丝、黄瓜丝，盖上另一片面包即可。

鸡肉及鸡蛋（参见鸡肉及鸡蛋食谱）

DHA 补充剂

一些新手妈妈更喜欢双补，既给宝宝食补，还给宝宝补充 DHA 补充剂。如果宝宝经常吃鱼，能在饮食中摄取足够的 DHA，不是非要补充 DHA 补充剂不可。但是想给宝宝补充 DHA 补充剂，那么选择合适宝宝的 DHA 补充剂就很重要了。

目前市场上有两种 DHA 补充剂，一种是从鱼油中提取的，一种是从海藻中提取的。鱼油中提取的 DHA 存在着很多的问题，因为现在环境污染是个全世界的问题，不单单是中国有，所以从深海鱼中提取的 DHA 也同样存在着污染的问题，比如有机污染物的污染，这是以前被忽视的一个问题，有机污染物包括二恶英等等对身体有害的物质，同时，大型的深海鱼因为食物链的原因存在着甲基汞等有害重金属蓄积的问题，因此从这些鱼中提取的鱼油很可能也带有这些有害的物质，所以不适合宝宝食用。相反，从海藻中提取的 DHA 就要安全多了。因为海藻是一种含有叶绿素的水生微生物，整个生产、制作过程都需要在无菌条件下实现，而且它还不含有鱼油中的 EPA（能抑制宝宝生长发育的物质），所以，如果新手妈妈要购买DHA 补充剂，就给宝宝购买海藻提取的 DHA 补充剂，对宝宝来说更安全，无污染，纯天然。

补充 DHA 应避免哪些事

同样，想让宝宝补充的 DHA 更能促进宝宝智力的发育，那么以下问题是新手妈妈要注意的：

❶ 吃鱼的话尽可能吃当季的鱼，比如鲫鱼冬天最为肥美，那就吃冬天的鲫鱼。因为不同季节的鱼，其体内脂肪含量的变化也不同，DHA 的含量也随季节变化而变化。应季的鱼滋味鲜香，鱼肥肉厚，DHA 的含量也相对丰富。

❷ 补充 DHA 吃养殖鱼比天然鱼好：养殖鱼活动少，脂肪多含量高，投喂的饲料中含有大量 DHA，所以 DHA 含量高。

❸ 蒸、炖鱼要比炸、烤鱼能获得更多的 DHA。炸、烤等烹调方式会损失更多的 DHA。

其实，每个聪明的宝宝都是吃出来的，每个聪明的新手妈妈都是让宝宝变成会吃的高手。

第六章　食物不耐受和食物过敏

一、为什么要重视食物过敏

说起食物过敏，似乎离我们的生活很远，只有极少或是极个别宝宝会出现食物过敏，因此被许多新手妈妈忽视，这个想法已经过时了。近年来越来越多的宝宝会对食物过敏，尽管目前国内还没有确切的数据，但过敏性哮喘、过敏性鼻炎、过敏性皮炎等过敏性疾病呈上升趋势。据《重庆过敏性疾病调查报告》显示，目前重庆过敏性疾病的发病率高达 37%，据称 3 个人中就有 1 个患有过敏性疾病。这其中和曾经有过食物过敏不无关系。

美国疾病预防控制中心的相关数据更能说明食物过敏的严重性：美国每年大约有 700 多万的宝宝被诊断为花粉热；过敏性皮疹（异位性皮炎）已影响到了 30% 的婴幼儿，且越来越普遍。还有 600 万的宝宝患过敏性哮喘，这是现在美国宝宝中最常见的慢性病、流行病。而**发生在宝宝身上的这些过敏性疾病，很可能跟宝宝对某种或某些食物过敏有密切的关系。**

为什么会发生食物过敏现象

宝宝的免疫系统是宝宝保持身体健康的最宝贵财产，有助于帮助宝宝抵抗各种疾病（比如传染病、癌症），预防世界上广泛传播和最致命的许多疾病，保护宝宝的未来。食物过敏呢，是因为宝宝的免疫系统出现了问题，当宝宝接触了容易引起过敏的食物，他的免疫系统错误地把本来无害的食物蛋白当成了有害的物质，身体产生了致敏反应，刚开始也许没有什么症状，过不了几秒钟，宝宝体内的抗体对抗过敏原，过敏反应因此发生了。

尽管发生在宝宝身上的食物过敏概率比较低，大概有 2%~10%，但食物过敏会引起宝宝生理上和行为上的异常，比如过度活跃、注意力分散、冲动等缺陷。还有至关重要的一点是：儿童期是宝宝免疫系统的成型期，对他的现在以及将来的免疫系统功能的强弱起到决定性的作用。这个时期就如同站在十字路口一样，如果没有注意宝宝过敏的问题，经常给宝宝食用容易诱发宝宝过敏的食物，那么宝宝很可能会通向过敏症；如果爸爸、妈妈在添加辅食之初，就慎重对待容易引起宝宝过敏的食物的添加，帮助宝宝完善宝宝的免疫系统功能，那么宝宝就会选择通向耐受性好的那条正确的路。

也有些爸爸、妈妈会担心了，因为很可能爸爸或者是妈妈有过敏的情况，或者爸爸、妈妈都有过敏的情况。像这样的宝宝很可能会遗传到过敏体质，但不一定会遗传某种具体的过敏物质。例如，爸爸对花生过敏，宝宝也有 50% 的可能性患某种过敏症，但不一定是花生过敏。如果爸爸、妈妈都患有过敏，宝宝患过敏症的概率会达到 75%。

因此，**为了最大限度地避免宝宝过敏，安全地给宝宝添加辅食非常重要，这个观点要牢牢记在爸爸、妈妈的心里**。所以要减少在 6 个月之前给宝宝添加辅食，6 个月之后，宝宝的消化能力、免疫能力会变强，过敏的风险会降低很多的。

而过早地给宝宝添加辅食（在 6 个月之前），无形之中会增加宝宝对食物过敏的风险。比如 4 个月之前给宝宝添加辅食，会增加宝宝患过敏性哮喘、湿疹的风险，特别是对早产儿，过早地添加辅食，患湿疹的风险会更高。同样，剖宫产的宝宝也会因过早添加辅食而增大过敏的概率。

容易引起宝宝过敏的食物有哪些

宝宝可能对任何食物过敏，最容易引起宝宝过敏的常见食物主要有 3 种：鸡蛋（特别是蛋白）、花生或花生酱、牛奶，占食物过敏的 75% 左右，另外 25% 是由杏仁和发酵食物（小麦、大豆等）引起的。威胁生命的过敏性休克经常由花生、树来源的坚果（例如核桃、腰果等）、鱼（例如鲔鱼、鲑鱼、大比目鱼、鲭鱼、沙丁鱼等）、贝壳类（例如龙虾、对虾、螃蟹和河虾等）食物引起。还有一些是让爸爸、妈妈想不到的，我们经常会给宝宝吃的水果，比如草莓、柑橘类水果（橙子、葡萄柚、柠檬、橘子等）、西红柿也会诱发宝宝过敏。此外，我们国人最爱食用的芝麻、芝麻油、玉米等食物，也可能是导致宝宝过敏的过敏原。

听到这些，会让很多的爸爸、妈妈都感到紧张，不知道还有什么食物是宝宝能吃的了。爸爸、妈妈不要过于紧张，由于年幼的宝宝免疫系统发育尚未完善，所以容易对某些食物或某个食物发生过敏，**但随着他年龄的增长，免疫系统功能的逐步完善，对某些食物过敏的现象可能会逐渐消失**。比如说大约有85%曾对奶、蛋、大豆和小麦等食物过敏的孩子到学龄前时，这些食物过敏症就消失了。但也有些食物过敏很可能会伴随宝宝一生，比如花生、坚果、鱼和甲壳类水产等食物。即便如此，在2岁以下对花生出现过敏的宝宝中，约有20%到学龄前会摆脱这种食物过敏。

食物过敏会出现哪些症状

食物过敏可能有症状，也可能没有症状。一种食物过敏会产生许多不同症状。最常见的表现是皮肤的荨麻疹、肿胀、皮疹等；消化道过敏能产生痉挛、便秘、腹胀、恶心、腹泻或呕吐等；呼吸道过敏包括哮喘，过敏性鼻炎等，另外还有流鼻涕、由于刺激引起的眼红。

严重威胁生命的过敏反应是过敏性休克，这是爸爸、妈妈绝对不能耽搁的，需要马上紧急就医或叫救护车，因为宝宝不单单是皮肤起风疹团块、瘙痒那么简单了，宝宝很可能在几分钟内呼吸转短促，血压骤降，严重喉头水肿、窒息，威胁宝宝的生命。

对食物的过敏反应常常在不同时期发生，有的在宝宝吃下食物几分钟内出现症状，也有的可以在24小时之内出现。这样快速出现症状的食物过敏，妈妈们相对比较容易确定是哪种食物引起宝宝过敏的，因为症状和食物食用的时间有紧密的联系。但也有一些过敏反应出现得很缓慢，常常在吃下食物后几天之内出现，妈妈们确定到底是哪种食物引起宝宝过敏的就比较困难，因为到症状出现为止宝宝已经食用了多种食物。所以，遵循辅食添加的四天原则很有必要，是帮助妈妈解决宝宝出现消化问题或是过敏情况的法宝。

还有一种特别的情况，需要妈妈特别留意，有些宝宝即使以前吃过某种食物而没有出现问题，但不等于说这种食物对他说就是安全的，他还是有可能对这种食物过敏。比如说家有遗传性的对鸡蛋过敏的病史，宝宝前几次吃鸡蛋时可能没有反应，但以后很可能会出现过敏症状。所以，在给宝宝添加辅食时需要妈妈特别用心，凡是容易引起宝宝过敏的食物，需要晚一步添加或是添加的时候做记录，确保这些食物对宝宝是安全的。

如果宝宝总是在吃过某种食物后 2 小时之内出现过敏症状，妈妈需要及时带宝宝去就医，确认是否是对食物过敏。如果确认是对某些食物过敏，那么就要让每个照顾宝宝的人都了解宝宝的过敏情况，做好准备，预防这种情况的再次发生。即使第一次食物过敏反应很轻微，下一次也可能会非常严重。

食物过敏有预防的良方吗

目前没有什么药能治愈或预防食物过敏反应，所以预防宝宝食物过敏反应的关键就是严格避免接触可能引发过敏的食物。遗憾的是，说起来很容易，做起来难。很多时候，妈妈根本意想不到哪种食物会引发宝宝过敏，有的甚至是食物的一点点残渣就引发了宝宝严重的食物过敏反应。还有很多时候妈妈认为是安全的食物，结果吃了之后却让宝宝出现了严重过敏反应。因此，时刻提高警惕是必要的，**学习有关食物过敏的知识是预防食物过敏的基础，注意阅读食品成分标签是避免食物过敏的良法。**

二、食物不耐受现象

宝宝的食物不耐受现象不是宝宝对某种食物或添加剂的过敏反应，而是宝宝的消化系统出现了问题，不能够消化某种食物，有的时候很容易与食物过敏相混淆。常见的有乳糖不耐受和谷蛋白不耐受。

乳糖不耐受

乳糖不耐受是最常见的一种食物不良反应，特别容易和牛奶过敏出现的腹泻、呕吐、腹胀等症状相混淆，但乳糖不耐受完全不同于牛奶过敏。它不是宝宝的免疫系统出现了问题，而是消化系统出现了问题，也就是说宝宝不能够消化牛奶中的乳糖了。细心的爸爸、妈妈会发现，每次宝宝喝了牛奶之后，就会出现诸如放屁、胀气或腹泻等消化不良的症状。

乳糖是牛奶和母乳中主要的糖，发生乳糖不耐受是因为宝宝缺乏消化乳糖的乳糖酶，不能分解乳糖。如果把宝宝的机体看做是一部完整的机器的话，那么乳糖不耐受，是宝宝这部机器缺少了分解乳糖的零件，就像拿100元的纸币去地铁投币机购票一样，这地铁投币机怎么能工作呢？它只能吐出纸币，否则自身会受到伤害。乳糖不耐受很少出现在宝宝，有了症状也会及早注意到，因为要是宝宝不能消化牛奶的话，体重就会减轻，这会马上引起爸爸、妈妈注意的。真正的乳糖不耐受往往在青少年时期才出现，而且亚洲人出现乳糖不耐受的比例较高。

谷蛋白不耐受

为什么我们总是先给宝宝添加米粉，6个月之后才会给宝宝添加面食呢？原因在于小麦里有谷蛋白。为什么我们要强调谷蛋白呢？

毛毛是个聪明可爱的10个月的男宝宝，但最近一段时间，他妈妈很是烦恼，原因就在自从毛毛添加了烂面条之后，一直特别爱拉肚子，体重也一直没有增加，吃东西也不香了，什么食物都不爱吃，甚至连奶都不爱喝了，经常会看到他的小肚子鼓鼓的，比以前也爱哭闹了。毛毛妈妈非常着急，问我：我的宝宝到底怎么了？怎么会这样啊？！我该怎么办啊？我问毛毛妈妈：你知道你小的时候吃面条拉肚子吗？毛毛妈妈说：没听我妈妈讲过，我妈妈还说我特别爱吃面片汤呢。那毛毛的爸爸呢？毛毛妈妈像是突然想起了什么地说：我老公好像极少吃面食，一吃面食就拉肚子，他也就不吃了。我跟毛毛妈妈说：这就是缘由所在啊！

像毛毛这种情况，很可能是对小麦蛋白不耐受所致。他很可能得的是乳糜泻。乳糜泻又称麦胶性肠病，是由于对谷蛋白不耐受所致。乳糜泻会出现严重的胃肠道症状，是因为机体错误地把谷蛋白当成有害物质，甚至阻止小肠吸收其他营养物质，这会导致严重的营养问题。一般来说乳糜泻有家族倾向，9~18个月的宝宝，容易出现腹泻，体重减轻或体重获得不够，贫血，食欲下降，营养不良，胃胀，坐立不安，易激惹，皮炎（痒疹）等，还有家族史，如果宝宝出现了上述的某些症状，很可能宝宝对某些特定的食物敏感，一定要带宝宝去看医生，得到医生及时的指导。

　　什么是谷蛋白呢？我们通常吃面条，会说这面条真筋斗，这筋斗实际上指的就是小麦中含有的一种叫谷蛋白的物质，也就是我们常说的面筋蛋白，是一种蛋白质，面团有没有弹性，就是源于此。面粉中的高筋面粉、低筋面粉、中筋面粉的区分就是面筋蛋白含量高低的区分。这种面筋蛋白主要是由麦谷蛋白和麦醇蛋白组成的。在小麦里这种谷蛋白的含量比其他谷类（如大麦、黑麦、燕麦等）要高得多。有很小一部分宝宝在吃过小麦类辅食后，几天内都很难消化这些食物，甚至会引起严重的消化道反应，这就是谷蛋白不耐受。像这样的宝宝一生都要避免食用谷蛋白，意味着一个人一生不能吃小麦、大麦、黑麦、燕麦或其他包含谷蛋白的食物。

三、常见的食物过敏

牛奶过敏

　　康康是个6个月的男宝宝，因为妈妈要去上班了，所以已经提前在家里给康康尝试配方奶粉了，只是他哪怕只要沾一点奶粉，嘴角都会起红疹子，但过一会儿就没事了。康康妈妈也没有太在意。等她上班后，却发生了件意外事，让她吃了一惊，康康奶奶给康康喂配方奶粉，没想到康康奶没喝多少，身上就起疹子了，还把奶全吐出来了，一脸痛苦的表情，哭闹个不停，眼泪、鼻涕一起流，嘴角的红疹没有下去，反而还加重了。康康妈妈急忙赶回家，带康康去医院就诊，医生认为康康很可能是对牛奶过敏，建议康康妈妈更换豆奶粉给康康吃，令人意想不到的是，换了豆奶粉的康康仍然是不适应，只要一吃豆奶粉就起疹子，拉肚子，哭闹不休。康康妈妈向我咨询，我建议她给康康喝水解蛋白配方的奶粉试试，康康妈妈将信将疑，很是小心地给康康添加了水解蛋白配方的奶粉，结果康康没有吐，也没有拉肚子，似乎还很喜欢喝的样子，康康妈妈高兴极了，给我信息。这样喂养了一段时间后，康康的小脸红扑扑了。

　　像康康这种情况，很有可能是对牛奶过敏，但要确诊是否是牛奶过敏，还需要严格的实验室的相关检查。但牛奶是最容易引起宝宝过敏的食物之一，也是最常见的，因为牛奶里至少包括 20 种能致敏的蛋白质，1 岁之前有2%~7% 的宝宝受此影响。一些对牛奶过敏的宝宝直到 4 岁以后才摆脱牛奶过敏，有些宝宝甚至是终身对牛奶过敏。而且很多对牛奶过敏的宝宝同样对山羊奶、绵羊奶甚至大豆也过敏。

对牛奶过敏的宝宝反应也不一样，有的像康康这样，反应很迅速，流泪、流涕、呕吐、腹泻、腹痛、出疹子；更多的是喝了牛奶好几天之后才有症状出现，比如大便带血、食物反流、荨麻疹、呕吐、腹泻、喘鸣、湿疹、颜面肿胀、便秘等症状。极个别的出现过敏性休克、喉头水肿，那就需要紧急就医。有时候对牛奶过敏的宝宝因腹泻或肚子痛会被误诊为肠绞痛或病毒性腹泻，所以，有心的妈妈在宝宝添加牛奶时注意观察，甚至拿笔记录宝宝的反应是非常好的习惯，这有助于区分宝宝是过敏引起的腹泻还是其他疾病引起的症状。

如果宝宝被确诊为对牛奶过敏（酸奶、奶酪也要包括在内），那么任何添加了牛奶的食物，都有可能会引起宝宝的过敏，因此妈妈在给宝宝添加辅食上需要特别慎重，要详细查看食品标签，看食物成分里是否含有让宝宝过敏的牛奶成分，避免给宝宝吃含有牛奶成分的任何食物，如牛奶（各种牛奶、浓缩的、脱脂的或山羊奶）、奶粉、奶酪、黄油、奶油、人造奶油、酪乳、乳清、酪蛋白等，其他食物包括罐装鱼、含奶的调味品、混合谷物、一些大豆食品等。如果妈妈不能确定食物里是否包含牛奶蛋白，请不要给宝宝食用，给宝宝其他可以确定的食物吃。

也有些妈妈会有疑问，宝宝对牛奶过敏，是不是牛肉也会过敏啊？一般来说，宝宝反而很少对小牛肉过敏，因此在宝宝 8 个月以后，可以考虑给宝宝尝试美味的小牛肉。

大豆过敏

齐齐如今是个 2 岁的调皮的小男孩了。可当初给他妈妈愁得没法儿没法儿的。原因是齐齐刚满月时身上开始起湿疹，而且越来越严重，全身流黄水，结痂了，还会再破水。爸爸、妈妈带他到处看病，结果医院诊断说齐齐是严重的过敏体质，不能吃的食物列了长长的一个单子，首当其冲的是大豆，还有牛奶、鸡蛋、坚果、鱼等等。直到齐齐6个月的时候，湿疹才勉强止住了，但妈妈实在不知道能为齐齐添加什么辅食好。

可齐齐妈妈是个动脑筋的妈妈，她没有坐以待毙，而是积极地查阅了大量的相关资料，特别是借鉴了国外的相关信息，开始给齐齐添加些不容易过敏的食物，而且严格遵循一周只添加一种食物的原则。为此，她还和疼爱她的婆婆吵了架，因为齐齐奶奶总会趁齐齐妈妈不注意，把她认为没事的食物往齐齐嘴里塞。在齐齐妈妈精心照顾的5个月里，齐齐没有发生过食物过敏，而且随着逐步的添加，齐齐已经能吃大部分的食物了（除了蛋白、海鲜等不让吃的食物）。在齐齐1岁以后，齐齐妈妈开始小心地给齐齐尝试豆制品，结果发现齐齐并没有过敏，又尝试了一段时间之后，齐齐依旧身上没有起什么疙瘩。如今，齐齐2岁了，完全可以吃大豆、牛奶、鸡蛋等曾经不能吃的食物了，而且几乎没有生过病。这是齐齐妈妈最开心的事了。

大豆源于中国，是我国人民最喜爱的食物之一，有"豆中之王"、"田中之肉"、"绿色牛乳"等美称。我们经常听到的是大豆如何如何地美味，如何如何地有营养，比如含有非常高的蛋白质，包括人体所需的八种必需氨基酸，但很少提及大豆会致敏的问题。实际上对大豆过敏的现象是比较普遍的，虽然还不清楚大豆引起过敏的具体原因是什么，但是科学家发现大豆里至少包含有15种引起过敏的蛋白质，特别是3个月左右的小宝宝更容易对大豆过敏。一般而言，很多对牛奶过敏的宝宝，同时也对大豆过敏。尽管我国这方面的报道比较少，但大豆过敏人数是呈上升趋势的。

如果宝宝在吃了大豆或大豆制品后出现腹泻、呕吐、易激惹、皮炎（痒疹）、鼻炎、哮喘、急腹痛、反流等症状，也许宝宝是对大豆过敏了，请及时就医。

有家族过敏史的人，特别是有大豆或坚果过敏家族史的人，或是有哮喘、鼻炎、湿疹，或者家人有类似症状的，宝宝对大豆的过敏概率会增高。过早（6个月之前）给宝宝添加大豆类辅食，会增加宝宝对大豆过敏的风险。**因此，许多妈妈会选择在8个月之后或者1岁以后添加大豆类食物。一**

般宝宝在 2 岁以后就不会对大豆过敏了。

如果宝宝对大豆过敏，那么妈妈在给宝宝准备食物的时候，要 100% 确保每一种食物的成分里都不含有大豆。如今人们对大豆的使用越来越广泛，出现在食物里的形式也多种多样。食物中包含大豆的有面包、点心、驴打滚、贴饼子、黄豆芽、薯片、蛋白粉、乳化剂等等。如果宝宝对大豆过敏，那么豌豆、白扁豆、大麦、小麦或者黑麦添加的时候也要小心。但**也有大豆制品根本不引起过敏反应，如大豆油（因为不包含蛋白质）。**

鸡蛋过敏

然然是个 3 个半月的女宝宝，依照我们国人的传统，然然的奶奶叮嘱然然妈妈，该给然然添加蛋黄了。然然妈妈自然不敢怠慢，因为她早听姐妹们说过，蛋黄一定是要早加的，为了避免宝宝缺铁性贫血。似乎事与愿违，然然很不情愿接受妈妈给的蛋黄，而且没吃两口，嘴角就起红疹子了。然然妈妈一看情况不对，也不敢加了，向姐妹们求救，在网上论坛里咨询，也没个所以然，有的说可能宝宝对蛋黄过敏，有的说没事，继续给宝宝添加。然然妈妈自己也认为，不给宝宝添加蛋黄，拿什么食物补充铁质啊，何况大家都这么给宝宝添加也没事，我为什么不能给宝宝添加呢？在这种思想的影响下，然然妈妈又逼着然然吃了几次蛋黄，结果然然嘴周的红疹越来越严重了，身上还起了湿疹，然然妈妈没招了，急忙带然然去医院，医生说然然对蛋黄过敏，把蛋黄停掉就好了。

鸡蛋在我国是给宝宝添加的最早的辅食之一，甚至在添加米粉之前，很多妈妈就给宝宝添加蛋黄了。是因为蛋黄的营养非常丰富，除了宝宝大脑发育所需要的卵磷脂外，还含有丰富的铁质，为了预防缺铁性贫血，所以很多妈妈都及早地给宝宝添加蛋黄，这已经是我们的传统了。但很少有妈妈考虑鸡蛋过敏的问题，甚至还有的妈妈即使宝宝吃蛋黄过敏了（就像然然妈妈这样），还在给宝宝吃蛋黄，口周起疹子、湿疹加重等等，依旧不会把蛋黄停掉。其实，宝宝可添加的辅食很多，作为补铁的食物，蛋黄也不是唯一的，完全可以用其他辅食替代。可鸡蛋引起的过敏却有时候是非常严重的，甚至会威胁宝宝的生命。而且在宝宝一岁之前是比较常见的。因此，需要各位妈妈明确的是添加辅食更要考虑到宝宝的安全。

鸡蛋是食物中引起宝宝过敏的最普遍的因素之一。主要是鸡蛋白（卵清蛋白），一部分宝宝对蛋黄也过敏。对鸡蛋过敏，是因为宝宝体内的免疫系统错误地把鸡蛋蛋白质当成有害的物质。更多的宝宝是在 5 岁以后才对鸡蛋不过敏。

如果宝宝对鸡蛋过敏，有可能几分钟之内就出现症状，也有些宝宝几个小时之后才出现症状，比如荨麻疹、脸红、口周痒疹（有时候会延及全身）、脸部肿胀、肚子痛、腹泻、恶心、呕吐、流涕、喘鸣、呼吸困难、心慌、低血压等，严重的会导致过敏性休克。

说到这里，很多妈妈又开始担心，不知道什么时候给宝宝添加鸡蛋合适了。正因为很多宝宝都对鸡蛋过敏，所以一般建议在宝宝 1 岁之前不要给宝宝提供鸡蛋白，如果有家庭食物过敏史的，建议在宝宝 2 岁之前都不要给鸡蛋吃。

美国儿科学会在 2008 年的报告中曾说：尽管不建议在 4~6 个月之前添加辅食，但现在没有明显的有说服力的证据表明：无论是母乳喂养，还是配方奶粉喂养，在 6 个月之后延迟添加鸡蛋，包括其他高致敏性的食物，如坚果等，能够有效地产生保护作用，预防特异性疾病（指过敏性疾病）的发生（除外家庭过敏史）。

尽管美国儿科协会有这样的说法，但我们还是强烈建议要慎重对待鸡蛋的添加，因为一旦发生鸡蛋过敏，有可能很严重。如果有家族过敏史，更要慎重添加。鸡蛋白无论是生的还是煮熟的，都有高致敏性。鸡蛋黄因烹调致敏性会降低，但让年幼的宝宝吃全鸡蛋还是不安全的。

如果宝宝确诊对鸡蛋过敏，那么在宝宝头一年里要避免吃含有鸡蛋的任何食物。而鸡蛋的使用无处不在。所以，妈妈在选择时要看清食品标签，出外就餐要问清食物里是否含有鸡蛋清等成分，确保食物中不含有鸡蛋的成分，比如全蛋、蛋白、蛋白粉、荷包蛋、巧克力、奶油、蛋羹、蛋饼、蛋花汤等等。

芝麻过敏

陶陶是个小男孩，8 个月以前吃什么辅食都很好，妈妈也很开心，因为陶陶嘴壮，长得虎头虎脑的，特别讨人喜欢。就是这样，妈妈并不满足，想陶陶长得更好，老祖先留给我们好吃的东西太多了，诸如养生的食物花生、芡实、薏苡仁、芝麻、核桃、桂圆等等。陶陶妈妈开动脑筋，觉得要是把这些有营养的食物都磨成粉，做成膏，给陶陶吃，那陶陶岂不更健壮吗？比其他宝宝更聪明吗？想到这里，陶陶妈妈说干就干，她把黑芝麻、核桃、桑葚、花生、芡实等一起磨成粉，起名叫"八宝"，兴致勃勃地开始给陶陶添加了。起初，陶陶还很爱吃，每次吃过之后，还咂吧嘴，没两天，陶陶妈妈发现陶陶打蔫了，不仅食欲下降，而且身上莫名地起了很多疹子，到医院一看，诊断为"荨麻疹"，是种过敏性的皮疹。陶陶妈妈百思不得其解，一直以来陶陶对很多食物都不过敏啊，怎么会突然就过敏了呢？她带陶陶做了详细的检查，发现陶陶对芝麻过敏。这个时候她突然想明白了，坏就坏在她给陶陶吃的"八宝"上头了。自此，她再也不敢给陶陶吃芝麻及芝麻制品了，自然陶陶也没有再发生过类似过敏的情况。

芝麻虽然不是原产于我国，据说是张骞出使西域带回来的，所以又称"胡麻"，其实它是胡麻的种子。几千年来深受我们的喜爱，几乎家家户户都吃芝麻产品。陶弘景曾评价："八谷之中，唯此为良"，所以一直以来芝麻都受到我们的推崇。但近十年来，全世界范围内芝麻过敏的报告例数在不断增多，尽管在国内似乎对芝麻过敏的人不多，但仍需要引起我们的高度重视。

关于芝麻致敏的主要原因现在还不清楚，可能与这些因素有关：

❶ 全世界范围内芝麻的使用越来越广泛，芝麻过敏的诊断和报告在增加。

❷ 芝麻是世界范围内9种过敏食物之一，许多人对芝麻敏感。

❸ 欧洲及加拿大，把芝麻列为主要过敏食物之一。

❹ 芝麻在孩子的过敏中也很普遍。

❺ 在澳大利亚，芝麻在宝宝食物过敏中排第四，列鸡蛋、花生、牛奶之后。在以色列排第三。

一些人对芝麻过敏，主要是对芝麻蛋白及其衍生物过敏。芝麻酱因为蛋白质和铁含量高，经常会作为宝宝的辅食。但芝麻过敏也会引发严重的过敏反应——过敏性休克，甚至致命。所以，如果宝宝在 1 岁以内，家族又有食物过敏史的，包括特异性皮炎（遗传过敏性皮炎），都要谨慎添加芝麻。因为芝麻过敏与饮食有关，与家族遗传有关。

如果宝宝在吃了芝麻之后，出现呕吐、恶心、腹泻、充血、咳嗽、流涕、胃痉挛、荨麻疹、皮疹、头痛、喘鸣、流涕、打喷嚏等症状，要及时就医。

对芝麻过敏的宝宝吃很多食物都很受限，比如芝麻油、芝麻酱、芝麻花卷、芝麻饼、面包、饼干、沙拉、麻花糖等，即使加热某些芝麻食物也不会降低其致敏性。

同时，对芝麻过敏的宝宝很有可能对猕猴桃、黑麦、香菜、葵花籽、亚麻籽等也过敏，所以妈妈要给易过敏的宝宝添加辅食时需要特别的留心。

至于宝宝什么时候对芝麻不过敏，目前还不知道。如果想给宝宝添加芝麻及其制品，建议在宝宝 8 个月之后，如果家族有过敏史的，芝麻添加建议在 3 岁之后。

玉米过敏

鹏鹏是个 1 岁的小男孩，7 个月大的时候，妈妈给他添加了点磨牙饼干，没想到的是鹏鹏突然眼皮肿起来了，妈妈带鹏鹏去医院检查，做过敏原确定鹏鹏对小麦和玉米过敏。之后，妈妈没有再给鹏鹏吃小麦类食品，鹏鹏也一直安然无恙。到了鹏鹏 10 个月大的时候，家里做了一锅玉米炖排骨汤，也让鹏鹏喝了点，谁晓得鹏鹏突然脚上长出了大包，之后转成了大水泡，又是一趟紧急治疗。鹏鹏妈妈十分苦恼，因为没有办法能够帮到她解决鹏鹏过敏的情况。只有远远地避开小麦及玉米类食物了。是的，对于幼小的鹏鹏来说，目前似乎只能这样。

玉米是我们餐桌上不可或缺的食品，无论是玉米面粥、玉米贴饼子，还是玉米碴子、玉米棒子，都深受人们的喜爱，我们也总是被玉米鲜亮的黄色、甜甜的滋味所吸引。不仅如此，玉米对人体的益处，比如补充人体必需的铁、镁等矿物质，能够有效地预防心血管疾病，丰富的膳食纤维帮助预防癌症等营养保健功用，也让其深得现代人们的追捧。作为爱宝宝的妈妈们，自然十分乐意让宝宝早早尝试这新鲜的美味玉米啰！

可很多妈妈忽视了一个重要的问题，就是玉米是非常容易引起过敏的食物。虽然我们国家没有相关玉米过敏的统计数据，但相当一部分人，特别是宝宝容易对玉米过敏。如果有家族过敏史或其他典型的过敏情况（湿疹和过敏性鼻炎），过早给宝宝添加玉米，过敏的风险会陡然增高的。

玉米过敏是因为宝宝的免疫系统出错了，把玉米蛋白当成了病毒，机体产生抗体对抗玉米蛋白这个抗原，过敏反应因此发生了。它所致的过敏症状和其他食物过敏症状相似，如呕吐、恶心、皮疹、哮喘等等。但玉米过敏不同于玉米不耐受，玉米不耐受是宝宝吃了玉米之后不消化，其实即使是成年人，吃了玉米之后，也会有胃胀、肚子痛、腹泻等不舒服症状，这是由于玉米里的不溶性纤维所致。特别是新鲜的玉米，宝宝很难消化的。玉米不耐受的症状一般比玉米过敏的症状要轻，相比起来，玉米过敏的症状就要严重得多了。

如果宝宝对玉米过敏，那么就要避免吃玉米食物及含有玉米成分的食物。这是非常难的，因为玉米使用范围太广泛了。有时就是食品标签也帮不上什么忙，因为含有玉米成分的食品并不会被标注得那么清楚。所以，妈妈需要特别的谨慎。比如我们上面提到的玉米面、玉米碴子、玉米饼等等都不要给宝宝食用。其他食物如玉米淀粉、玉米油、玉米片、发酵粉、焦糖、玉米糖浆、糊精、葡萄糖、果糖、乳酸、甘露醇、山梨糖醇、饼干等都尽可能避免给宝宝食用。

由于玉米是容易引起过敏的食物，所以在给宝宝添加玉米时，时间要晚些，等宝宝的消化能力变强些再添加，一般建议在宝宝1岁左右可以考虑让宝宝尝试。对于家族有过敏史的宝宝，建议宝宝在3岁以后再考虑添加玉米。

花生过敏

花花是个漂亮的女宝宝，刚4个月零10天，奶奶已迫不及待要给花花添加辅食了，看到邻居家的男宝宝只比花花大10天，都吃各种坚果打成的豆浆了，且比同月龄的宝宝长得白白胖胖，花花奶奶看在眼里，急在心里，第一次就给花花喂食花生和核桃一起打成的豆浆。谁曾想，在奶奶眼里是美味的营养食物，到了花花身上没几分钟，漂亮的小脸上开始长红点，很快就长得满脸都是，身上也开始长，花花也哭闹得厉害，这可把奶奶吓坏了，边急忙打电话告诉花花妈妈，边赶紧把花花往医院送，医生认为花花很可能是对花生过敏。

花生是我国普通百姓最喜爱的坚果之一，自古就有"长生果"之美名，有扶正补虚、悦脾和胃、滋养调气等功效。民间认为常吃花生最滋补，很少有人认为吃花生会过敏。如果有，那也是电视剧里演的，发生不到自己身边。而事实上，花生是最容易引起宝宝过敏的食物之一，特别是对 6 个月之前的宝宝。而我们的老人还特别喜欢用花生、核桃、芝麻之类混合打成豆浆喂食宝宝，认为这样的辅食最滋养宝宝。小宝宝表面看起来很称老人的心意，长得白白胖胖，但却不知这样喂养的背后潜藏着食物过敏的风险。

科学家通过研究发现花生至少含有 14 种致敏的蛋白质，新手妈妈千万不要小瞧了这些致敏的蛋白质，如果过早给宝宝添加花生，特别是有家族过敏史的，很可能会出现花生过敏反应，轻的和其他食物过敏的症状相似，如咳嗽、哮喘、面部水肿、口腔溃疡、皮肤风团疹等，严重的可发生急性喉水肿，导致窒息，危及生命。正是因为花生过敏反应具有潜在危险性、长期性以及不断增长的发病率而越来越受人们重视。

因此，每一位爱护宝宝的新手妈妈都要注意不要过早给宝宝添加花生，建议在宝宝 2 岁以后添加含有花生的食物，有过敏家族史的建议在宝宝 4 岁以后尝试着添加含有花生的食物。这是避免宝宝花生过敏的最佳方法。

如果宝宝对花生过敏，那么宝宝首先要避免花生类的食品，如花生奶油、花生酱、花生糖、酥皮花生等。其次，新手妈妈要学会看食品标签，比如混合果仁、早餐麦片、谷物棒、面包、蛋糕、曲奇、蛋卷等都有可能含有花生成分。再者，新手妈妈还要留意那些可能导致过敏的食物添加剂，如氢化植物蛋白等。

很多人甚至是专家会告诉新手妈妈，花生油对过敏的宝宝是安全的，但是，如果花生油是经过冷压、压榨、螺旋压榨法生产出来的，那么对宝宝来说就是不安全的，为了宝宝的健康，还是要避免食用这种加工工艺生产的花生油。

四、食品添加剂引起的食物过敏

食品添加剂在我们的食物里无处不在，它赋予食物美丽诱人的色彩（各种漂亮的糖果等），保持食物质嫩味鲜的滋味（如各种香肠），使食物能够长久保存而不腐败，这自然是给予我们的诸多好处，但还有些值得我们注意的是，有些人会对食品添加剂和防腐剂过敏。由于我们的宝宝年幼娇嫩，对食品添加剂更为敏感，且自身没有完全能够排除出食品添加剂的能力，所以更需要警惕食品中的添加剂。

容易引起过敏的食品添加剂如下。

防腐剂

硝酸盐/亚硝酸盐：人们将它们添加到肉及肉制品中，虽然会让肉看起来更粉嫩，味道更鲜香，防止细菌滋生。常用于宝宝爱吃的热狗、香肠、火腿等食品中。但它有可能致敏，引起头痛、呕吐、湿疹，严重的可导致血液疾病等。

抗氧化剂

丁羟茴醚（BHA）与丁羟甲苯（BHT）：它们可防止烘干食品和小吃的腐臭，赋予这些食物更美好的味道、更诱人的颜色及更芬芳的香气。通常存在于含有高脂肪的食物和油中，面包、牛奶、调味酱、不含酒精的饮料和散装饮料中也会有。但它们有时会引起湿疹。

亚硫酸盐：它们用在许多加工过的食品、酒精饮料（特别是葡萄酒）和药品中防止氧化。由于它们能使水果和蔬菜看起来新鲜，所以很受餐馆的欢迎。但它们却是所有食品添加剂中最易致敏物之一，比如可能会诱发哮喘或是加重哮喘，也可能引起腹泻、皮疹等症状。

人工色素

酒石黄（柠檬黄）：多用于糖果、谷类干性食品、某些药物以及颜色是黄色或绿色或青绿色或栗色的食物中。它们能致易感人群过敏，包括一些过于活跃的儿童（见注意缺陷障碍伴多动那一章）。少数人会出现躁动、发痒、鼻塞、皮疹和湿疹，也可能引发头痛或哮喘。美国有大约 20 000 人对此过敏。

风味增强剂

味精：又名谷氨酸钠（MSG），是我国最常使用的味觉增强剂，让食物滋味更鲜。无论是在餐馆里，还是在家里，都在被广泛使用。但它会使少数敏感的人产生严重反应，被称为"味精综合征"，出现发热，胸部、面部红晕或疼痛，头痛，湿疹，哮喘等症状。特别是婴儿对味精更敏感，因为他还没有从自己体内完全排除味精类物质的能力。所以，婴儿食品中不能含有味精。

甜味剂

阿斯巴甜：由于糖尿病在我国的每年攀升，很多食品制造商广泛选择阿斯巴甜代替蔗糖，用于制造各类无糖食品。还有些时尚家庭购买阿斯巴甜自己制作食物食用。但还是有些人会因它而出现不良反应，如头痛、情绪波动、失眠和眩晕等症状。

附：表明存在食物过敏原的标签中的食物配料

牛奶

人造黄油调味品	干酪	印度奶油
黄油	农家干酪	乳清蛋白
干酪素（酶凝干酪素）	固体奶	乳球蛋白
酪蛋白酸盐	牛奶蛋白质	乳糖

续表

酪蛋白酸钙	酸性稀奶油	乳果糖
酪蛋白酸钾	乳清	牛轧糖
酪蛋白酸钠	酸牛奶	
稀奶油		

标签中标注的食物配料可能含有牛奶蛋白的

巧克力	高蛋白面粉
风味物质（焦糖或天然的）	人造黄油

鸡蛋

清蛋白	鸡蛋（包括蛋白、蛋黄、干燥鸡蛋、蛋粉、固体鸡蛋）
鸡蛋替代品	球蛋白
卵黄蛋白	蛋黄酱
糖霜	卵清蛋白
卵球蛋白	卵黏蛋白
卵糖蛋白	卵黄磷蛋白
	卵磷脂

大豆

日本豆豉酱

酱油

豆粉、豆渣、豆浆、豆果、豆芽

大豆浓缩蛋白质、大豆分离蛋白、水解大豆蛋白

大豆调味汁

组织化植物蛋白质

印尼豆豉

豆腐

标签中标注的食物配料可能有大豆蛋白的

调味品	水解蔬菜蛋白

| 水解植物蛋白 | 天然调味品 | |

蔬菜汤、蔬菜胶、蔬菜淀粉

小麦

麸皮	面包屑	碾碎的干小麦
谷物提取物	粉蒸羊肉	饼干粉
硬质小麦粉	增补营养素的面粉	粗粒小麦粉
面筋	全麦粉	高麸质面粉
高蛋白面粉	卡马特小麦粉	斯佩耳特小麦粉
粗粒面粉	较小麦粉	
活性面筋	小麦（麸皮、胚芽、面筋、麦芽、淀粉）	
全麦浆	全麦面粉	

标签中标注的食物配料可能有小麦蛋白的

成胶水解淀粉	蔬菜蛋白质	黑小麦
改性食用淀粉	改性淀粉	天然调味品
	淀粉	蔬菜胶或淀粉

花生

冷压或压榨花生油	花生
混合坚果	花生粉
风味坚果	花生酱
落花生	

标签中标注的食物配料和食物可能有花生蛋白的

非洲菜、中国菜和泰国菜	水解植物蛋白
烤制品（焙烤食品、饼干等）	水解蔬菜蛋白
糖	杏仁酥糖

续表

红辣椒	牛轧糖
巧克力（糖果、糖棒）	鸡肉卷

资料来源: How to Read a Label.1990–1995.The Food Allergy Network.

第七章 与喂养相关疾病的食物调养

一、便秘的调养

当宝宝从母乳调换成配方奶粉喂养时或是添加固体食物时，便秘问题似乎也随之而来了。很多妈妈都忧虑宝宝便秘的问题，实际上又无法确定自己的宝宝到底是便秘，还是大便规律。为什么会这样呢？原因在于宝宝排便是否规律，有他自己的规律性。有的宝宝可能吃过奶后就要大便，有的可能是一天一次，有的呢，需要好几天才排便一次，这是宝宝排便的个体差异性。因为宝宝自己排便的规律取决于他吃了什么喝了什么、他的活动量有多大以及他消化食物、排出废物需要多长时间等，也就是说宝宝排便没有所谓"正常"的排便次数和时间，任何排便规律，只要对宝宝自己来说是正常的就可以了。所以，当妈妈的，需要多仔细观察自己的宝宝，才能了解宝宝的排便规律，和及时发现宝宝便秘的迹象。

什么叫宝宝便秘

如果宝宝便秘了，一般会出现这两个症状，一是大便的次数比平时减少了，尤其是3天以上都没有大便，而且排便时很难受；另一个是：大便又硬又干，很难拉出来。出现这两种情况中的任何一种或两种，不管宝宝平时排便次数是多少，宝宝都可能便秘了。还有种情况是需要妈妈特别留意的：就是宝宝的尿布里有水样大便，不要想当然地认为宝宝是在拉肚子，事实上，这也可能是宝宝便秘了。因为水样的大便能从堵塞的肠道下部流出来，沾到宝宝的尿布上。

导致宝宝便秘的原因有哪些

纯母乳喂养的宝宝极少出现便秘，大便基本上是软软的，所以即使母乳喂养的宝宝几天才排便一次，也会是软软的，不能说是便秘。但如果宝宝是吃配方奶粉的，或是母乳喂养换成配方奶粉喂养的，宝宝就有可能出现便秘了，是因为奶粉中的某些成分宝宝不适应。宝宝在开始添加辅食后有时候也会出现轻微便秘，如果给宝宝添加辅食过多或过急，也会造成宝宝胃肠道不适应，出现便秘。还有一个极个别的疾病，也会引起宝宝便秘，那个病叫"先天性巨结肠"，这种病在出生后几周内就能诊断出来。患这种病的宝宝是因为肠管存在某种缺陷，妨碍其肠道正常运转，所以出现便秘。

如何缓解宝宝的便秘

悠悠是个5岁的小女孩，乖巧可爱，自从她3个月开始添加米粉之后，大便就没有痛快过，3天一次算是好的，5天一次、10天一次是家常便饭。为此，悠悠妈妈无比地苦恼，什么法子都给她使了，喝蜂蜜水、吃香蕉、用肥皂水、按摩腹部等等，却不见悠悠好转。因为便秘，悠悠饭量变小了，吃饭也不香了，因为吃完了肚子会胀胀的难受，小脸也黄了，没有精神和力气。上了幼儿园，悠悠的便秘情况就更严重了，因为她不敢在幼儿园里排便，即使有了便意，也要憋回去，等回家了再上，可回家又不想上了。久而久之，悠悠便秘就更严重了。悠悠妈妈向我哭诉道：总不能老给孩子使用开塞露啊！难道没有办法帮着孩子解决便秘问题了吗？

其实解决便秘的方法很多的，比如**腹部按摩**。悠悠妈妈说我试过啊，没有用啊！我问她是如何给悠悠按摩的，她说就是把手放在悠悠肚子上，来回按摩按摩啊！我告诉她，像她那样的按摩方法不解决问题，**一定要按顺时针方向按摩悠悠的腹部，而且是从肚脐周围开始，要适当地用力，用力的程度要能感觉到宝宝肚子里有点硬或有块状东西，然后开始按摩，试着推推硬块，每次按摩10分钟，每天按摩2~3次，能够帮助增强宝宝的肠道蠕动，促进排便。**

这是一个方法，其实还有其他方法，就是在宝宝洗澡的时候，使用**温热水**，让宝宝一边泡澡，一边**按摩**宝宝腹部，**温热水对宝宝有个刺激，按摩会加强宝宝肠道的活动。**对于不会爬的宝宝来说，让宝宝仰面躺着，妈妈轻轻拉宝宝的双腿做向前向上屈伸的动作，就像宝宝在蹬自行车一样，这样的活动也可以帮着宝宝缓解便秘。

推宝宝后背也是帮着宝宝缓解便秘的好方法。**小些的宝宝**妈妈使用大拇指就可以，用大拇指沿宝宝脊柱两侧，从上往下慢慢推下去，反复多次，一般以 5 分钟一次为宜，一天可以推 2~3 次，也可以腹部按摩和推后背交替使用。因为后背上有很多的腧穴，比如肺腧、脾腧、胃腧、大肠腧、肝腧、胆腧等都在脊柱两侧上，推后背，就是推这些腧穴，有很好的促进宝宝排便的作用。

除了这些按摩的方法，我仔细询问了悠悠的饮食情况。悠悠妈妈告诉我：悠悠爱吃肉，也吃蔬菜、水果，但吃肉更多，很少吃粗粮，觉得孩子小，吃粗粮不消化，玉米、红薯等食物悠悠都不爱吃。她还对我说：我在饮食上很注意的，经常给悠悠吃香蕉啊，喝橘子水什么的，但好像根本不管用啊！

我告诉悠悠妈妈，悠悠之所以便秘，不是一天两天的饮食习惯形成的。现在要改变，首先是**不要给悠悠吃过多精致的米和面，精致的米和面含纤维少，容易让宝宝便秘**。适当增加宝宝粗粮的摄入，比如小米、燕麦、糙米、大麦、红豆、绿豆等食物。一周最好能吃到两次。第二，不要给孩子吃含糖的饮料，含糖的饮料同样会加重孩子的便秘。第三，深绿色的蔬菜要天天给孩子吃，至少一天有 50~100 克。比如油菜、小白菜、茼蒿、菠菜、油麦菜、空心菜、木耳菜、苋菜、豌豆苗等。第四，要有适当的运动，运动可以促进肠道蠕动，缓解便秘。这样综合的作用才能让宝宝远离便秘的痛苦。第五，再配合一些改善便秘的食谱，帮助悠悠解决便秘。

缓解便秘的食谱

甜滋滋的地瓜酸奶（适合 8 个月以上宝宝）

【材料】

红薯 1 块（约 20 克），鸡蛋 1 个（约 50 克），酸奶 2 汤匙。

【做法】

第一步：取地瓜一块，洗净削皮煮熟，搅碎成泥。

第二步：鸡蛋一个用水煮熟，去壳，切半，挖出蛋黄备用。

第三步：将蛋黄与地瓜泥混合均匀，再倒入鸡蛋白内。

第四步：在鸡蛋上浇 2 勺酸奶即可。

这道甜滋滋的地瓜酸奶可以帮助宝宝软化大便，促进肠道蠕动，让宝宝排便顺畅。

香喷喷的芝麻牛奶饮（适合 12 个月以上宝宝）

【材料】

黑芝麻 1/2 汤匙，鲜奶或母乳 1 杯。

【做法】

第一步：取炒熟的黑芝麻，用擀面杖碾成粉或用研磨机打碎成粉。

第二步：将研磨好的芝麻粉倒入牛奶中，搅拌均匀，即可饮用。

每日晚上或早上一杯，让宝宝拒绝便秘。

喜润润的杏仁胡桃粥（适合 8 个月以上宝宝）

【材料】

胡桃仁（核桃）2 个，杏仁 1/2 汤匙，糙米或燕麦 1/3 杯。

【做法】

将胡桃仁和杏仁研成粉末，加入煮好的糙米粥或燕麦粥或大麦粥中即可。

白嫩嫩的百合银耳马蹄羹（适合 7 个月以上宝宝）

百合银耳马蹄羹

【材料】

鲜百合半个或干百合 1½ 汤匙，银耳 1 小朵，荸荠 2 个。

【做法】

第一步: 干百合、银耳水中泡发洗净。

第二步: 将银耳撕成小片,和百合一起放入锅中,加入适量水;马蹄洗净去外皮,切碎,一起放入锅中,大火煮开,转小火煮15~20分钟,汤汁黏稠后即可。

百合、银耳有很好的润肺通便的作用。

悠悠妈妈欢欢喜喜地回去了。一周以后,她给我打电话说:你给的方法真管用呢!我每天坚持给她推后背,饭后带她出去转转,临睡前喝杯芝麻牛奶,地瓜酸奶在白天在点心时间吃,悠悠这周排便了2次,而且没有以前那么难受了,大便的时候也不闹了。挺好的。

之后,悠悠妈妈坚持调理悠悠一段时间,再见到悠悠的时候,妈妈是一脸的幸福,连声说大难题终于解决了,你看悠悠更漂亮了吧!皮肤多滋润啊!

二、腹泻的调养

天天是个小男孩,8个月大了,刚学会爬没多久,特别喜欢在屋子里爬来爬去。夏末的一天,妈妈不在家,不知保姆给天天吃了什么东西,等妈妈回家的时候,天天开始拉肚子了,起初妈妈也没有在意,结果一晚上天天拉了6、7次,大便有黏液,有没有消化的食物颗粒,味道特别臭,天天还哭闹不停。妈妈认为天天是吃的不合适了,自己给天天减少了奶量,停掉了辅食,增加了喂水的次数,这样又过了2天,天天拉肚子的情况没有太大的变化,大便没臭味了,但都是渣渣,次数一天也有4、5次,这下妈妈觉得不对头了,急忙带天天去看医生,做了大便检查,没有发现细菌、病毒,医生给开了肠道菌群调节剂和吸附剂,让天天回了家。吃了药以后,天天拉肚子的情况得到了好转,一天也就1~2次了。饮食也慢慢恢复了正常。

不曾想到,刚刚好了没几天的天天,又开始拉肚子了,一天拉3~4次,稀的时候就是水便,像蛋花汤,稠的时候就跟小米粥一样,而且似乎每次都是吃完就拉,不吃不拉。妈妈给他继续服用肠道菌群调节剂和吸附剂,同时给他弄胡萝卜泥、苹果泥等食疗方法,还把配方奶粉停了,改用了无乳糖的配方奶粉……可天天拉肚子的情况似乎是时好时坏,好两天,又拉几天,就这样拖拖拉拉地连续拉了一个月，这可把妈妈、爸爸急坏了，去了医院无数次，就是不管用。天天妈妈求治于我，她说：你看我们天天精神状态倒是蛮好的，该吃吃该睡睡该玩玩，可就是拉稀，这一个月瘦了好几斤呢，这可怎么办啊？

像天天这种情况的宝宝不在少数。刚开始因天天吃了不合适的食物，导致了急性腹泻，经过对症处理后，天天病情得到了改善。之后，天天由急性腹泻转为了慢性腹泻。至于为什么会导致天天转为慢性腹泻，很多时候原因是弄不清楚的，也有可能是多种因素所致。大多数宝宝的腹泻是轻微的，而且宝宝自身的免疫系统可以很快帮助其恢复健康。但对 2 岁以内的小宝宝来说，腹泻仍然是很危险的疾病，无论是急性腹泻还是慢性腹泻，如果没有得到及时、正确的治疗，严重的话会导致脱水和重度营养不良。

宝宝腹泻时传统护理方法的是与非

因此当宝宝出现腹泻的时候，学会正确的护理及治疗宝宝是最重要的。传统的做法是当宝宝腹泻的时候，像天天妈妈一样，把母乳停掉，所有辅食停掉，把奶量减少或者更换奶粉，然后喝果汁水，之后再给一些稀的食物限制宝宝进食。但这种治疗方法在营养方面是不完全的。因为如果饮食限制时间长了，会导致宝宝严重营养不良的。

如何正确地护理腹泻的宝宝

所以，当宝宝出现腹泻的时候，除了及时带宝宝就诊医治外，妈妈在家**首先要做的是少量多次地给宝宝补充充足的水分（给宝宝白开水喝或口服补液盐水）**。还要给宝宝勤换尿布，及时清洗小屁股（用淋浴的方法清洗屁股很好），保持清洁。其次是**保持宝宝正常的饮食**，如果宝宝腹泻严重的话，妈妈需要谨慎地帮助宝宝恢复进食。再者**母乳喂养的宝宝可以继续母乳喂养**（当宝宝出现腹泻的时候，很多医生都会建议把母乳停掉。实际上母乳喂养是不会加重宝宝腹泻的）。**配方奶粉喂养的宝宝可以适当减少配方奶粉喂养的次数，但还是能继续配方奶粉喂养**。有的妈妈会擅自调稀奶粉的浓度，认为稀释了的配方奶粉可以让宝宝腹泻好得快些，这种做法对于改善腹泻是没有帮助的。如果宝宝喝了配方奶粉腹泻加重的话，那么很可能是对配方奶粉中的乳糖不耐受，可以选择不含乳糖的配方奶粉。还有一些妈妈在宝宝腹泻期间会给宝宝各种果汁饮料喝，认为宝宝腹泻已经有很多营养丢失了，喝点果汁会对宝宝腹泻痊愈更有帮助，这种做法是不值得提倡的，因为果汁中含有很多天然的糖分——山梨醇，在我们身体中吸收代谢得很慢，当经历一个被称为渗透的过程后，这些难以吸收的糖分将随水分滞留在消化道中，会导致腹泻或加重腹泻。

针对宝宝的情况，除了要少量多次给宝宝喂水之外，膳食建议如下：

❶ 如果是母乳喂养，请继续母乳喂养，母乳喂养能帮助宝宝很快从腹泻中恢复过来。

❷ 少吃多餐。

❸ 避免给宝宝苹果汁、梨汁、桃汁、桃、梨、豌豆、李子、杏等水果汁或水果。

❹ 增加不含乳糖食物的摄入，比如糙米、莲藕、山药、白扁豆、薏苡仁、芡实、土豆、胡萝卜、酸奶等。

帮助健脾止泻的好食物

1. 可以将喝的稀粥或米粉改成糙米粥或糙米粉，但是需要注意的是要先用小火将糙米炒至金黄色或棕色，然后煮粥或磨粉，具体制法参考糙米那一节。

2. 藕粉　可以将鲜藕（鲜藕的挑选参考乳母一章）用擦丝器擦成细丝，放入锅中煮软，取出后，碾成泥糊状，给宝宝食用。或者购买现成的藕粉冲调后给宝宝食用。在购买的时候注意不要选购添加蔗糖的藕粉即可。冲调藕粉的稀稠度根据宝宝的腹泻情况自己调整，刚开始的时候可以为宝宝调配得稀些，宝宝适应后，可以调配得稠些。冲藕粉时，要先加少量温水将藕粉化开搅拌均匀，然后再一边加滚烫的开水一边搅拌，直至藕粉变成透明的胶状。莲藕散发一种独特的清香，含有鞣质、黏液蛋白和膳食纤维，有健脾开胃止泻之功，能增进宝宝的食欲，促进消化，通便止泻。

3. 山药素有"神仙之食"的美名，健脾补肾益肺之力颇强，对宝宝腹泻有很好的辅助治疗作用。1岁以内的宝宝可以给山药泥、山药粉食用。先将山药洗净去皮（方法参考乳母一章），上锅蒸10分钟左右，出锅后碾成泥，也可以选择煮的方式。1岁以上的宝宝可以吃山药糙米粥等。也可以将山药片4汤匙、莲子、芡实各2汤匙，共研细粉，每次以1/2汤匙，放在宝宝粥里或汤片里吃，每日1~2次，连续服用，对宝宝慢性腹泻有效。还可以将苹果和山药一起煮熟或者蒸熟碾成泥，喂食宝宝。

4. 白扁豆可谓是"调理肠胃的专家"，健脾止泻之良药，对于婴幼儿腹泻有极好的辅助治疗作用。将白扁豆2汤匙洗净，泡30分钟左右，上锅蒸熟，出锅稍晾凉，去皮后碾成扁豆泥，撒上1小勺茯苓粉，给宝宝食用，一天一次。也可以将炒扁豆及茯苓一起研粉，放在宝宝配方奶粉中或加少量母乳冲服。

善于利用药食两用的中草药

草药在儿科领域的应用，不仅在国内被受国人推崇，在国外亦是广受重视，深入研究，逐步推广。刚才我们提到的食物都是药食两用的，而且都很适合宝宝食用，安全性高，风险小。比如可以将白扁豆10克、山药10克、薏苡仁10克一起煮水，用该汤水再给宝宝煮粥或直接给宝宝饮用。

此外，常用于宝宝的中草药有茯苓、白术、鸡内金、陈皮、山楂、麦芽等等。茯苓被称为"四时神药"，善利水渗湿、益脾和胃、宁心安神，很适合经常拉肚子的宝宝，不仅帮助宝宝健脾强身，还能帮助宝宝增强机体的免疫力，远离腹泻。

茯苓薏米粥（适合12个月以上宝宝）

茯苓薏米粥

【材料】

茯苓、薏米各半汤匙，陈皮1小勺。

【做法】

第一步：先将茯苓、薏米、陈皮泡水 20 分钟，放入砂锅中，加 3 碗水，煮成 1 碗水。

第二步：取粳米或糙米适量，用上述汤水煮粥，出锅时可以加少许母乳或配方奶粉调味，用于调节婴儿腹泻。

茯苓薏米饼（适合 12 个月以上宝宝）

【材料】
茯苓粉、薏米粉各 1 勺，白面粉 1/3 杯。

【做法】
取茯苓粉、薏米粉和面粉混合均匀，和成面团，扯面片、做面条、压成饼都可以。根据宝宝年龄的大小选择，有很好的健脾和胃止泻的作用（建议可以直接选购茯苓粉或薏米粉）。

祖传医方调理慢性腹泻

我母亲是治疗儿科疾病的高手，经常有新手妈妈带着年幼的宝宝来找她看腹泻，五十余年的积累，让她在治疗儿童腹泻上有了独特的特色，且效果显著。

【材料】
炒薏苡仁 6 克，炒白术 6 克，茯苓 9 克，炙甘草 3 克，陈皮 6 克，砂仁 3 克，炒谷麦芽各 6 克，鸡内金 5 克，荷叶 3 克。

【做法】
将上述药材水泡 15 分钟，加水没过药面，水煎出一碗量，3 岁以下宝宝每 2 日一剂药，汤药汁可当水饮，少量多次给宝宝服用。3 岁以上的宝宝一日一剂，早、中、晚各一次。

【方解】
炒薏苡仁、炒白术、炙甘草健脾益气；茯苓、陈皮渗湿理气；砂仁醒脾开胃；炒谷麦芽、鸡内金消食导滞；荷叶、煨柯子升清止泻。共奏健脾益气升清，消导积滞之用。

天天妈妈选用茯苓糙米煮粥给天天食用，还调换着加些藕粉或山药粉，

295

用我母亲的方子煮药，给天天当水喝，每次给少点，多喂天天几次，经过这样一周的调理后，天天的腹泻痊愈了，小脸也开始变得红润起来了。

腹泻及时就医要点

需要提醒新手妈妈注意的：当宝宝出现以下任何之一的症状时，请不要擅自处理，要及时就医诊治。

❶ 体温超过 38℃，持续 48 小时以上。

❷ 2 小时以上尿布仍是干的。

❸ 尿液颜色呈深黄或褐色。

❹ 哭的时候没有眼泪，或是眼眶呈现黑眼圈且下陷。

❺ 嘴唇和舌头呈现干燥。

❻ 囟门（婴儿头盖骨软的部分）凹陷。

❼ 皮肤呈干、紧现象。

三、感冒时的调养

盼盼 2 岁半了，终于可以上幼儿园了，妈妈、爸爸欢欢喜喜地把她送进了幼儿园。盼盼对于幼儿园里的生活也感到新奇，但刚上幼儿园没几天，盼盼就感冒了，打喷嚏，流鼻涕，咳嗽，嗓子糊着痰，还有点发热。妈妈、爸爸马上把她接回家休养。没两天，盼盼又能高高兴兴地去幼儿园了。一场秋雨一场凉，刚回幼儿园没几天的盼盼又感冒了，发热 38℃，咳嗽，嗓子痛，吃不下东西，妈妈、爸爸很无奈，接了回来，看医生，打针吃药，抗生素也用了不少……就这样，上幼儿园时间不长，盼盼反复感冒了好几回，盼盼妈妈都不知道该怎么办了？

感冒是"百病之源"

感冒是宝宝最常见的疾病，90% 以上都是因病毒感染所致，特别是在季节交替之际，或者是外环境的改变，非常容易引起宝宝感冒。轻者像盼盼一样，打喷嚏、流鼻涕、嗓子痛等，重者高热，诱发其他严重疾病，如中耳炎、鼻炎、扁桃体炎、肺炎等等，可以说"感冒是百病之源"。而且还有相当一部分宝宝是因妈妈、爸爸喂养不当所致的。过于娇惯、偏食、挑食、厌食、营养摄入不均衡的宝宝更容易罹患感冒。

看着盼盼瘦下来的小脸，妈妈非常着急。我对盼盼妈妈说：多数感冒都是因病毒所致，所以把抗生素停掉，以后也不要随便给宝宝用抗生素，如果需要使用抗生素，也要在医生指导下应用。让宝宝多喝白开水，帮助宝宝补充体液，排出有害的杂质。多让宝宝休息，充足的睡眠能帮助宝宝复原。经常开窗通风，保持室内空气流通，促进宝宝感冒痊愈。

感冒时的饮食调理

在吃的上面，先让宝宝少吃多餐，进食容易消化的食物，比如各种粥品、汤品等。同时多给宝宝喝点鲜榨果汁，特别是含维生素 C 高的果汁，如橙汁、胡萝卜汁、番茄汁等等，能够帮助宝宝调节免疫力，促进感冒痊愈。尽可能让宝宝的饮食均衡，牛奶或酸奶、稀粥、面片汤、馄饨、饺子等食物换着给宝宝吃。

热橘子（适合 12 个月以上宝宝）

【材料】
中等大小的橘子 1 个。

【做法】
第一步：拿一个橘子，洗净，用锡箔纸包起来，同时将烤箱预热 180℃。
第二步：将包好的橘子放入烤箱中，烤 5 分钟左右即可。
帮助宝宝润肺化痰止咳。

红薯汤（适合 6 个月以上宝宝）

【材料】
中等大小的红薯半个，生姜 3 片。

【做法】
第一步：将红薯洗净去皮，与生姜一起煮水，至红薯煮软。
第二步：取出生姜，将红薯连水一起捣成红薯水即可。
1 岁以上的宝宝可以加红糖适量。
暖暖的**红薯汤**，热热地喝，补充营养，增强宝宝的免疫力，抵抗感冒。

西红柿汤（适合 8 个月以上宝宝）

【材料】

西红柿 1~2 个，葱 1 根，少许罗勒叶。

【做法】

第一步：西红柿洗净，切成块；葱洗净，去皮，切段。

第二步：将上述食物一起下入锅中，加适量的水（没过西红柿的面即可），大火煮开，转小火，有条件的加 1 小勺干罗勒或新鲜的罗勒，一小撮黑胡椒粉，一起煮 15 分钟左右即可。

喝碗**西红柿汤**增强宝宝的免疫能力，抵抗感冒。

1 岁以上的宝宝可以添加罗勒叶和胡椒粉。

罗勒叶（又称九层塔叶，也叫鱼香菜），有化湿、消食、活血、解毒和行气的作用。

香菇汤（适合 6 个月以上宝宝）

香菇汤

【材料】

干香菇 4 朵或新鲜的香菇 3 朵，大葱 1 段，生姜片 3 片（拇指厚），大蒜 1 瓣，胡萝卜 1 小段。

【做法】

第一步：干香菇在温水中浸泡 20 分钟，取出菌柄，切片。大葱洗净去皮切段。

第二步：锅里放少许底油（橄榄油、茶油等均可），放入葱段、生姜片、拍碎的大蒜、洗净切片的胡萝卜，大火反复翻炒 3 分钟，加入香菇片，翻炒一下。

第三步：加入 2~3 碗水，大火煮开，转小火，煮 30 分钟左右，加入少许黑胡椒粉调味。

1 岁以上的宝宝可以加点酱油、味增连汤一起煮，滋味更美。

健康的果汁饮，对促进宝宝感冒的痊愈也是极佳的选择。因为很多果汁中含有丰富的抗氧剂，帮助宝宝强化了免疫系统，缩短了感冒病程。

健康的苹果饮（适合 8 个月以上宝宝）

【材料】

苹果 1/2 个，西红柿 1/2 个，胡萝卜 1 段，橘子 1 个。

【做法】

第一步：苹果洗净去皮去核，西红柿洗净切块，胡萝卜洗净切片。

第二步：橘子单独榨汁。苹果、西红柿、胡萝卜一起榨汁，然后和橘子汁混合均匀。

第三步：可以放点新鲜的橘子果粒（新鲜的橘子瓣剥去外皮）做点缀，如果有新鲜的薄荷，点缀点更好。好了，一杯酸酸甜甜的苹果饮在等着宝宝呢！

止咳热饮（适合 6 个月以上宝宝）

【材料】

甘草 3 克，薄荷 3 克，桔梗 3 克，桑叶 3 克，钩藤 3 克。

【做法】

将上述材料一起放入锅中加适量水（一般以没过药面为宜），煮 5~10 分钟，倒入杯子中，加入新鲜的柠檬汁调味，2 岁以上的宝宝可以加点蜂蜜调味。

瞧，热气腾腾的热饮来了！

药浴

除了调节宝宝的饮食之外，**药浴**也是让宝宝缓解病情，帮助痊愈的好方法啊！用紫苏叶、防风各 9 克、葱 5 根、生姜 5 片放入大锅中，加入 3000 毫升左右的水，大火煮至 2000 毫升，倒入宝宝浴盆中，兑入适量温水，保持 40℃左右的水温，让宝宝浸泡一会儿，同时妈妈可以帮助宝宝按摩按摩颈部发际两边大筋外侧凹陷处（风池穴——治疗感冒之要穴），推推后背，搓搓小手，帮助宝宝及早恢复健康。

四、消化不良的调养

东东是个挑嘴的小男孩，已经 3 岁了，长得很瘦，脖子特别细，似乎撑不住他的大脑袋似的，一幅有气没力的样子。他的爸爸可愁死了，向我咨询：我们东东打小就胃口不好，添加辅食的时候特别费劲，吃什么东西都不香，好像就没有他爱吃的食物，好不容易遇到一回他爱吃的吧，吃了还会拉肚子。你瞧，什么东西也没吃，这个小肚子鼓鼓的，跟个西瓜似的，敲着砰砰响。

什么是消化不良

东东这个毛病就是我们说的消化不良，在我国以 1~6 岁儿童多见。很多时候是因为喂养不当所致，比如过早给宝宝添加辅食，由于宝宝的脾胃功能尚未发育完全，又非常稚嫩，过早地添加辅食，宝宝不太易消化致脾胃功能受损；给宝宝过量的食物，有些妈妈看到自己的宝宝很喜欢吃自己制作的辅食，心里非常得意，结果让年幼的宝宝一吃吃多了，造成消化不良。还有些妈妈舍不得锻炼宝宝的消化能力，在宝宝辅食添加的时候，没有及时地根据宝宝的月龄，合理均衡地给宝宝添加辅食，结果时间一长，发现宝宝特别挑嘴，对食物没有兴趣，消化不良了。

消化不良的饮食调理方法

我建议东东爸爸，首先要让东东少吃多餐，别的孩子一天吃 3~5 餐就够了，东东一天吃 6 餐，早、中、晚三次正餐，在三餐中间添加点心时间，让东东吃得轻松。其次，尽量让东东的饮食多样和均衡，适当增加黄色或红色蔬菜水果的摄入，比如胡萝卜、西红柿、南瓜、芒果等，适当增加含锌丰富食物的摄入（见锌一章）；每天喝杯酸奶，一次喝不完，可以分 2 次喝，吃个鸡蛋（换着样做，今天煮鸡蛋，明天鸡蛋汤，后天鸡蛋羹，鸡蛋饼什么的），每天 1 两肉（鱼肉、鸡肉、猪里脊肉、牛柳等），选择瘦些的肉，东东容易消化……避免吃油炸的食物，避免过多食用精致的糖，少吃精致的白面包、白米饭等，适当减少肉的摄入，特别是脂肪含量高的肉类食物摄入。再者，选择些中药食疗方，改善东东的脾胃功能。

开胃粥（适合 6 个月以上宝宝）

【材料】

鸡内金 5 克，橘皮 5 克，砂仁 3 克，大米 2 汤匙。

【做法】

第一步：先将鸡内金、橘皮、砂仁加入适量的水，大火煮开转小火，煮 3 分钟，然后撇去药材取药汁。

第二步：将大米洗净，加入药汁及适量的水，煮成稠粥。

或者，将鸡内金、橘皮、砂仁小火炒一下，微微发黄，用研磨机研磨成粉，等大米粥煮好的时候加入，搅拌均匀即可。

八珍糕（适合 8 个月以上宝宝）

【材料】

芡实、山药、茯苓、白术、莲肉、薏苡仁、扁豆、陈皮各 5 克，粳米粉半杯。

【做法】

将上述 8 味药材研磨成极细粉，和粳米粉拌匀，用开水调和成糊状，上锅蒸，大火烧开，上气后再蒸 15 分钟左右即可。

四仙汤（适合 12 个月以上宝宝）

【材料】

莱菔子、炒山楂、炒神曲、炒谷芽、炒麦芽各 10 克，将上述药材加入

3 碗水，煎成一碗水量。

【做法】

每日 1 剂，分 2~3 次服用，连续服用 5~7 天。

麦芽山楂鸡蛋羹（适合 12 个月以上宝宝）

【材料】

鸡蛋一个，生麦芽 10 克，生山楂 12 克，山药 15 克，葛粉 30 克。

【做法】

第一步：先将鸡蛋去壳搅拌均匀，葛粉用开水调成糊状备用。

第二步：麦芽、山楂、山药洗净，加清水适量，小火煮 1 小时左右，用滤网滤去药渣，再用豆包布过滤一遍，将鸡蛋缓缓倒入拌匀，加入葛粉糊拌匀，上火煮沸即可。可随意食用。

东东爸爸听过之后，回家按我所说，先是调整了东东的饮食，同时这 4 个食疗方换着给东东食用，2 周后，东东爸爸喜笑颜开地带着东东来看我，东东也不像我第一次看见时，那样有气无力了，有了小孩子的活泼劲儿。东东爸爸说：方法很管用，很好使。最近东东比以前爱吃多了，也能吃些了，身上也有劲了。我建议东东爸爸继续坚持，东东爸爸爽快地答应了。经过近 2 个月的调理，当我再看到东东的时候，他正活蹦乱跳地和小朋友一起玩呢。

五、儿童肥胖

柔柔如今已是个 17 岁的花样少女了，本应充满梦想的少女时代，她却充满了叛逆和躲避，最怕的就是人家说她胖，特别是男同学嘲笑她时，她更是怒不可遏，恨不能冲上去大打一架。但她却更多的是无奈，1 个 160 公分的青春少女，体重却有 160、170 斤，怎么不让人伤心呢？

这要追溯到柔柔的童年时代，当她还在襁褓中的时候，她的姥姥、姥爷、爷爷、奶奶、爸爸、妈妈全家人都希望柔柔长得胖乎乎的，因为在我们国人的传统看来，小孩子胖乎乎的多可爱啊，也表明喂养得好，何况长大之后，自然而然就会瘦了。所以一家人根本没有把柔柔胖嘟嘟的样子当回事，还认为那是喂养的好，甚至看到别人家瘦瘦的小孩的时候，还想，小孩子的标准应该是像我们家柔柔一样胖乎乎、圆嘟嘟、粉嫩嫩的，这才叫小孩。

就是在这样的观点喂养下，柔柔一天天长大了，没有像父母所期望的那样，长大之后会瘦下了，反而越来越胖了，成了个名副其实的小胖墩。如今，父母开始着急了，开始限制柔柔吃各种高能量的食物了，但于事无补，因为柔柔的饮食习惯是从小培养起来的，已经习惯了17年的饮食方式、生活方式，突然让她改变，她无论如何都是不能够接受的，即使是自己再胖，她也难以让自己不去吃麦当劳、肯德基、必胜客；即使是自己再胖，她也难以割舍自己最爱的奶油蛋糕；即使是自己再胖，她也不能不喝各种滋味甘甜的饮料……

在柔柔很小的时候，麦当劳、肯德基刚进入中国没有多久，能去麦当劳、肯德基吃饭，那是多么时髦和时尚的事情，何况麦当劳里还提供小孩游戏的滑梯什么的，所以柔柔成了经常光顾的小客人，一边玩耍一边享受麦当劳的美味汉堡，多滋润啊！就这样麦当劳、肯德基成了柔柔的最爱。

还有柔柔一家人都比较胖，都爱吃奶油蛋糕、果汁啊等等这些高能量的食物，当然柔柔自小也养成了这个饮食习惯。不是果汁，她不喝，白开水基本和她无缘，如今即使妈妈限制她喝饮料，她也会偷偷地购买各种饮料喝，而且对各种新型饮料门清。再者，如今像柔柔这么大的孩子，吃饭也好，聚会也好，无不首选麦当劳、肯德基、必胜客，她们习惯相聚于此，边聊天边品尝新推出的各种快餐食物。

柔柔从小还有个特别的喜好，就是爱看电视、打游戏机。小的时候妈妈为了她能吃好饭，经常是让她一边看电视，一边喂她，所以，到了现在，她也必须一边吃饭一边看着电视。随着柔柔一天天的长大，因为胖，受到同学的讥讽，柔柔更不爱和同学一起玩耍了，相反，她更沉迷于电脑游戏中，只要坐到电脑桌前，一坐能坐十几个小时不动窝。这种静止的生活方式更加速了柔柔的肥胖。

正是这诸多的因素，遗传、饮食习惯、生活方式、环境等原因让柔柔成了个胖姑娘，也给她带来了诸多的烦恼！

为什么现在的孩子比以前的孩子体重重了很多

现在的孩子比 20 年前的孩子体重要重很多。特别近 20 年以来，儿童超重几乎成倍地增加。这个趋势不单是遗传上的原因，饮食和生活方式的改变在这其中起了很大的作用。

现在的孩子能量的摄入明显比过去的孩子多了。脂肪的平均摄入量比 20 年前要高 1 倍，并且远高于中国营养学会制定的脂肪摄入的比例。还有像柔柔这样的孩子，因为他们的爸爸、妈妈选择高脂饮食，所以他们也选择了高脂饮食。诸如此类的发现**证实了父母在教导孩子选择食物方面的重要性，并且为孩子进行模仿提供了强有力的典范**。

对于全国性的儿童变胖更好的解释是他们的生活方式及饮食习惯改变了。饮食习惯由传统的碳水化合物为主的饮食模式，转变为高脂肪、高蛋白、高能量的饮食模式。生活方式变成了习惯于久坐。像柔柔这样，爱看电视，长时间耗在电脑前的孩子越来越多。就算他们吃的能量很低，但与同龄的活动较多的孩子相比，还是更容易肥胖。童年灌输的习惯，如过多食用高脂肪食物，惯于久坐的生活方式即使是在成年以后也很难改变。相反，活跃的孩子不容易超重，一生选择健康行为的可能性更大。

因此，对于肥胖问题要引起爸爸、妈妈更多的注意。

儿童肥胖到底会给儿童带来什么呢

《中国学龄儿童少年营养与健康状况调查报告》告诉我们：2002 年全国城乡学龄儿童少年高血压患病人数约为 1790 万人，糖尿病患病人数约为 59 万人，约 563 万城乡学龄儿童少年血脂异常。高血压、糖尿病、超重与肥胖等成年期慢性非传染性疾病正逐渐低龄化，成为我国城乡学龄儿童少年突出的健康问题。

如今又过了 10 年，虽没有具体的统计数字，但肥胖的儿童是越来越多了。

肥胖的青少年经常会有高胆固醇血症、高血压；肥胖的青少年会处于糖尿病前期；肥胖的青少年容易产生骨及关节问题；肥胖的青少年容易发生睡眠呼吸暂停问题；肥胖的青少年会有心理问题，比如像柔柔，因为肥胖，她觉得自己的价值及魅力受到了影响，所以容不得别人就此发表半点意见，并且极其反感别人的冷嘲热讽，从而变得孤独、内向。

肥胖的青少年在成年时期也会肥胖，在晚年容易患心血管疾病、2型糖尿病、脑卒中、骨关节病等疾病。一项研究证明青少年在2岁之前肥胖，那么长大之后也会肥胖。因而避免儿童期肥胖是非常重要的。

超重或是肥胖和很多癌症有关联，而且增加患癌症的风险，包括乳腺癌、结肠癌、子宫内膜癌、食管癌、胰腺癌、肾癌、胆囊癌、卵巢癌、前列腺癌、子宫颈癌、甲状腺癌等。

因此，帮助孩子从小防止肥胖的最好的方法就是建立起健康的生活习惯，这里包括健康的饮食习惯和健康的生活方式。这是把疾病风险降低到最低的最佳选择。

中国儿童青少年膳食指南给的饮食建议（《中国居民膳食指南》2007版）

1. 定时定量，保证吃好早餐，避免盲目节食。
2. 吃富含铁和维生素C的食物。
3. 每天进行充足的户外活动。
4. 不抽烟，不饮酒。

已经肥胖的青少年需要谨慎对待。基于前面提到的原因，通常不建议药物减肥，建议适当地逐步地限制过多的饮食，减少热量的摄入，加强体育锻炼，提倡有氧运动，有助于肥胖逐渐减轻。随着孩子身体的长高，应以保持稳定的体重为目标。其目的是保持正常的身体发育。

就柔柔这个例子来说，我给了柔柔三点建议：一是减少吃快餐的次数，减少吃蛋糕的次数，减少吃油炸食品的次数，从一周一次减到一个月只有一次。坚持每天喝赤小豆薏苡仁水代替饮料。二是每天坚持一个小时的锻炼时间，选择一项她自己可以坚持的运动项目。柔柔选择了快走，她上学从骑车改成走路去，从慢走逐步加快速度，晚饭后在小区里走走路，保证一天 1 小时。三是增加蔬菜特别是深绿色蔬菜、水果及杂粮的摄入，这都是柔柔以前不爱吃的，也根本不想吃的。

经过半年多的坚持，柔柔自己突然发现自己没有那么胖了，同学还诧异地问她：有什么减肥诀窍？柔柔笑了。

儿童减肥饮食方

生活方式的改变，饮食习惯的调整能让胖孩子重新获得自信和笑容。但如果我们从他刚开始添加辅食之际，就帮助他逐步形成健康的饮食习惯，这对他的一生健康岂不是更有意义。

赤小豆薏苡仁水（适合 3 岁以上儿童）

这是个很简单有效的方法。把赤小豆和薏苡仁等量，洗净后浸泡水中30 分钟，然后连同浸泡的水一起煮，大火煮开，转小火煮 30~40 分钟，代茶饮。

柔柔妈妈刚开始的时候，给柔柔煮赤小豆薏苡仁水，放白糖，甜滋滋的味道非常受柔柔欢迎。吃了一周之后，柔柔妈妈觉得不对劲儿，连忙问我。我告诉她不要放糖，如果放糖就没有减肥的效果了。赤小豆《本草纲目》记载："生津液，利小便，消胀，除肿"，《食性本草》曰："久食瘦人。"，配合薏苡仁"健脾和胃，利湿去水，轻身"的作用，让柔柔消耗掉了多余的脂肪。

荷叶泡水（适合 6 岁以上儿童）

除了赤小豆薏苡仁水，荷叶对于儿童肥胖来说，也是很好的轻身瘦体的好食材。荷叶色青绿，气芬芳，即使是单独使用**荷叶泡水**代茶饮，连续服用3 个月，也能起到减肥去脂的效果。现代研究亦证实：荷叶有良好的降血脂、降胆固醇和减肥的作用。

和薏苡仁、陈皮、山楂相配瘦身的效果更显著。

薏苡仁荷叶茶（适合 6 岁以上儿童）

【材料】

薏苡仁 15 克，荷叶 10 克，陈皮 10 克，山楂 15 克。

【做法】

加水熬煮，代茶饮。

洛神荷叶茶（适合 6 岁以上儿童）

洛神荷叶茶

【材料】

洛神花、荷叶各适量。

【做法】

用水煮 15 分钟，代茶饮。

洛神花有"植物红宝石"之称，富含果酸、果胶，去除油脂，消除胀气，内含钙质，促进儿童生长发育，所以，既能帮助胖孩子远离肥胖，又能促进胖孩子的身体健康，是纯天然健康的选择。

健康瘦身茶（适合 6 岁以上儿童）

【材料】

炒决明子 10 克，生山楂 15 克，陈皮 6 克，甘草 2 片。

【做法】

将上述材料加 6 碗水烧开，转小火煮 5 分钟，倒入代茶饮。

这道茶饮适合大便干的胖孩子，能够帮助孩子整理肠胃，促进消化及消脂。但不建议加糖喝。

第八章　儿童的饮食习惯和行为之间的关系

一、吃饭是件快乐的事情

壮壮妈妈带壮壮来咨询的时候，他是个瘦弱的小男孩，已经6岁了。壮壮妈妈见了我就开始喋喋不休地诉苦道：我们壮壮原来长得可壮实呢，虎头虎脑的，特别招人喜欢。可自从添加了辅食，他就像变了个人似的，一天天不爱吃饭了，奶也不吃了。我也是该添加辅食的时候给他添加了啊。出生1个多月就能喝米汤了，4个月的时候我给他加了蛋黄，刚开始他挺爱吃的啊，我就一天给他吃一整个蛋黄，吃得挺好的啊。水果汁、蔬菜水、鱼啊、虾啊什么的我统统都给他加上了啊，怎么越喂他越不爱吃啊，还要追着喂，强迫着喂才吃一点点。我这个着急啊，生怕他吃得不好，什么好就买什么给他加上，莲子、山药、枸杞子养生，我也给他吃，还怕他吃少了，能多吃就让他多吃，怎么反而越长越瘦啊？怕硬的食物噎到他，从来都给他吃的特精细，到现在还吃得特精细呢，你说我有什么错啊？

壮壮有今天，很简单，是爱子心切的妈妈一手造成的，源于拔苗助长，在壮壮不该添加辅食的月龄盲目给壮壮添加辅食，在培养壮壮喜欢吃饭的年龄，按父母自我的意识喂养壮壮，并且剥夺了壮壮自己对食物的喜爱之心，和享受食物的过程。食物是宝宝生存的根本，吃饭本身就是件很快乐的事情。新手父母是宝宝喜欢吃食物最根本的启蒙者。为了帮助宝宝认为吃饭是件快乐的事情，父母需要从自身做起，一家人在就餐时，新手父母自己不要对食物挑肥拣瘦，任意批评餐桌上的菜肴，流露出对食物的不喜爱，或者谈论会引起宝宝对食物产生恐惧的话题，比如吃某种食物腹泻或呕吐了，给宝宝造成暗示，从此拒绝该食物。要用积极的态度引导宝宝对食物的喜爱之心。在宝宝吃饭的时候，不要责骂宝宝，即使宝宝把食物弄得到处都是。要努力培养宝宝对食物的兴趣。宝宝不想吃的时候，不要强迫宝宝进食，不要以交换条件的方式哄骗宝宝进食，要找出宝宝不愿意进食的原因。若用零食来哄骗，是最坏的方法。宝宝做错了事，不要以剥夺宝宝吃饭作为惩罚，让宝宝自己体会到，进食是自己生理上的需要，也不会日后拿吃饭作为要求提条件，让父母为此妥协。如果宝宝不喜欢某种食物，不要勉强宝宝吃，父母应当尊重宝宝的喜好，但不是惯宝宝，任由他的性子，只给他喜欢的食物吃，养成偏食的习惯，而是等一些日子后，改变食物的烹调方法或食物的样子，再让宝宝尝试。

所以，新手妈妈从小就要让宝宝感受到吃饭是很快乐的事，给宝宝创造欢乐的吃饭的氛围，让宝宝在愉悦中享受吃饭的快乐。

二、如何帮助宝宝养成良好的餐桌礼仪

青青马上3岁了，入秋就要上幼儿园了，一家人围着他上幼儿园的问题，生出许多担心。青青妈妈是个中规中矩的人，在青青吃饭前一定要去洗手间洗手才能吃饭，但青青奶奶不这样认为，小孩子懂什么？在哪里洗手不一样？经常青青要吃饭了，用脸盆端着水，让青青在餐桌前擦擦手就可以。而且，经常是单独给青青开小灶，在全家人吃饭之前，先单独喂青青，奶奶负责喂饭，爸爸负责讲故事，青青手里拿着勺子四处敲敲，或很不老实地待在他特有的小餐桌里，到处跑着玩着，奶奶就在青青屁股后面追着喂青青。青青吃顿饭，大人被折腾个够呛。一家人都盼着他早些上幼儿园，认为上了幼儿园就万事大吉了。

其实每个宝宝都是一张洁白的纸，新手妈妈如何在上面写画，就会培养出怎样的宝宝。如果在青青在上幼儿园之初在家里就帮助宝宝养成良好的餐桌礼仪习惯，那么宝宝去了幼儿园，会很轻松地面对幼儿园的生活。比如宝宝吃饭之前，教会宝宝要先洗手，吃饭之后要漱口或刷牙。一家人一起吃饭，都是以开心愉快的心情来接受和享受食物，比如说饭菜真香啊！真好吃！这等于是告诉宝宝尊重做饭人的辛苦，给做饭的人热情的鼓励。一家人围绕餐桌就餐，安静进餐，不要边吃饭，边打开电视机看着电视节目，这样会转移宝宝吃饭的兴趣，宝宝会把吃饭的兴趣转移到五彩缤纷的电视上。

餐桌礼仪提示：

❶ 养成宝宝饭前洗手，饭后漱口或刷牙的习惯。

❷ 进餐入座时，一家人以愉快的心情来接受食物，比如说"吃饭了"，吃完饭后，说"吃饱了，真好吃"等等感谢的话。

❸ 进餐时不看电视，不看书报。

❹ 吃东西的时候不说话。

❺ 进餐时不要让宝宝用勺子敲盘子或碗，发出不该有的声音。

❻ 吃饭时不要让宝宝随意离开自己的位子。

❼ 不要让宝宝去抓别人碗里的食物。

三、良好的饮食习惯影响宝宝的一生

美美是个漂亮的小姑娘，快 4 岁了，长得很瘦，不爱吃饭，她妈妈说她特别地挑嘴，这个不吃，那个不吃，而且吃饭的时候必须要玩玩具，不玩玩具，就要看电视，否则不吃饭。还特别喜欢吃零食，什么爽歪歪啊，棒棒糖啊，曲奇饼啊，小馒头啊，吃起来可高兴呢，可一到吃饭时间，就不爱吃饭了。做得多好吃的饭都不爱吃，真是愁死人了。美美妈妈诉苦道：你说现在的孩子怎么这么难带啊？

美美没有规律的饮食习惯，挑嘴、爱吃零食等不良的饮食习惯其实都与在刚开始添加辅食之初，妈妈、爸爸没有帮助她形成良好的饮食规律有关。

宝宝一生的饮食习惯是从添加辅食的那一天开始逐步形成的，让宝宝从小就养成规律的饮食习惯，每天在同一时间进食，生活就会变得非常有规律，按着添加辅食的规律合理适时给宝宝添加辅食，让宝宝逐步

——尝试全谷类、蔬菜、水果、肉蛋奶等各样食物，饮食丰富起来，营养均衡起来，宝宝就会健康地度过每一天。从小就帮助宝宝喜欢吃健康的食物，选择健康的食物，养成健康的饮食习惯，妈妈也会觉得带起宝宝来十分轻松了。

培养宝宝健康的饮食习惯

❶ 可以让宝宝一起准备饭前的工作，使宝宝对食物产生兴趣。

❷ 让宝宝自己吃，给宝宝适当的量，不要按大人的标准给宝宝食物量。可以略少于宝宝的饭量，让宝宝自己想要再添加点。

❸ 适当运动，可以增强宝宝的食欲，特别是饭量小的宝宝。不爱运动的宝宝，父母适当带着宝宝出去活动活动，能让宝宝胃口大开。

❹ 不爱吃饭的宝宝，有条件的话，父母可以邀请其他小朋友到家里来就餐，一起吃饭，会让宝宝食欲得到改善。

❺ 糖、含糖饮料、脂肪含量高的食物尽量让宝宝少吃，选择健康的零食给宝宝食用。

四、饮食与注意缺陷障碍伴多动

形形是个漂亮的男孩子，小的时候特别讨人喜欢。但随着一天天长大，形形也变得顽皮起来了，总是动个不停，不是这里鼓捣鼓捣，就是那里搞搞弄弄的，不得安宁。起初，形形妈妈也没有在意，认为小孩子顽皮，是天性。有一天无意间，她突然发现形形在挤眉弄眼，吓了一跳，但几乎是一瞬间的事，之后形形就没有任何事了，形形妈妈又特意注意观察了几次，都没有发现形形有挤眉弄眼的现象，也就没有往心里去。到了形形上学的时候，问题却逐一显现了，老师反映形形坐不住，甚至连5分钟都坐不住，还会挤眉弄眼，有时候还和同学吵架，特别由着性子来，建议形形妈妈带形形去看看医生，这个时候形形妈妈慌了神，看医生的结果告诉她形形得的是注意缺陷障碍伴多动。

这个病是儿童较常见的行为障碍性疾病，国外报告在学龄儿童中发生率为 5%~15%，国内也认为学龄儿童发病者相当多，约占全体小学生的 1%~10%。也就是说，在一个教室中的 30 个学生中有 2~3 个。注意缺陷障碍伴多动以注意力无法长时间集中为特征，伴随着行为的过度活跃以及非常差的控制力。该病能使孩子的生长延迟，突出表现为学习成绩下降，学习能力丧失，并能引起严重的行为问题，如攻击性、破坏性等。尽管随着年龄的增长有些孩子会有好转，但很多人到了上大学的年龄或者成年以后才肯接受诊断。

对于该病的病因至今尚未完全清楚，而其中之一认为是跟饮食因素有关，如食品添加剂、糖和食物过敏。有一项研究的确发现了食物染料酒石黄剂量的增加与一小部分功能亢进孩子易发脾气、不休息以及睡眠失调的加重有关。为了避免孩子食入酒石黄，妈妈、爸爸应注意食物标签上标明的成分。

经常食用可乐和巧克力，常常错过午餐，不爱睡午觉，不到户外活动，连续看几个小时电视的孩子经常情绪紧张，从而引发任性的逐渐形成。这些日常的因素都会让孩子出现情绪难以控制的情况。

所以如果爸爸、妈妈坚持让孩子有规律的睡眠时间、规律的户外活动时间、规律的吃饭时间，就会改变孩子这种紧张和疲惫的恶性循环。

特别值得一提的是，有一些孩子经过饮食的调整，改善了他的症状，让病情得到了有效缓解和控制，甚至痊愈。

下面引自美国加州家庭事务咨询中心（MFCC）的心理学博士 Doug Cowan 的饮食治疗方案供爸爸、妈妈参考。

☺ 第一步：在两周之内不要吃以下食物：

1. **奶制品**　特别是牛奶。这是极其简单又非常重要的原则。用杏仁露、米汤比喝牛奶好。喝白开水可以代替牛奶。可以喝大量的水，每天 7~10 杯，因为大脑 80% 的成分是由水组成的，这会对大脑非常有益。

2. **黄色食物**　特别是玉米和南瓜。香蕉是白色的，但不要吃香蕉皮。

3. **垃圾食物**　特别是用玻璃纸包装的垃圾食物。

4. **果汁**　果汁中含有太多的糖，一小杯苹果汁的含糖量等于 8 个苹果的含糖量。如果想喝果汁，要用 50 倍的水稀释。

5. 糖 减少90%的糖的摄入，如果不吃糖更好。糖在很多食物中都含有，但试着不吃它，不吃糖也不会疯掉的。

6. 巧克力 减少90%的巧克力，一周仅可以吃1小块。

7. 阿斯巴甜。

8. 经过特殊加工的肉制品及味精 比如香肠、腊肠等。任何添加了很多添加剂的肉制品都不要食用。

9. 减少90%的油炸食品。

10. 尽可能避免吃着色的食物。因为孩子对颜色是敏感的，特别是红色或黄色。

之后的两周：尝试着添加一些食物，让饮食丰富起来，但记住要一种一种添加，并且遵守4天原则。如果吃了某种食物之后，身上出现红色斑块、耳朵发红、脾气变坏等情况，那么就要停掉该食物。没有任何不适，继续享受这些美食吧。

吃哪些食物是给注意力缺陷的大脑充电的

1. 早餐含有高蛋白、低碳水化合物。跟早餐谷物和牛奶说再见。早餐按60%的蛋白质和40%的碳水化合物的比例进食，或者是50%、50%的比例。

2. 蛋白质的补给 不仅早餐吃蛋白质有益，即使是下午吃蛋白质一样有益。

➢ 做一杯咖啡，自己研磨的咖啡，味道是孩子喜欢的，倒入170g的冰，搅拌均匀，目的是让咖啡因和蛋白质相混合。

➢ 加优质的蛋白粉：优质的蛋白粉几乎都是蛋白质，极少含有碳水化合物。挖15~20g蛋白粉倒入咖啡中混匀。

➢ 再混匀。

➢ 喝光它。

但是也不要忘了，咖啡还是会有副作用，因为里面含有咖啡因，但这种方式对很多小孩子管用。蛋白质能营养孩子的大脑。如果爸爸、妈妈发现这种方法管用，可以在早上尝试一杯，下午三点再喝一杯。如果不管用，就不要再试了。

3. 矿物质的补充是非常有用的，特别是胶体状的蛋白质或是螯合形式的蛋白质。

4. 亚麻籽和月见草油 高欧米伽来源的油脂。琉璃苣油和一些鱼的油脂也是非常好的。每天吃一勺，或加在菜里或加在汤里或拌在沙拉里。

5. 吃大量的水果和蔬菜，避免铝的摄入。

五、看电视与儿童饮食

无论是城市里还是农村，电视机的普及化给人们带来了更多的娱乐时光，也让更多的儿童迷恋电视机前的时光。据《中国学龄儿童少年营养与健康状况调查报告》显示，2002 年我国有 89.7% 的儿童花在看电视上的时间平均是 1.3 个小时，其实，更多的孩子每天看电视的时间要超过 2 个小时，甚至还有一部分孩子每天看电视的时间超过 4 个小时。

长时间看电视会给孩子带来什么不良的影响呢？

看电视的孩子不需要消耗能量，只要静静地坐在电视机前，目不转睛地盯着电视屏幕就好，消耗的能量比做白日梦都低。如果是肥胖的孩子，当然影响会更大。

看电视的孩子迷恋电视节目，可以从这个频道转化到另外一个频道，外出活动的时间明显减少了。

看电视的孩子爱买各种零食，爱吃各种高能量的食物，原因是那些零食会在电视广告里频繁出现，五颜六色的色彩、看起来很好吃的食物在电视机里频频跳动，怎么会不吸引孩子的眼球呢？孩子又怎么会不缠着爸爸、妈妈要买呢？

每天看电视多于 2 小时的孩子，其血中胆固醇的水平比那些活跃的孩子血胆固醇水平高。

看电视养成的饮食习惯有损牙齿健康。很多孩子会一边看电视一边吃含糖量高的零食。黏的、高糖类的食物粘在牙齿上，为引起龋齿的口腔细菌的

315

生长提供了理想的环境，这就是影响孩子牙齿发育、导致龋齿发生的重要因素。广告商是不考虑孩子牙齿健康的，他们的目标就是劝说孩子购买并食用甜食。

六、饮食习惯和儿童的牙齿健康

湘湘是我邻居的小姑娘，快3岁了，长得圆圆的，大眼睛忽闪忽闪的，很可爱。只是她很少开口笑，一张漂亮的小脸总是绷着，让人看了觉得有点怪。那天在院子里碰见湘湘妈妈带着湘湘玩耍，湘湘妈妈说最近湘湘吃东西有点不香，让我看看。我让湘湘张嘴看看舌苔，湘湘很不情愿，在妈妈的催促下，才微微张了张口，这时我才发现湘湘的上牙都发黑了，难怪湘湘不愿意笑呢。湘湘妈妈一定是看到我诧异的表情了，一脸的无奈，说道：不知怎么回事，湘湘的上牙都黑了，上医院看了，医生说是幼儿奶瓶蛀牙，也没办法啊！也许换了牙齿就好了吧！我问湘湘妈妈：湘湘是不是喜欢含着奶瓶睡觉啊？湘湘妈妈回道：嗨，当初湘湘喝我奶的时候，就喜欢含着我的奶头睡觉，拿开了就闹，我嫌烦，就让她含着睡呗。后来改喝奶瓶了，喜欢含着奶瓶睡觉，不含着睡不着。我也没时间管她，这不，到现在快3岁了，还喜欢拿奶瓶吃奶、喝水、喝果汁呢！那你给湘湘做口腔护理吗？我试探性地问问。湘湘妈妈是直性子，答道：那么点的小毛孩，做什么口腔护理啊？等大了，还要换恒牙呢，换了恒牙不就好了吗？

唉，我在心里叹气！湘湘之所以得了幼儿奶瓶蛀牙，原因在妈妈啊！妈妈长时间让湘湘的牙齿浸泡在甜液中（配方奶粉、果汁、甜饮料等），使湘湘的牙齿受到了损害。湘湘睡觉的时候让湘湘含着奶瓶睡觉，结果在睡眠过程中，牙齿周围布满了奶液，唾液分泌减少，孩子不断吸奶，久而久之牙齿损害了。虽然换了恒牙是会好，但前提是在宝宝出现牙齿问题的时候，要及时治疗，这样才能不会影响宝宝恒牙的萌出，因为宝宝的恒牙都埋在乳牙下面啊！

而防止婴儿牙齿损害关键在预防。如果湘湘妈妈多了解婴儿牙齿损害对其一生的影响，如果湘湘妈妈不让湘湘含着奶瓶睡觉，如果湘湘妈妈在湘湘1岁以后就停止使用奶瓶，改用水杯喝水，如果湘湘妈妈从小就给湘湘做口腔护理，那么湘湘也许就不会得幼儿奶瓶蛀牙了。如果湘湘妈妈及时带湘湘治疗蛀牙，那么湘湘换上了恒牙，会是一口漂亮的牙齿，但湘湘妈妈没有及时带湘湘去治疗蛀牙，恐怕这蛀牙也要跟随湘湘一辈子了。这是湘湘妈妈怎么也不愿意看到的吧！

让我们再来看看另一个例子——雅雅

雅雅是个特别机灵的小姑娘，已经5岁了，聪明伶俐，深受爸爸、妈妈的喜爱。最近，幼儿园常规做体检，发现雅雅有龋齿，给妈妈发信息，要妈妈带着雅雅去补牙。雅雅妈妈纳闷了，因为她是个特别注重牙齿健康的人，从雅雅一出牙开始，就给雅雅做口腔护理，后来雅雅2岁的时候学会了自己刷牙，妈妈也是经常监督雅雅刷牙的，从来没有少过。直到4岁多的体检，雅雅还没有一颗龋齿呢，怎么过了5岁，突然冒出3颗龋齿来啊？

原来答案在雅雅。雅雅是个特别爱吃糖的孩子，但是妈妈不让吃，可姥姥会背着妈妈给雅雅买糖，一买就是1、2斤。雅雅就把糖放在姥姥家，每次拿一点回去吃，都不让妈妈知道。晚上睡觉的时候，妈妈已经回房间了，只有雅雅一个人了，她拿出藏好的糖，躺在自己舒服的小床上，开始了吃糖的幸福时光。自然，这一习惯让口腔中生存的大量细菌有了良好的滋生环境，那些蛀牙菌就能分解糖分生成酸，这种酸性物质腐蚀了雅雅的牙齿表面，结果雅雅就有了龋齿了。

根据最新的第三次全国口腔健康流行病学调查报告显示，2005年我国5岁儿童乳牙患龋率为66.0%，龋均为3.5（即每个孩子平均有3.5颗龋齿）。这么高的龋齿发病率，让龋齿成为我国儿童一个普遍存在的口腔疾病。更要命的是，很多父母想当然地认为"乳牙龋齿无需治疗，反正要替换"，在这种错误思想的指导下，延误了龋齿的治疗，影响了孩子一生牙齿的健康。

龋齿带给孩子的风险不单是在牙齿上。如果得了龋齿没有及时治疗，那么龋齿就是带病的"病牙"，会继发牙髓炎和根尖周炎，甚至能引起牙槽骨和颌骨发炎；如果孩子的抵抗力降低了，那么没有经过治疗的龋齿，还可能诱发孩子全身的疾病，比如关节炎、心内膜炎、慢性肾炎等。

因此，预防龋齿的发生比已经长了龋齿再去防护更为重要，特别是在孩子3~5岁这个时期，是龋齿最容易产生的时期。所以，爸爸、妈妈要陪同孩子每天刷牙，帮助孩子养成每天刷牙、每顿饭或零食以后刷牙或者漱口的良好的口腔卫生习惯。同时要限制孩子零食的摄入，特别是遇到像雅雅这样有"心眼"的小朋友时，妈妈更需要及时和她交流，告诉她过多吃糖的危害。还要帮助孩子选择些能迅速吞咽、不粘牙的食物或吃脆的食物，抑或纤维状的食物，这些食物能促进唾液的产生，及时清洗口腔。

要多给孩子选择不容易发生龋齿或者对牙齿损伤小的食物，如鸡蛋，豆类，新鲜水果，水果罐头，瘦肉，鱼，禽类，奶，干酪，普通酸乳酪，大多数熟的、生的蔬菜，比萨饼，爆玉米花，椒盐卷饼，无糖口香糖和糖果，软饮料，吐司，硬的面包圈，百吉饼等食物。

相反，容易引起龋齿的食物要减少给孩子食用，如蛋糕、松饼、炸面圈、馅饼、土豆蜜饯、巧克力奶、曲奇饼、薄脆饼干、干果（葡萄干、无花果和海枣）、冰冻或风味酸乳酪、果汁或水果饮料、水果糖浆、冰淇淋或牛奶冻、果酱、果冻、蜜饯、加糖的午餐肉、浇糖卤汁的肉、燕麦粥、燕麦谷物、稠的燕麦粥、加糖的花生酱、薯片或其他片状零食、加糖谷类方便食品、甜的口香糖、软饮料、糖果、蜂蜜、糖、糖蜜、糖浆、吐司酥皮糕点等。

七、铅的问题——儿童智能发育的第一杀手

冰冰是个7岁的男孩子，他的爸爸是工厂里磨铅粉的工人，他的家就住在离爸爸上班工厂不远的地方，他居住的环境中充满了从工厂释放出来的铅。爸爸、妈妈为生计所累，很小的时候就无暇顾及他，他就经常自己玩已经落满灰尘的玩具，还会品尝任何能够到嘴的东西，如宠物、玩具、

旧的喷漆家具等他能够得到的。他的妈妈经常在早晨用水龙头里最先放出的水给他冲调奶粉，可他妈妈并不知道这水已经在旧建筑的水管里吸收了整夜的铅。

慢慢地冰冰变成了一个谨慎的、安静的学龄儿童，他跟同龄孩子相比，说话晚、走路晚，长得小，缺乏活力，懒得动，上个楼梯还要依赖扶手。经常会肚子痛、拉肚子，无缘无故地发脾气、烦躁不安，甚至会昏睡过去。这可把妈妈、爸爸吓坏了，急忙带着冰冰去看医生，儿科医生查出冰冰是铅中毒了，并且使用了排铅药物。经过治疗之后，尽管冰冰能够正常生长并且充满活力地玩耍了，但他的智力受到了永久性的伤害，表现为持续性的轻度学习障碍。

像冰冰这样的孩子，在我国不在少数。近年来年年都有铅中毒的事件报道，2009年的山西凤翔冶炼企业污染，导致851名孩子铅中毒；2010年湖南郴州23 000多名孩子中，发现54%血铅含量超标；2011年上海发生25名儿童血铅超标……这都是令人非常痛心的事件。

当爸爸、妈妈知道自己的宝宝铅中毒时，往往又发现得太迟了，即使是只有一年暴露于铅的环境中也能对大脑、神经系统及心理上造成永久性的损伤。大一些的宝宝如果血中铅浓度过高，经常会有暴力倾向，攻击性强且使人心烦。所以保护孩子免受铅的中毒显得尤为重要。

如何保护孩子免受铅的危害

❶ 如果居住的房子年头很久也很旧，用的是铅水管，在用水以前先放一分钟，在清晨第一次使用时特别要注意。还要定期擦地、擦窗台及其他表面容易落灰的地方，以清除粉尘中的铅。

❷ 如果家里有旧家具，家具上已经落漆，要立即清除脱落的油漆片，擦拭干净，以清除含铅油漆释放的沉渣。防止孩子啃食旧油漆的表面。

❸ 进房间之前给孩子鞋子上的土擦净。经常给孩子洗手，特别是吃饭前、睡觉前。奶瓶、奶嘴和玩具要经常冲洗。

❹ 果汁、咖啡、茶等热饮和酸性饮料避免使用手工制作的、进口的或者旧的陶瓷杯和水壶。如果陶制的盘子白垩化，只能用作装饰。

❺ 为孩子提供平衡的饮食，按时用餐并提供充足的钙和铁。因为多吃含钙铁丰富的食物有利于排铅。含钙丰富的食谱参考钙内容那一章，含铁丰富的食谱参考铁内容那一章。减少富含脂肪的食物摄入，因为富含脂肪的食物会使更多的铅沉积其中。

❻ 定期检查宝宝身体的铅含量。

后记

　　该书能出版实属不易，不仅是我心血的付出，更是和众多亲朋好友的亲密支持分不开。在写作过程中，不幸患病，当时意志消沉，被疾病的痛苦折磨，无心写作，我的弟弟沈军自始至终鼓励我、支持我、坚决要求我完成书稿，这本书能出版，离不开他对我的鞭策和鼓舞。书中所有图片，均是我的朋友杨华和蔡月岚夫妇及我的表弟董杰所拍摄，没有他们无私的奉献，妈妈们也看不到这些精美的图片。我的好友李岩华是位年轻的妈妈，给了我许多中肯的建议，让妈妈们更爱阅读我的书。还有其他众多的朋友，在此，我深深地感谢他们，没有他们真挚的帮助，就没有今天的这本书，再一次表示衷心的感谢！

沈文

2014-2-25

参考文献

1. Eleanor Noss Whitney. 营养学概念与争论 .Frances Sienkiewicz Sizer. 北京：清华大学出版社，2004
2. 韩国三省出版社第 2 编辑部 . 断奶食谱全百科 . 吉林：吉林科学技术出版社，2010
3. 五十岚隆 . 最新育儿宝典 . 青岛：青岛出版社，2008
4. 白小良 . 家庭营养顾问 . 北京：中国人口出版社，2004
5. 黄资里，陶礼君 . 第一次喂母乳 . 辽宁：辽宁科学技术出版社，2009
6. Alan Pressman, Herbert D Goodman. 哮喘、过敏反应和食物敏感症 . 北京：中国人口出版社，2005